AF340417

HISTOIRE NATURELLE

DES

ANIMAUX SANS VERTÈBRES.

DE L'IMPRIMERIE D'ABEL LANOE,
RUE DE LA HARPE, N.° 78.

HISTOIRE NATURELLE

DES

ANIMAUX SANS VERTÈBRES;

PRÉSENTANT

LES CARACTÈRES GÉNÉRAUX ET PARTICULIERS DE CES ANIMAUX, LEUR DISTRIBUTION, LEURS CLASSES, LEURS FAMILLES, LEURS GENRES, ET LA CITATION DES PRINCIPALES ESPÈCES QUI S'Y RAPPORTENT;

PRÉCÉDÉE

D'UNE INTRODUCTION OFFRANT LA DÉTERMINATION DES CARACTÈRES ESSENTIELS DE L'ANIMAL, SA DISTINCTION DU VÉGÉTAL ET DES AUTRES CORPS NATURELS, ENFIN, L'EXPOSITION DES PRINCIPES FONDAMENTAUX DE LA ZOOLOGIE;

PAR M. DE LAMARCK,

Membre de l'Institut Impérial de France, de la Légion d'Honneur, et de plusieurs Sociétés savantes de l'Europe; Professeur de Zoologie au Muséum d'Histoire naturelle.

Nihil extrà naturam observatione notum.

TOME PREMIER.

PARIS,

Chez VERDIÈRE, Libraire, quai des Augustins, n.o 27.

1815.

AVERTISSEMENT.

Avant d'atteindre le terme de mon
existence, j'ai pensé que, dans un nouvel ouvrage, susceptible d'être considéré
comme une seconde édition de mon
Système des animaux sans vertèbres, je
devais exposer les principaux faits que
j'ai recueillis pour mes leçons, soit sur
les animaux en général, soit sur ceux
qui furent le sujet de mes démonstra-
tions au Muséum d'histoire naturelle,
ainsi que mes observations et mes ré-
flexions sur la source de ces faits. Cet
ouvrage, d'ailleurs, devant offrir les
classes, les genres et les principales espèces des animaux sans vertèbres, dans
un ordre particulier, avec la citation
des faits essentiels observés à l'égard de
leur organisation et des facultés qu'ils

en obtiennent, me paraît présenter, pour ainsi dire, les *pièces justificatives* de ce que j'ai publié dans ma *Philosophie zoologique*, et des nouveaux développemens que j'en donne ici dans l'Introduction.

Ceux qui aiment l'étude de la nature, qui s'intéressent particulièrement à celle des animaux, et qui ont beaucoup observé ces derniers, pourront rechercher, dans la considération de tous les faits que je cite à leur égard, si ce résultat de mes observations et de mes méditations est aussi fondé, aussi nécessaire qu'il me le paraît, et dans le cas de l'affirmative, ils le feront servir à l'avancement de la science, après l'avoir amélioré ou rectifié par leurs propres observations.

On sait assez combien les *animaux* sont intéressans à observer et à étudier; combien, d'ailleurs, ceux qui sont *sans vertèbres*, sont singuliers par la diversité de leur organisation et par celle des facultés qu'ils en obtiennent. On ne saurait donc se procurer trop de moyens, ni trop rechercher les considérations qui leur sont applicables, si l'on veut parvenir à s'en former une juste idée, en un mot, à les connaître sous tous les rapports.

Ainsi, la manière particulière dont j'ai considéré les *animaux*, les conséquences que j'ai tirées de tout ce que j'ai recueilli à leur égard, enfin, la théorie générale que je présente sur tout ce qui concerne ces êtres intéressans, me paraissent mériter qu'on y donne une grande attention, et que l'on constate, s'il est possible, jusqu'à quel point je fus fondé dans tout ce que j'ai exposé à ce sujet.

Ici, en effet, l'on trouve sur la source de l'existence, de la manière d'être, des facultés, des variations, et des phénomènes d'organisation des différens ani-

maux, une théorie véritablement générale, partout liée dans ses parties, toujours conséquente dans ses principes, et
applicable à tous les cas connus. Elle est,
à ce qu'il me semble, la première qui
ait été présentée, la seule par conséquent qui existe; car je ne connais aucun
ouvrage qui en offre une autre avec un
pareil ensemble de principes et de considérations qui les fondent.

Cette théorie, qui reconnaît à la nature le pouvoir de faire quelque chose,
celui même de faire tout ce que nous
observons, est-elle fondée? sans doute,
elle me paraît telle, puisque je la publie,
et que mes observations semblent partout la confirmer. Si l'on en juge autrement, probablement l'on s'efforcera de
la remplacer par une autre qui soit aussi
générale, et qui ait pour but de s'accorder davantage encore avec tous les faits
observés; ce que je ne crois pas possible.

On m'objectera peut-être que ce qui me paraît si juste, si fondé, n'est cependant que le produit de mon jugement, d'après la somme de mes connaissances ; on pourra même ajouter que ce qui est le résultat de nos jugemens est toujours fort exposé, et qu'il n'y a réellement de certain pour nous que les faits constatés par l'observation.

A cela, je répondrai que ces considérations philosophiques, très-justes en général, ont néanmoins, comme bien d'autres, leurs limites et même leurs exceptions.

Sans doute, nos jugemens sont fort exposés ; car, quoiqu'ils soient toujours en rapport avec les élémens que nous y faisons entrer, et que, sous ce point de vue, ils manquent rarement de justesse, nous n'avons presque jamais la certitude d'avoir employé dans chacune de ces opérations de notre intelligence, la nature et la totalité des élémens qu'il était nécessaire d'y faire entrer.

Cependant, il est des cas où nos jugemens ne sont pas les uniques résultats de notre manière d'envisager les faits observés ; car ils peuvent l'être aussi de la *force des choses* qui nous entraîne malgré nous en considérant ces faits, surtout si nous avons su les réunir. Or, cette *force des choses* qui nous maîtrise lorsque nous parvenons à la sentir, est une puissance à laquelle on ne donne pas assez d'attention et qui fait exception aux considérations trop générales citées ci-dessus. Ainsi, il y a des cas où nos conséquences sont forcées et ne permettent aucun arbitraire.

Maintenant, que l'on veuille se représenter, qu'ayant rassemblé sur l'important sujet, dont je m'occupe depuis quarante ans, les faits les plus nombreux et surtout les plus essentiels, il est résulté pour moi de leur considération, cette *force des choses* qui m'a conduit à découvrir et à coordonner peu-à-peu la théorie que je présente actuellement, théorie que je n'eusse assurément pas imaginée sans les causes qui m'ont amené à la saisir. Or, quoique l'on puisse peutêtre me reprocher d'avoir exprimé ma pensée dans cet ouvrage, d'une manière trop décisive, on sentira que j'ai été entraîné malgré moi à montrer la conviction que j'éprouvais, et que je n'ai pu écrire autrement que comme je sentais.

Peut-être me fera-t-on un autre reproche; car on pourra trouver étonnant de me voir traiter certains sujets qui, au premier abord, paraissent s'éloigner beaucoup de ceux que je devais avoir uniquement en vue. Cependant, si l'on approfondit ces mêmes sujets, l'on en sentira la liaison intime avec ceux qui appartiennent directement à mon travail ; l'on sentira même la nécessité pour moi de faire valoir la lumière qu'ils retirent les uns des autres et de montrer qu'ils sont tous les élémens essentiels des conséquences que j'ai tirées.

Cet ouvrage est sérieux, n'a que l'instruction pour but, et ne peut, par sa nature, avoir certaines des qualités qui obtiennent beaucoup de lecteurs à bien d'autres. Il lui doit être même d'autant plus difficile d'obtenir toute l'attention dont il a besoin, que les goûts et les circonstances de notre temps la font, en général, porter vers des objets qui lui sont fort étrangers. Enfin, comme il semble ne devoir intéresser qu'une seule classe de lecteurs, celle même dont il tend à modifier les opinions, ce qu'il peut offrir qui soit vraiment digne d'être considéré, restera peut-être long-temps peu connu.

Cependant, je sais que, sous plusieurs rapports, son sujet a une véritable importance, qu'il sera utile de le prendre sérieusement en considération ; et ce fut ma conviction à cet égard qui m'a soutenu dans mon travail. Or, si l'on trouve qu'il remplit réellement l'objet que j'ai en vue, je serai suffisamment dédommagé de mes efforts. Mais pour être entendu, j'ai besoin d'une complaisance qu'on n'accorde pas indifféremment à tout auteur, et que je me suis toujours efforcé de mériter.

On sait en effet que tout ouvrage, scientifique surtout, ne peut être lu ou étudié profitablement, que dans l'esprit qui a guidé son auteur ; sauf à juger ensuite s'il s'est plus ou moins approché du but qu'il voulait atteindre ; car , en l'examinant avec un esprit contraire ou prévenu, les considérations les mieux établies, les vérités mêmes les plus claires, ne paraissent que des erreurs.

Ainsi , dans le cas d'une divergence de vues entre celles du lecteur et celles que présente l'ouvrage , il est utile que le lecteur veuille bien suspendre les siennes, ne fût-ce que momentanément, afin de se mettre en harmonie avec l'auteur dans sa manière de considérer les sujets dont il traite. S'il trouve que ce dernier ait rempli son objet, il ne lui restera plus qu'à juger , à l'aide des faits et de la réflexion, laquelle des deux manières d'envisager les choses en question mérite la préférence.

J'attends donc de tout lecteur, la complaisance de se mettre dans la situation d'esprit dont je viens de parler, pour saisir complétement mon sentiment partout, et ses motifs. Quant au jugement définitif qu'il en portera ensuite, il sera sans doute d'autant meilleur, quel qu'il puisse être, que les faits cités lui seront plus connus, et qu'il aura lui-même plus approfondi le sujet, plus observé la nature.

Je ne parle pas de la difficulté connue

d'apercevoir dans un ouvrage un peu philosophique, tout ce qui y est digne de fixer notre attention. Cette difficulté, qui tient tantôt à la fatigue, tantôt à des préoccupations diverses en lisant, est plus ou moins grande à la vérité, selon l'habitude aussi plus ou moins grande du lecteur à la méditation ; mais elle est réelle, et chacun sait qu'à la seconde lecture d'un semblable ouvrage, on y voit en général bien des choses qu'on n'avait pu remarquer à la première.

Relativement au plan de l'ouvrage, à la marche des idées qu'il présente, et aux faits d'observation qui y sont exposés, j'ai cru devoir employer l'ordre suivant.

Dans une *Introduction*, nécessairement un peu longue, mais essentielle pour l'intelligence du sujet, j'entreprends de fixer les bases de la zoologie, les principes les plus généraux qui doivent en constituer le fondement, la source même où les objets qu'elle considère ont puisé leur origine.

En effet, d'abord je compare les animaux avec les autres corps de la nature ; j'essaie d'assigner les caractères positifs et distinctifs des uns et des autres ; je cite les faits zoologiques observés, surtout ceux du premier ordre, et je montre les conséquences qu'il me paraît convenable d'en tirer. Ensuite, je recherche quelle est la source de l'existence des différens animaux, quelle est celle de la composition croissante de leur organisation, celle des facultés qu'ils possèdent, celle des anomalies nombreuses qui se trouvent entre la composition progressive des différentes organisations animales, et la marche irrégulière des divers systèmes d'organes particuliers qui entrent dans la composition de la plupart de ces organisations. Plus loin, je fais voir que tout ce que l'on observe dans les animaux, que leurs penchans mêmes sont de véritables produits de

leur organisation ; que tous les phénomènes qu'ils nous offrent sont essentiellement organiques. Enfin, après avoir
montré quelle est cette puissance singulière que nous désignons par le mot
nature, je mets en évidence que c'est à
elle que les animaux doivent tout ce
qu'ils sont.

Je termine l'*Introduction* dont il s'agit
en exposant la distribution générale la
plus convenable des différens animaux
connus, les principes sur lesquels cette
distribution doit être fondée, et la véritable disposition qu'il faut donner à l'ordre entier, pour qu'il soit conforme à
celui qu'a suivi la nature.

On verra que, pour mettre de l'ordre
dans ces différentes expositions, j'ai divisé l'Introduction en sept parties clairement circonscrites; lesquelles présentent
des développemens qui, quoique serrés
ou succincts, suppléent à ce qui manque
dans ma *Philosophie zoologique*, et com-

plètent une théorie dont les parties sont partout dépendantes.

Après l'Introduction, je me renferme dans l'exposition des nombreux *animaux sans vertèbres* qui ont été observés, parce qu'ils font le sujet essentiel de cet ouvrage, et que l'état de leur organisation, les facultés qu'ils en obtiennent, et les caractères qu'ils offrent, établissent les preuves de ce que contient cette Introduction.

Ainsi, je présente successivement leurs différentes classes, leurs familles, les genres qui ont été établis parmi eux, et même plusieurs des espèces les plus connues qui se rapportent à ces genres.

Dans le cours de l'ouvrage, j'ai exposé en tête de chaque classe, de chaque ordre, et même de chaque genre, quelques développemens nécessaires pour faire mieux connaître les objets mentionnés sous ces divisions. Ces développemens sont d'autant plus bornés, que les

divisions qu'ils concernent sont moins
générales, et par là moins importantes.

Quant à la citation que je fais d'un
certain nombre d'espèces sous chaque
genre, soit d'après des déterminations
d'auteurs estimés, soit d'après celles qui
me sont propres, elle n'a pour objet que
de constater la convenance des genres
que j'ai admis ou formés moi-même.
J'eusse desiré pouvoir donner un *species*
(tableau des espèces) aussi complet que
l'état des connaissances actuelles le permet, et dont l'exécution est fort à sou-
haiter; mais cela eût exigé un travail
long et difficile, que les circonstances
qui me concernent ne me permettent
pas d'entreprendre, et dont un seul
homme peut-être ne viendrait pas à
bout. Ainsi, j'ai cité d'un premier jet et
presque sans recherches, sous chaque
genre, tantôt un petit nombre d'espèces, tantôt un nombre beaucoup plus
grand, selon que j'ai été plus ou moins
à portée de les connaître.

Tel est le fond de l'ouvrage que j'offre au public, aux amateurs de zoologie, et à ceux qui s'intéressent à l'étude de la nature. Je souhaite qu'ils y trouvent quelque chose d'utile, quelque vue qu'ils puissent faire servir à l'avancement des sciences naturelles.

INTRODUCTION.

Les *animaux* sont des êtres si étonnans, si curieux, et ceux surtout dont je suis chargé de faire
la démonstration sont si singuliers par la diversité
de leur organisation et de leurs facultés, qu'aucun
des moyens propres à nous en donner une juste
idée et à nous éclairer le plus à leur égard, ne doit
être négligé.

Cependant, j'ose le dire, la marche que l'on a
suivie dans l'étude de ces êtres admirables, est loin
encore d'embrasser les considérations capables de
nous montrer en eux ce qu'il nous importe le plus
d'y voir.

En effet, s'il n'était question dans l'étude de la
zoologie, que d'observer les différences de forme
qui distinguent les divers animaux entr'eux ; s'il
ne s'agissait que de déterminer leurs races nombreuses, de les groupper par petites masses pour en

former des genres ; en un mot, de les classer d'une manière quelconque, et d'établir ainsi méthodiquement l'énorme liste de leurs espèces observées, on n'aurait presque rien à ajouter à la marche usitée de l'étude ; enfin, il suffirait de perfectionner ce qui a été fait, et d'achever de recueillir et de déterminer tout ce qui a, jusqu'à présent, échappé à nos observations.

Mais il y a dans les animaux bien d'autres choses à voir que celles que nous y avons cherchées ; et, à leur égard, il y a bien des préventions à détruire, bien des erreurs à corriger.

Voilà ce dont, à mon grand étonnement, l'étude m'a fortement convaincu; ce que je puis établir solidement ; ce qui est déjà énoncé dans mes écrits; et, néanmoins, ce qui sera peut-être long-tems sans fruit, tant les causes qui entretiennent ces préventions sont puissantes, et tant la raison même a peu de forces lorsqu'elle a à combattre des idées habituelles, en un mot, ce que l'on a toujours pensé.

Depuis bien des années que je suis chargé de faire, au Muséum, un Cours annuel de zoologie, particulièrement sur les *animaux sans vertèbres*, c'est-à-dire, ceux qui ne font point partie des *mammifères*, des *oiseaux*, des *reptiles* et des *poissons*; j'ai dû m'efforcer de les connaître, non-seulement sous les rapports de leur forme générale, de leurs caractères externes et distinctifs; mais, en outre, sous ceux de leur organisation, de leurs facultés, et des habitudes de ces animaux; enfin, j'ai dû me mettre en état de donner à ceux qui viennent m'entendre, les idées les plus justes de ces mêmes animaux sous tous ces rapports, au moins relativement aux connaissances que j'avais pu me procurer à leur égard.

En me livrant à ces devoirs, je trouvai bientôt que ma tâche était extrêmement difficile à remplir; car j'avais à m'occuper de la portion du règne animal la plus étendue, la plus nombreuse en races diverses, la plus variée en organisation, la plus diversifiée dans les facultés réelles des races; et c'était précisément celle qui n'avait inspiré jusqu'alors qu'un faible intérêt, celle, enfin, que l'on avait le plus négligée, et sur laquelle les principaux faits recueillis et considérés, n'étaient guère relatifs qu'aux formes externes des objets qu'elle embrasse.

Cependant, le besoin de connaître l'organisation de l'homme, afin de tâcher de remédier aux désordres que les causes des maladies y introduisent, avait depuis long-tems fait étudier en son être physique, la plus compliquée de toutes les organisations. On s'était ensuite assuré, par l'observation, que cette organisation compliquée avoisinait considérablement, par ses rapports, celle de certains animaux, tels que les *mammifères*. Mais, au lieu de sentir que tout ce que l'on pouvait raisonnablement conclure des observations dont cette organisation avait été le sujet, ne pouvait guère s'appliquer qu'à elle-même, on en déduisit des principes généraux pour la physiologie, et, en outre, plusieurs conséquences relatives à des facultés du premier ordre, que l'on étendit à tous les animaux en général.

On négligea de considérer que, toute faculté étant essentiellement dépendante de l'organisation qui y donne lieu, de grandes différences entre des organisations comparées devaient non-seulement en produire aussi de grandes dans les facultés, mais, en outre, qu'elles pouvaient mettre un terme aux facultés qui, pour se produire, exigent un ordre de choses que certaines de ces différences ont pu anéantir.

Ainsi, sans égard pour ces vérités positives, les conséquences dont je parle, et qu'on appliqua généralement à tous les animaux, furent admises à constituer les bases d'une théorie, d'après laquelle les études zoologiques furent dirigées et le sont encore.

Tel était l'état des choses en zoologie, lorsque mon devoir de professeur m'obligea d'exposer, dans la démonstration des *animaux sans vertèbres*, tout ce qu'il importe de faire connaître à l'égard de ces animaux ; d'indiquer ce que l'observation nous a appris sur la diversité de leurs races, sur celle de leurs formes et de leurs caractères, sur celle encore de leur organisation et de leurs facultés ; en un mot, de montrer comment les principes admis peuvent s'appliquer aux faits d'observation que nous ont offerts quantité de ces animaux.

A la vérité, dans tout ce qui tient à l'art des distinctions, je ne rencontrai d'autres difficultés que celles que l'étude et l'observation des objets peuvent facilement résoudre.

Mais, lorsque je voulus appliquer à ces animaux les principes admis en théorie générale; lorsque j'essayai de reconnaître dans leurs facultés réelles, celles que les principes en question leur attribuaient; enfin, lorsque je cherchai à trouver, dans ces facultés attribuées, les rapports parfaits qui doivent exister entre les organes et les facultés qu'ils produisent, les difficultés pour moi furent partout insurmontables.

Plus, en effet, j'étudie les animaux; plus je considère les faits d'organisation qu'ils nous offrent, les changemens que subissent leurs organes et leurs facultés, tant par les suites du cours de la vie, que de la part des mutations qu'ils peuvent éprouver dans leurs habitudes; plus, enfin, j'approfondis tout ce qu'ils doivent aux circonstances dans lesquelles chaque race s'est rencontrée; plus, aussi, je sens l'impossibilité d'accorder les faits observés avec la théorie admise, en un mot, plus les principes que je suis contraint de reconnaître s'éloignent de ceux que l'on enseigne ailleurs.

Que faire dans cet état de choses? Pouvais-je me

restreindre, dans l'enseignement dont je suis chargé, à la simple exposition des formes des objets, à la citation des caractères observés et dont on trouve la plupart dans les livres, à l'énonciation des divisions introduites artificiellement parmi ces objets; enfin, comprimant ma conscience pour favoriser l'opinion et maintenir l'erreur, était-il convenable que je privasse ceux qui viennent m'entendre de la connaissance de mes observations, de celle des faits qui attestent combien l'étude des traits variés d'organisation que présentent les *animaux sans vertèbres* est importante pour l'avancement de la physique animale, en un mot, de celle du précepte qui veut que ce ne soit qu'en considérant à-la-fois toutes les organisations existantes, que l'on entreprenne de fonder les vrais principes de la zoologie?

Je n'ai pas suivi et n'ai pas dû suivre une pareille marche, c'est-à-dire, je n'ai pas dû taire ce que mes études m'ont fait apercevoir. Ainsi, je me trouve entraîné dans une dissidence que le tems, plus que la raison, peut convenablement terminer; car je n'ai guère, maintenant, d'autre juge que la partie même dont je combats les préceptes; partie qui a pour elle l'avantage de l'opinion.

Je me bornerais à ne parler que des *animaux sans vertèbres*, puisqu'ils constituent le sujet de cet ouvrage, si je n'avais à exposer à leur égard quantité de considérations importantes, que les principes admis ne sauraient reconnaître, et si je ne voulais montrer que les imperfections que j'attribue à ces principes ne sont point illusoires. Je dois donc, d'abord, examiner ce que sont les *animaux* en général, m'efforcer de fixer, s'il est possible, les idées que nous devons nous former de ces êtres singuliers, me hâter d'arriver à l'exposition des sujets de dissidence dont j'ai parlé tout-à-l'heure, et essayer de convaincre mes lecteurs, par la citation de quelques-unes des conséquences que l'on a tirées des faits observés, que ces faits sont loin d'en confirmer le fondement.

Il me semble que la première chose que l'on doive faire dans un ouvrage de zoologie, est de définir l'*animal*, et de lui assigner un caractère général et exclusif, qui ne souffre d'exception nulle part. C'est cependant ce que l'on ne saurait faire à présent, sans revenir sur ce qui a été établi, et sans contester des principes qui sont enseignés partout.

Qui est-ce qui pourrait croire que, dans un siècle comme le nôtre où les sciences physiques ont fait tant de progrès, une définition de ce qui constitue l'*animal* ne soit pas encore solidement fixée; que l'on ne sache pas assigner positivement la différence d'un animal à une plante; et que l'on soit dans le doute à l'égard de cette question, savoir : si les animaux sont réellement distingués des végétaux par quelque caractère essentiel et exclusif? C'est, néanmoins, un fait certain qu'aucun zoologiste n'en a encore présenté qui soit véritablement applicable à tous les animaux connus, et qui les distingue nettement des végétaux. De là, les vacillations perpétuelles entre les limites du règne animal et du règne végétal dans l'opinion des naturalistes; de là même, l'idée erronée et presque générale que ces limites n'existent pas, et qu'il y a des *animaux-plantes* ou des *plantes-animales*. La cause de cet état de choses, à l'égard de nos connaissances zoologiques, est facile à apercevoir.

Comme les études sur la nature animale et sur les facultés des animaux ne furent, jusqu'à présent, dirigées que d'après les organisations les plus compliquées, c'est-à-dire, d'après celles des animaux les plus parfaits, on ne put se procurer aucune idée juste des limites réelles de la plupart des facultés animales, de celles même des organes qui les donnent; enfin, l'on ne put parvenir à connaître ce qui constitue la vie animale la plus réduite, ni quelle est la seule faculté qu'elle puisse donner à l'être qui en jouit.

Ainsi, pour montrer combien tout ce que l'on a écrit sur les facultés que possèdent les animaux, et sur les caractères qui leur sont communs à tous, est peu propre à nous les faire réellement connaître, ne peut que nous abuser, et entrave les vrais progrès de la zoologie, je ne saurais choisir un texte plus authentique que celui qu'offre le mot *animal* dans le Dictionnaire des Sciences naturelles ; l'auteur connu de cet article étant un anatomiste et un zoologiste des plus célèbres de notre tems, et en effet, des plus distingués.

« Rien, dit ce savant, ne semble si aisé à définir que l'*animal* : tout le monde le conçoit comme un être doué de *sentiment* et de *mouvement volontaire* ; mais lorsqu'il s'agit de déterminer si un être que l'on observe est ou non un animal, cette définition devient très-difficile à appliquer ». (*Dict. des Sciences naturelles.*)

Il est clair, d'après cela, que je suis fondé à insister sur l'examen de ce qui constitue la *nature animale*, puisque le savant que je cite ne désapprouve pas lui-même la définition que tout le monde donne des animaux, qu'il la trouve seulement difficile à appliquer, et qu'elle est encore reçue dans tous les ouvrages et dans tous les cours de zoologie, les miens seuls exceptés.

Sans doute, en conservant une pareille définition, qui fut imaginée dans des tems d'ignorance, et d'après la seule considération des animaux les plus parfaits, il est maintenant très-difficile de l'appliquer à quantité d'êtres que nous observons chaque jour ; mais on peut ajouter que cette définition n'est pas même applicable au plus grand nombre des animaux reconnus.

La raison de cette difficulté pourra facilement se concevoir, si je montre qu'il n'est pas vrai que tous les animaux soient doués de *sentiment* et de *mouvement volontaire*. Alors, on sentira que cette définition que l'on donne partout des animaux, est une erreur que les lumières actuelles doivent repousser ; et, pour s'en convaincre, il suffira de rassembler et de considérer les faits connus que je citerai dans le cours de cet ouvrage.

Si l'on en excepte les *parties de l art* dans les sciences naturelles, parties qui consistent dans des distinctions que l'on emploie à former des classes, des ordres, des genres et des espèces, je me crois autorisé à dire qu'il n'y aura jamais rien de clair, rien de positif en zoologie, tant que l'on continuera d'admettre, pour circonscrire les animaux, la définition citée ci-dessus ; tant que l'on méconnaîtra les rapports constans qui se trouvent entre les systèmes d'organes particuliers et les facultés que donnent ces systèmes ; en un mot, tant que l'on ne considérera pas certains principes fondamentaux sans lesquels la théorie sera toujours arbitraire.

Aussi, tant que les choses subsisteront dans cet état, on verra toujours en zoologie ce qui a lieu actuellement ; savoir : que celui qui en traite ou qui l'enseigne ne saurait nous dire positivement ce que c'est qu'un *animal*. Enfin, on aura un champ ouvert aux hypothèses les plus singulières, comme

6.e *Principe* : Enfin, il n'y a dans la nature aucune matière qui ait en propre la faculté de *sentir*. Aussi, là où cette faculté peut être constatée, là seulement se trouve, dans le corps vivant qui en est doué, un système d'organes particulier capable de donner lieu au phénomène physique, mécanique et organique qui, seul, constitue la *sensation*.

A ces principes, à l'abri de toute contestation solide, et sans lesquels la *zoologie* serait sans fondemens, j'ajouterai :

1.º Qu'il y a toujours un rapport parfait entre l'état, soit d'intégrité ou d'altération, soit d'étendue ou de perfectionnement d'une faculté organique, et celui de l'organe ou du système d'organes qui la produit ;

2.º Que, plus une faculté organique est éminente, plus l'organisation à laquelle appartient le système d'organes qui y donne lieu, est composée.

Maintenant, étayé sur ces principes, que l'observation met partout en évidence, je vais faire voir que ni la faculté de *penser*, de *juger*, de *vouloir*, ni celle d'éprouver des *sensations*, ne peuvent être le propre de tous les animaux ; car elles ne peuvent l'être de ceux qui sont les plus simples en organisation ; ce que je prouverai.

Dabord, je dois faire remarquer que la faculté

qui, dans un degré quelconque, constitue ce qu'on nomme l'*intelligence*, c'est-à-dire, qui donne à l'individu le pouvoir d'employer des idées, de comparer, de juger, de vouloir; que cette faculté, dis-je, est très-distincte de celle qui constitue le sentiment, qu'elle lui est bien supérieure, et qu'elle en est tout-à-fait indépendante.

On peut, en effet, penser, juger, vouloir, sans éprouver aucune sensation; et l'on sait que si l'organe très-composé qui donne lieu aux actes d'intelligence, vient à être lésé, à subir quelqu'altération, les idées alors ne se présentent plus qu'avec désordre, se dérangent, soit partiellement, soit totalement, selon la partie altérée de l'organe ou l'étendue de l'altération, et même se perdent entièrement si l'altération est considérable; tandis que la faculté de *sentir* reste dans son intégrité et n'en éprouve aucun changement.

Qui ne sait que la folie, la démence, sont les résultats d'une altération invétérée dans l'organe où s'exécute le phénomène de la production des idées, et des opérations entre des idées; comme le délire est la suite d'une altération du même organe, mais qui est plus passagère, étant produite par une fièvre ou une affection moins durable. Or, dans tous ces cas, et particulièrement dans la folie où le fait est plus facile à constater, il est connu que l'organe du sentiment n'est nullement intéressé , qu'il conserve l'intégrité de ses fonctions , enfin , que les sensations s'exécutent comme dans l'état de santé.

Le système d'organes qui donne lieu aux opérations entre les idées, aux jugemens, aux actes de volonté, n'est donc pas le même que celui qui produit les sensations ; puisque le premier peut éprouver des lésions qui altèrent ses facultés, sans exercer aucune influence sur celles du second.

La faculté d'*employer des idées* étant très-distincte, très-indépendante même de celle de *sentir*, et les animaux les plus parfaits jouissant évidemment de l'une et de l'autre , nous allons montrer que ni l'une ni l'autre de ces facultés ne peuvent être le propre de tous les animaux en général.

Relativement au *mouvement volontaire* attribué à tous les animaux, dans la définition que l'on donne de ces êtres, que l'on prenne en considération les observations qui concernent les actes de *volonté*, bientôt alors on sera convaincu qu'il n'est pas vrai, qu'il est même impossible, que tous les animaux puissent former des actes de cette nature ; qu'ils ne sauraient tous avoir l'organisation assez compliquée, et l'appareil d'organes particulier, capable de donner lieu à une faculté aussi éminente ; et qu'il n'y a réellement que les plus parfaits d'entr'eux qui puissent posséder une pareille faculté.

Il est certain et reconnu que la *volonté* est une

détermination par la pensée, qui ne peut avoir lieu que lorsque l'être qui veut, peut ne pas vouloir; que cette détermination résulte d'actes d'intelligence, c'est-à-dire, d'opérations entre des idées; et qu'en général, elle s'opère à la suite d'une comparaison, d'un choix, d'un jugement, et toujours d'une *préméditation*. Or, comme toute préméditation est un emploi d'idées, elle suppose non-seulement la faculté d'en acquérir, mais, en outre, celle de les employer et de former des actes d'intelligence.

De pareilles facultés ne sauraient être le propre de tous les animaux; et celle surtout de pouvoir exécuter des actes d'intelligence étant assurément la plus éminente de celles que la nature ait pu donner à des animaux, on sent qu'elle exige dans le petit nombre de ceux qui en sont doués, un système d'organes particulier, très-composé, que la nature n'a pu faire exister que dans la plus compliquée des organisations animales. On peut dire même qu'elle n'y est parvenue qu'insensiblement et par des degrés en quelque sorte nuancés, qu'en l'instituant d'abord d'une manière très-obscure, et terminant ensuite par la rendre très-remarquable dans les plus parfaits des animaux.

Ainsi, tout acte de volonté étant une détermination par la pensée, à la suite d'un choix, d'un jugement, et tout *mouvement volontaire* étant la suite d'un acte de volonté, c'est-à-dire, d'une détermination par la préméditation, et conséquemment par acte d'intelligence, dire que tous les animaux soient doués de *mouvement volontaire*, c'est leur attribuer à tous généralement des facultés d'intelligence : ce qui ne saurait être vrai, ce qui ne peut être propre de toutes les organisations animales, ce que contredit l'observation des faits relatifs aux plus imparfaits des animaux, enfin, ce qui constitue une erreur manifeste, que les lumières de notre siècle ne permettent plus de conserver.

Mais, quoique ce soient les plus parfaits d'entre les *vertébrés* qui puissent le plus agir volontairement, c'est-à-dire, à la suite d'une préméditation, parce qu'en effet, ils possèdent, dans certains degrés, des facultés d'intelligence; l'observation atteste que chez les animaux dont il s'agit, ces facultés sont rarement exercées, et que dans la plupart de leurs actions, c'est la puissance de leur *sentiment intérieur*, ému par des besoins, qui les entraîne et les fait agir immédiatement, sans préméditation, et sans le concours d'aucun acte de volonté de leur part.

Je n'ai point de terme pour exprimer cette puissance intérieure dont jouissent non-seulement les animaux intelligens, mais encore ceux qui ne sont doués que de la faculté de *sentir*; puissance qui, émue par un besoin ressenti, fait agir immédiatement l'individu, c'est-à-dire, dans l'instant même de l'émotion qu'il éprouve ; et si cet individu est de l'ordre de ceux qui sont doués de facultés d'intelligence, il agit néanmoins, dans cette circonstance, avant qu'aucune préméditation, qu'aucune opération entre ses idées, ait provoqué sa *volonté.*

C'est un fait positif, et qui n'a besoin que d'être remarqué pour être reconnu, savoir : Que dans les animaux dont je viens de parler, et dans l'homme même, par la seule émotion du *sentiment intérieur,* une action se trouve aussitôt exécutée, sans que la pensée, le jugement, en un mot, la volonté de l'individu y ait eu aucune part ; et l'on sait qu'une impression ou qu'un besoin subitement ressenti, suffit pour produire cette émotion.

Ainsi, nous-mêmes, nous sommes assujétis, dans certaines circonstances, à cette puissance intérieure qui fait agir sans préméditation. Et, en effet, quoique très-souvent nous agissions par des actes de volonté positive, très-souvent aussi chacun de nous, entraîné par des impressions intérieures et subites, exécute une multitude d'actions, sans l'intervention de la pensée et conséquemment d'aucun acte de volonté.

Cette puissance singulière, qui fait agir sans préméditation et à la suite des émotions éprouvées, est celle-là même que l'on a nommée *instinct* dans les animaux.

On vient de voir qu'elle ne leur est point particulière, puisque nous y sommes aussi assujétis; à cette considération j'ajouterai qu'elle ne leur est pas même générale; car les animaux que j'ai nommés *apathiques*, comme ne jouissant point du *sentiment*, ne sauraient agir par des émotions intérieures, enfin, ne sauraient avoir d'instinct.

Ce n'est point ici que je dois développer le fondement de ces observations; mais ce qui est positif, et ce qu'il est essentiel de dire, c'est que, parmi les causes immédiates, soit de nos actions, soit de celles des animaux, il faut nécessairement distinguer celles qui s'exécutent à la suite d'une préméditation qui amène la *volonté*, de celles qui se produisent immédiatement à la suite des émotions du sentiment intérieur; et qu'il faut même distinguer celles-là de celles qui ne sont dues qu'à des excitations de l'extérieur; car toutes ces causes immédiates d'action sont essentiellement différentes, et tous les animaux ne sauraient être assujétis à la puissance de chacune d'elles; l'étendue des différences d'organisation ne le permettant pas.

Ainsi, il n'est pas vrai que tous les animaux généralement soient doués de *mouvement volontaire*, c'est-à-dire, de la faculté d'agir par des actes de *volonté*; ces actes étant essentiellement précédés de préméditation.

Voyons maintenant si la faculté de *sentir* est

réellement le propre de tous les animaux, c'est-à-dire, si le *sentiment*, dont on a fait l'un des caractères distinctifs des animaux dans la définition qu'on en donne, ce qui se trouve copié dans tous les ouvrages et répété partout, leur est véritablement général; ou, si ce n'est pas une faculté particulière à certains d'entr'eux, comme l'est celle de mouvoir volontairement leurs parties.

Il n'est aucun physiologiste qui ne sache très-bien que, sans l'influence d'un système nerveux, le *sentiment* ne saurait être produit. C'est une condition de rigueur; et l'on sait même que ceux des nerfs qui fournissent à certaines parties la faculté de sentir, cessent aussitôt, par leur lésion, d'y entretenir cette faculté. C'est donc un fait positif que le *sentiment* est un phénomène organique; qu'aucune matière quelconque n'a en elle-même la faculté de sentir (Phil. zool., vol. 2, p. 252); et qu'enfin, ce n'est que par le moyen des nerfs que le phénomène du sentiment peut se produire. Il résulte de ces vérités que personne actuellement ne saurait contester, qu'un animal qui n'aurait point de nerfs ne saurait sentir.

J'ajouterai maintenant, comme seconde condition, que le système nerveux doit être déjà assez avancé dans sa composition pour pouvoir donner lieu au phénomène du *sentiment;* car, je puis prouver que, pour sentir, il ne suffit point à un animal d'avoir des nerfs; mais qu'il faut, en outre, que son système nerveux soit assez avancé dans sa composition pour que le phénomène e la sensation puisse se produire en lui.

Ainsi, pour que le *sentiment* soit une faculté générale aux animaux, il faut nécessairement que le système nerveux, qui seul y peut donner lieu, soit commun à tous sans exception; qu'il fasse partie de tous les systèmes d'organisation que l'on observe parmi eux; que partout il y puisse exécuter ses fonctions; et que la plus simple des organisations animales soit cependant munie, non-seulement de nerfs, mais, en outre, de l'appareil nerveux propre à produire le *sentiment,* tel que celui qui se compose, au moins, d'un centre de rapport auquel se rendent les nerfs qui peuvent causer la sensation. Or, ce n'est point là du tout ce que la nature a exécuté à l'égard de tous les animaux connus; et ce n'est pas là non plus ce que les faits observés confirment.

Dans les plus simples et les plus imparfaits des *végétaux*, la nature n'a établi que la vie végétale; elle n'a pu modifier le tissu cellulaire de ces corps, et y tracer différentes sortes de canaux.

De même, dans les *animaux* les plus imparfaits et les plus simples en organisation, elle n'a établi que la vie animale, c'est-à-dire, que l'ordre de choses essentiel pour la faire exister; aussi, dans les corps gélatineux et presque sans consistance qui lui suffirent pour cet objet, elle n'a pu ajouter aucun organe particulier quelconque. Cela est évident, et l'observation de ces animalcules atteste qu'elle n'a point fait autrement.

Que l'on cherche tant qu'on voudra dans une *monade*, dans une *volvoce*, ou dans un *protée*, des nerfs aboutissant à un cerveau ou à une moëlle longitudinale, ce qui est nécessaire pour la production du *sentiment*, on sentira bientôt l'inutilité, le ridicule même de cette recherche.

Comme la nature a compliqué graduellement l'organisation animale, et a multiplié progressivement les facultés à mesure qu'elles devenaient nécessaires, ce que je prouverai bientôt, on reconnaît, en s'élevant dans l'échelle animale, à quel point de cette échelle commence la faculté de *sentir ;* car dès que cette faculté existe, l'animal qui en jouit offre constamment un appareil nerveux, très-distinct, propre à la produire; et presque toujours alors, un ou plusieurs sens particuliers se montrent à l'extérieur.

Enfin, lorsque l'appareil nerveux en question ne se retrouve plus, qu'il n'y a plus de centre de rapport pour les nerfs, plus de cerveau, plus de moëlle longitudinale; jamais alors l'animal ne présente aucun sens distinct. Or, vouloir, dans ce cas, lui attribuer le sentiment, tandis qu'il n'en a pas l'organe, c'est évidemment se bercer d'une chimère.

On me dira peut-être que c'est un système de ma

part, de vouloir assurer que le *sentiment* n'a point lieu dans un animal en qui l'on ne voit point de nerfs, ou même qui en est réellement dépourvu; puisque l'on sait qu'en bien des cas la nature sait parvenir au même but, par différens moyens.

A cela je répondrai que ce serait plutôt un système de la part de ceux qui me feraient cette objection; car, ils ne sauraient prouver :

1.º Que le *sentiment* soit nécessaire aux animaux qui n'ont point de nerfs;

2.º Que là où les nerfs manquent, la faculté de *sentir* puisse néanmoins exister.

Ce n'est assurément que par système qu'on pourrait supposer de pareilles choses.

Or, je puis montrer que si la nature eût donné la faculté de sentir à des animaux aussi imparfaits que les *infusoires*, les *polypes*, etc., elle eût fait en cela une chose à-la-fois inutile et dangereuse pour eux. En effet, ces animaux n'ayant jamais besoin de choisir les objets dont ils se nourrissent, de les aller chercher, enfin, de se diriger vers eux, mais les trouvant toujours à leur portée, parce que les eaux qui en sont remplies, les tiennent sans cesse à leur disposition, l'*intelligence* pour juger et choisir, le *sentiment* pour connaître et distinguer, seraient pour eux des facultés superflues et dont ils ne feraient aucun usage. La dernière même (la faculté de sentir)

serait probablement nuisible à des animaux si dé-
licats.

Le vrai en cela est que ce fut d'abord d'après les organisations animales les plus perfectionnées, que l'on s'est formé une *opinion* sur la nature des animaux en général; et maintenant, cette opinion reçue fait que l'on se sent porté à regarder comme système, toute considération qui tend à la renverser, quelqu'appuyée qu'elle soit par les faits et par l'observation des lois de la nature.

Sans avoir besoin d'entrer ici dans plus de détails, je crois avoir prouvé qu'il n'est pas vrai que tous les animaux soient généralement doués du *sentiment*; j'ai démontré même que cela est impossible :

1.º Parce que tous les animaux ne possèdent point l'appareil nerveux nécessaire à la production du sentiment;

2.º Parce que tous les animaux ne sont pas même munis de nerfs, et qu'il n'y a que des nerfs aboutissant à un centre de rapport, qui puissent donner lieu à la faculté de *sentir*;

3.º Parce que la faculté d'éprouver des sensations n'est pas nécessaire à tous les animaux, et qu'elle pourrait même être très-nuisible aux plus frêles et aux plus imparfaits de ces êtres;

4.º Parce que le *sentiment* est un phénomène organique, et non la faculté particulière d'aucune matière quelconque; et que ce phénomène, quelqu'admirable qu'il soit, ne saurait être produit que par le système d'organes qui en a le pouvoir ;

5.º Enfin, parce qu'on observe que le système nerveux, très-compliqué dans les mammifères et surtout dans les animaux des 1.ers genres des *quadrumanes*, va en se dégradant et se simplifiant de plus en plus à mesure que l'on descend l'échelle animale ; qu'il perd progressivement, dans cette marche, plusieurs des facultés dont il faisait jouir les animaux ; et qu'il disparaît entièrement lui-même, long-temps avant d'avoir atteint l'autre extrémité de l'échelle.

Si ce sont là des vérités attestées par l'observation ; si tous les animaux ne possèdent pas la faculté de *sentir*, et n'ont pas celle d'agir *volontairement* ; combien est fautive la théorie généralement reçue, qui admet pour définition de l'animal, la faculté du *sentiment* et celle du mouvement *volontaire* !

Je ne m'étendrai pas ici davantage sur ce sujet : mais ayant beaucoup de redressemens à présenter, relativement aux principes qu'il convient d'admettre en zoologie, et devant compléter les considérations essentielles qui peuvent, par leur connexion évidente, montrer le fondement de ces principes, je vais diviser cette introduction en sept parties principales.

Dans la première, je traiterai des *caractères essentiels* des animaux, comparés à ceux des autres corps naturels que nous pouvons connaître, et je donnerai une définition précise de ces êtres singuliers.

J'établirai, dans la seconde, l'existence d'une progression dans la composition de l'organisation des différens animaux, ainsi que dans le nombre et l'éminence des facultés qu'ils en obtiennent. Ce fait établi d'après l'observation, deviendra décisif en faveur de la théorie proposée.

Je traiterai, dans la troisième, des moyens employés par la nature pour instituer la vie animale dans un corps où elle n'existait pas, composer ensuite progressivement l'organisation des animaux, et établir en eux différens organes particuliers, graduellement plus compliqués, qui leur donnent des facultés en rapport avec ces organes.

Dans la quatrième partie, les facultés observées dans les animaux seront toutes considérées comme des phénomènes uniquement organiques, et j'en offrirai la preuve.

Dans la cinquième, je considérerai la source des penchans et des passions, soit des animaux sensibles, soit de l'homme même, et je montrerai qu'elle est un véritable produit du sentiment intérieur, et par suite, de l'organisation.

Dans la sixième, l'enchaînement des causes essentielles à considérer m'oblige à traiter *de la nature,*

c'est-à-dire, de la puissance, en quelque sorte mécanique, qui a donné l'existence aux animaux divers, et qui les a faits nécessairement ce qu'ils sont.
J'essaierai de fixer les idées que nous devons attacher
à ce mot si généralement employé, et néanmoins
si vague dans son acception.

Enfin, dans la septième et dernière partie, j'ex-
poserai la distribution générale des animaux, ses
divisions, et les principes sur lesquels cette distribution doit être fondée. Dès lors le rang des différens
animaux sans vertèbres et les rapports de ces êtres
avec les autres corps connus de notre globe seront
clairement déterminés.

PREMIÈRE PARTIE.

*Des caractères essentiels des animaux ,
comparés à ceux des autres corps de
notre globe.*

Jusqu'ici, j'ai essayé de faire voir que le plan
général de nos études des animaux était fort imparfait , et n'avait guère de valeur qu'à l'égard de nos
classifications, de nos distinctions d'espèces , etc.

J'ai montré, effectivement, que ce plan n'em-
brassait nullement les moyens de nous procurer des
notions exactes de ce que sont réellement les animaux, de ce qu'ils tiennent de la nature, de ce qu'ils
doivent aux circonstances, enfin , de la source et des
limites de leurs facultés ; en sorte qu'il est résulté du
plan borné de nos études zoologiques , qu'actuellement même nous ne sommes pas encore en état
d'attacher au mot *animal*, des idées claires, justes ,
et circonscrites.

Pour fixer définitivement nos idées sur ce que sont

essentiellement les *animaux*, ainsi que sur les caractères qui leur sont exclusivement propres, et pour établir la véritable définition qu'il faut donner de ces êtres, il m'a paru indispensable de comparer de nouveau ces mêmes êtres à tous ceux de notre globe qui ne sont point doués de la vie, et ensuite à ceux des corps vivans qui ne font point partie du règne animal, afin de déterminer les limites positives qui séparent ces différens êtres.

Bien des personnes pourront regarder comme superflues les nouvelles déterminations des coupes primaires, parmi les productions de la nature, dont j'entends faire ici l'exposition, supposant que celles que l'on a établies sont suffisamment bonnes, assez connues, et qu'aucune rectification ne leur est nécessaire. J'aurai cependant occasion de montrer les incertitudes que les distinctions primaires dont il s'agit n'ont pas détruites, en citant les écarts évidens auxquels elles ont donné lieu, même dans nos temps modernes.

Ainsi, reprenant, dans ses fondemens mêmes, l'édifice entier de nos distinctions des corps naturels, je vais considérer d'abord ce que sont essentiellement les corps incapables de vivre; j'examinerai ensuite ce qui constitue positivement les corps doués de la vie, et quelles sont les conditions que l'existence et la conservation de la faculté de vivre exigent en eux. De là, passant à l'examen des *végétaux* en

général , je montrerai que ces corps vivans ont un
caractère particulier qui les distingue tellement des
animaux, qu'ils ne sauraient se confondre avec eux
par aucun point de leur série. Enfin , ne m'occupant que des considérations essentielles qui peuvent
fixer ces distinctions primaires , et n'entrant dans aucun détail, afin d'arriver rapidement à mon but , je
terminerai par exposer , pour les *animaux*, des caractères essentiels et distinctifs qui ne laisseront
nulle part ni incertitude , ni exception quelconque.
Alors , la définition de chacune de ces sortes de
corps , se trouvera claire, simple , précise , et tranchée.

Pour remplir cet objet , je vais diviser cette première partie en quatre chapitres particuliers , et
commencer par celui qui a pour but de fixer la détermination des caractères essentiels des corps incapables de vivre.

CHAPITRE PREMIER.

*Des corps inorganiques, soit solides ou concrets,
soit fluides, en qui le phénomène de la vie ne
saurait se produire, et des caractères essentiels
de ces corps.*

—

Avant de rechercher ce que sont positivement,
soit les animaux, soit les végétaux, il importe de
connaître ce que sont, de leur côté, les corps qui
ne sauraient jouir de la vie, et de fixer nos idées sur
l'origine, l'état et la nature de ces corps incapables
de vivre. Alors, les comparant avec ceux en qui le
phénomène de la vie peut se produire, les caractères
qui indiquent la limite qui sépare ces deux sortes de
corps, pourront être mis en évidence, s'ils existent.

Mon dessein n'est assurément pas de considérer
ici aucun des corps inorganiques en particulier, ni
d'entrer dans le moindre détail sur l'étude déjà fort
avancée de ces corps; mais comme nous devons tâcher de nous former une idée juste et claire de l'*animal*, nous efforcer de le connaître sous tous ses rapports, et que l'*animal* est essentiellement un *corps*

vivant, il nous importe, avant tout, de savoir en quoi les corps incapables de posséder la vie, diffèrent de ceux qui en jouissent ou peuvent en jouir.

Ainsi, jetons un coup-d'œil rapide sur ces corps incapables de vivre, et qui cependant fournissent les matériaux de ceux que la vie anime ; et fixons, d'une manière positive, la limite qui les sépare des corps vivans. Quoiqu'admise, cette limite n'est pas tellement déterminée qu'on n'ait bien des fois tenté de la franchir de notre tems, en attribuant la vie à des objets dans lesquels il est impossible qu'elle puisse exister (1).

En examinant attentivement tout ce que nous pouvons observer hors de nous, tout ce qui peut affecter nos sens et parvenir à notre connaissance, nous remarquons que, parmi tant de corps divers qui sont dans ce cas, certains d'entr'eux offrent cela de particulier, qu'ils manquent de rapports communs, relativement à leur origine; que leur durée et leur volume ou leur grandeur n'ont rien qui soit

---

(1) N'a-t-on pas osé dire que le globe terrestre est un corps vivant ; qu'il en est de même des différens corps célestes ; et confondant le phénomène organique de la vie, qui donne des facultés toujours les mêmes aux corps en qui on l'observe, avec le mouvement constamment répandu dans toutes les parties de la nature ; n'a-t-on pas osé assimiler la nature même aux êtres doués de la vie !

déterminable ; que la conservation de leur existence n'est assujétie à aucun besoin de leur part, et serait sans terme, si, par suite du mouvement répandu dans toutes les parties de la nature, et si, agissant plus ou moins les uns sur les autres, selon les circonstances de leur situation, de leur état et des affinités, ils n'étaient plus ou moins exposés à des changemens de toutes les sortes ; et qu'enfin, quoique beaucoup moins nombreux en espèces que les autres, ces corps constituent, eux seuls, la masse principale du globe que nous habitons. Or, c'est à ces mêmes corps, soit solides, soit liquides, soit élastiques ou gazeux, que nous donnons le nom de *corps inorganiques* ; et nous allons faire voir qu'en aucun d'eux le phénomène de la vie ne saurait se produire.

Afin d'écarter le vague et toute opinion arbitraire à leur égard, déterminons d'abord leurs caractères essentiels.

Caractères généraux des corps inorganiques.

Les *corps inorganiques*, de quelque nature, consistance et grandeur qu'ils soient, diffèrent essentiellement de ceux qui possèdent la vie ;

1.º En ce qu'ils n'ont l'*individualité spécifique* que dans la molécule intégrante qui constitue leur espèce particulière ; les masses et les volumes que peuvent former, par leur réunion ou par leur aggrégation, ces molécules, n'ayant point de bornes, et n'opérant aucune modification de l'espèce dans leurs variations ;

2.º En ce qu'ils n'ont point tous un même genre d'origine ; les uns s'étant formés par l'apposition de molécules déposées successivement à l'extérieur , et les autres ayant été produits , soit par des décompositions partielles ou des altérations de certains corps, soit par des combinaisons que des matières diverses et en contact ont été exposées à former ;

3.º En ce qu'ils n'ont point un *tissu cellulaire* servant de base à une organisation intérieure ; mais seulement une structure, un état quelconque d'aggrégation ou de réunion de leurs molécules ;

4.º En ce qu'ils n'ont aucun besoin à satisfaire pour leur conservation ;

5.º En ce qu'ils n'ont point de facultés, mais seulement des propriétés ;

6.º En ce qu'ils n'ont point de terme assigné à la durée d'existence des individus, leur fin, comme leur origine , étant indéterminée , et tenant à des circonstances fortuites ou accidentelles;

7.º En ce qu'ils n'ont aucun développement à opérer en eux , qu'ils ne forment point eux-mêmes leur propre substance , et que ceux qui éprouvent des mouvemens dans leurs parties , ne les acquièrent qu'accidentellement , et ne les reçoivent jamais par *excitation;*

8.º Enfin , en ce qu'ils ne sont point assujétis à des pertes nécessaires ; qu'ils ne sauraient réparer eux-mêmes les altérations que des causes fortuites peuvent leur faire éprouver ; qu'ils ne sont point essentielle-ment forcés à une succession graduelle de change-mens d'état ; qu'ils n'offrent , dans leur aspect , ni les traits de la jeunesse , ni ceux de la vieillesse ; en un mot , que ne possédant point la vie , ils n'ont point de mort à subir.

Tels sont les caractères essentiels des *corps inor-ganiques* , de ces corps dont la nature et l'indivi-dualité de l'espèce ne résident absolument que dans la molécule intégrante qui les constitue , et dont aucun individu ne saurait en lui-même posséder la vie , parce qu'il est impossible qu'une molécule intégrante puisse offrir le phénomène de la vie sans être dé-truite dans l'instant même ; enfin , de ces corps qui , par la réunion de leurs molécules , peuvent former des masses diverses dans lesquelles la vie peut exis-ter , mais seulement dans le cas où elles ont pu être organisées , et recevoir dans leur intérieur l'ordre et l'état de choses qui permettent les mouvemens vi-taux et les changemens qu'ils exécutent.

En effet , la vie , dans un corps , consistant , comme je le prouverai , en une suite de mouvemens qui amènent dans ce corps une suite de changemens forcés , la nature ne saurait l'instituer dans une mo-lécule intégrante quelconque , sans détruire aussitôt l'état, la forme et les propriétés de cette molécule. Ne sait-on pas que le propre de toute molécule intégrante est de ne pouvoir conserver sa nature et ses propriétés qu'autant qu'elle conserve sa forme, sa densité et son état ? en sorte que c'est uniquement sur cette constance de forme pour chaque espèce, que sont fondés les principes de la *crystallographie* que Mr *Haüy* a si heureusement découverts et si habilement développés.

Ainsi, *la vie* ne saurait exister dans une molécule intégrante, de quelque nature qu'elle soit ; et cependant tout corps inorganique n'a l'individualité de son espèce que dans sa molécule intégrante. Elle ne saurait exister non plus dans une masse de molécules intégrantes, réunies, si cette masse n'a reçu l'organisation qui lui donne alors l'individualité, c'est-à-dire, si elle n'a reçu, dans son intérieur, l'ordre et l'état de choses qui permettent en elle l'exécution des mouvemens vitaux.

Voilà des vérités de fait qu'il était important d'établir, et qui montrent l'intervalle considérable qui sépare les corps inorganiques de ceux qui sont vivans.

Ce n'est, comme nous le verrons, que dans une masse de molécules intégrantes diverses, réunies en un corps particulier, que la nature peut instituer la vie, et jamais dans une molécule intégrante seule ; et elle n'y parvient que lorsqu'elle a pu établir dans ce corps particulier l'état et l'ordre de choses nécessaires pour que le phénomène de la vie puisse s'y produire. Or, cet état et cet ordre de choses nécessaires à la production de la vie, constituent à-la-fois et l'organisation de ce corps, et son individualité spécifique. Il en résulte qu'à l'instant même où un corps qui jouissait de la vie, a perdu dans ses parties l'état de choses qui permettait l'exécution de ce phénomène, et qu'il est, par cette perte, devenu incapable de l'offrir désormais, aussitôt alors ce corps perd l'individualité spécifique, et fait partie des *corps inorganiques*, quoiqu'il présente encore les restes grossiers d'une organisation qu'il a possédée ; organisation qui achève graduellement de s'anéantir, ainsi que la propre substance de ce même corps.

La vue des restes de l'organisation d'un corps qui a vécu, mais en qui le phénomène de la vie ne peut plus s'exécuter, ne saurait donc laisser aucun doute sur le règne auquel ce corps appartient alors.

Ainsi, les corps généralement appelés *inorganiques* et qui forment un règne si distinct des corps vivans, n'ont pas, pour caractère unique, de n'offrir aucune apparence d'organisation ; mais ils ont celui d'avoir leurs parties dans un état qui rend impossible en eux la production du phénomène de la vie.

Ces caractères, mis en opposition avec ceux des *corps vivans*, nous font connaître l'existence d'un *hiatus*, en quelque sorte immense, entre les uns et les autres ; *hiatus* constitué par l'impossibilité des uns de donner lieu au phénomène de la vie , tandis que l'exécution de ce phénomène est possible et presque toujours effectif dans les autres. Aussi, ces deux sortes de corps comparés, présentent une si grande différence dans tout ce qui les concerne, qu'il n'est pas possible de trouver un seul motif raisonnable pour supposer que la nature ait pu les réunir quelque part, c'est-à-dire , passer des uns aux autres par une véritable nuance.

Par leur rapprochement et l'amas qu'en a causés la gravitation universelle, les *corps inorganiques* constituent eux seuls la masse principale du globe que nous habitons ; et , bien inférieurs aux corps vivans en diversité d'espèces , ce sont eux cependant qui, par les grands volumes et les grandes masses qu'ils forment, occupent presqu'entièrement la place que tient dans l'espace le globe terrestre.

A leur égard , néanmoins , les volumes et les masses de ces corps ne se conservent pas toujours indéfiniment ; car ceux surtout qui se trouvent à la surface du globe , éprouvent sans cesse, de la part des *agens répulsifs et pénétrans* qui y dominent, des effets qui détachent peu-à-peu les particules de leur superficie. Alors, les lavages produits par les eaux pluviales, entraînent , charrient et déposent ailleurs successivement ces particules ; et toutes celles qui se trouvent réduites en molécules intégrantes libres, l'aggrégation les réunit et les consolide en nou-

velles masses, ou en accroît les masses déjà existantes qui les reçoivent.

A l'action des *agens répulsifs et pénétrans* qui
ne font que séparer les particules des corps que les
circonstances où elles se trouvent rendent séparables,
si l'on ajoute celle des *agens altérans* ou chimiques,
qui peut aussi s'exercer sur ces mêmes corps, ainsi
que celle des affinités qui dirigent alors chaque action de cés agens, on aura dans ces trois grandes
causes, celles qui donnent lieu à toutes les mutations qu'on observe dans la nature, les volumes et les
masses des *corps inorganiques.*

Il n'importe nullement à mon objet d'indiquer
ici la nature particulière d'aucun des corps inorganiques qui ont été observés ; mais la nécessité où je
suis d'attirer l'attention sur certains de ces corps,
parce qu'ils jouent un grand rôle dans le phénomène de la vie, et parce que ce phénomène ne saurait s'exécuter sans eux ; cette nécessité, dis-je, me
met dans le cas de m'occuper ici sommairement des
corps incapables de vivre, et de les distinguer, dans
cette vue, en *corps solides* ou concrets, et en *corps
fluides.*

Les *corps inorganiques solides* présentent des
matières diverses, le plus souvent composées, formant des masses plus ou moins dures, plus ou moins
denses, et de différente grandeur. Ces masses résultent d'une aggrégation de molécules intégrantes,

soit homogènes, soit hétérogènes, qui ont entr'elles une adhérence ou une cohésion plus ou moins considérable : or, chacun sait :

Que ces masses, le plus souvent pierreuses, nous offrent des terres diverses, qui se rencontrent, les unes pures, les autres mélangées, les unes acidifères, les autres sans union avec aucun acide :

Qu'en outre, parmi ces masses solides de toute grandeur et diversement entassées les unes sur les autres, on trouve des acides et des alkalis presque toujours combinés avec quelque matière concrète ; des métaux différens, soit natifs, soit oxidés ; des matières combustibles dans l'état concret, soit pures, soit mélangées ou combinées ; enfin, des aggrégats divers, la plupart sous forme de *roche*, d'ancienne ou de nouvelle formation, ainsi que des matières pierreuses altérées par le feu des volcans.

Tous ces objets constituent les matériaux d'une science particulière que l'on a nommée *minéralogie* ; et ce sont eux principalement que l'on considère comme composant le *règne minéral*. Ils n'intéressent celui qui s'occupe du phénomène de la vie, que comme fournissant une partie des matériaux qui forment les corps vivans.

Les *corps inorganiques fluides* sont constitués par des matières dont les molécules intégrantes, quelles qu'elles soient, n'ont point d'adhérence entr'elles, ou en ont une si faible qu'elle ne saurait les retenir dans leur situation, lorsque la gravitation sollicite leur déplacement. Par une cause connue, les molécules de ces corps sont entretenues dans cet état.

Ces corps fluides doivent aussi faire partie du règne que je viens de citer; car on sait que la plupart formeraient des corps solides ou concrets, si la cause qui maintient leur fluidité n'agissait plus.

On prendra de ces fluides une idée générale qu'il importe de ne pas perdre de vue, en considérant:

1.º Que les uns sont des *fluides liquides*, peu ou point compressibles, et qui, réunis en masse, se voient toujours aisément. Or, indépendamment de ceux qui font partie de différens corps concrets et que l'on en peut obtenir, l'*eau*, considérée dans son état ordinaire et qui est si abondamment répandue dans notre globe, nous offre le principal de ces fluides liquides;

2.º Que les autres sont des *fluides élastiques*, gazeux, et la plupart entièrement invisibles. Or, c'est parmi ceux-ci qu'il est nécessaire d'établir une distinction; car il y en a de deux sortes particulières, qui sont très-importantes à considérer, à cause de leur influence dans un grand nombre de phénomènes qui seraient inintelligibles sans la considération de cette influence: ainsi, il faut les diviser;

1.º En *fluides élastiques coërcibles*, contenables et sensiblement pondérables;

2.º En *fluides subtils* incontenables et qui paraissent incoërcibles , étant pénétrans , et pour nous impondérables.

Les *fluides élastiques coërcibles* , *contenables* et *pondérables* , sont ceux dont on peut renfermer et conserver des portions dans des vaisseaux clos ; ce qui nous donne les moyens de les examiner et de les bien connaître, en les soumettant à nos expériences.

L'air atmosphérique et les différens gaz dont les chimistes nous ont donné la connaissance , appartiennent à cette division.

Les *fluides subtils* , *incontenables* , *pénétrans* et *impondérables* , sont ceux dont on ne peut saisir et conserver aucune portion dans des vaisseaux clos ; que nous ne pouvons soumettre que difficilement et très-imparfaitement à nos expériences ; que nous ne connaissons qu'incomplétement , mais dont cependant l'existence nous est assurée par l'observation.

Or , ce sont précisément ces fluides subtils qu'il nous importe le plus ici de considérer ; car ce sont ceux qui , dans notre globe , produisent les phénomènes les plus étonnans , les plus curieux , les moins connus ; ce sont ceux qui , par leur action sans cesse renouvelée, constituent la *cause excitatrice* des mouvemens vitaux dans tout corps organisé en qui ces mouvemens sont exécutables ; en un mot, ce sont ceux que le *biologiste* ne saurait se dispenser de prendre en considération , s'il veut entendre quelque chose au phénomène de la vie , et saisir la cause des autres phénomènes que la vie , dans les animaux, peut amener successivement, en compliquant de plus en plus leur organisation.

On sait assez que les fluides singuliers et incontenables dont je parle, fluides qui sont si pénétrans et si subtils , sont le *calorique* , l'*électricité*, le *fluide magnétique* , etc. , auxquels peut-être il faut joindre la *lumière* , à cause de sa grande influence sur l'état et la conservation des corps vivans (1).

Ces fluides subtils remplissent partout , quoiqu'inégalement , la masse entière de notre globe et son atmosphère. La plupart pénètrent , se répandent et se meuvent sans cesse , soit dans les interstices des autres corps , soit dans leur porosité ; enfin , ils sont si importans à considérer , qu'il est certain que , sans eux , ou au moins sans certains d'entr'eux , le phénomène de la vie ne saurait être produit dans aucun corps.

Indépendamment de ses mouvemens de déplace-

---

(1) Outre qu'il peut exister d'autres fluides incontenables et très-subtils que nous ne sommes pas encore parvenus à apercevoir ou à distinguer , je n'associe la *lumière* , qu'avec doute , aux autres fluides que je viens de citer ; parce que cette matière n'appartient pas exclusivement à notre globe , et parce qu'elle paraît à peine un fluide , ses particules ne se mouvant qu'en ligne droite.

ment, un d'entr'eux, au moins, (*le calorique*) se trouve constamment dans un état répulsif plus ou moins intense, selon le degré de coërtion dans lequel il se rencontre. Il tend donc sans cesse à écarter ou à séparer les particules réunies des corps·

L'électricité elle-même est dans un cas semblable toutes les fois que des masses de cette matière se trouvent coërcées momentanément par une cause quelconque.

Je viens de dire que les *fluides subtils et pénétrans* cités ci-dessus, sont sans cesse en mouvement dans les différentes parties de notre globe, dans tous les milieux qui composent sa masse, dans les interstices et même dans la porosité des corps. De cette vérité, qu'attestent les faits connus qui concernent ces fluides, il résulte que ces mêmes fluides sont partout dans une activité continuelle, et qu'ils exercent une influence réelle sur la plupart des phénomènes que nous observons.

Or, pour montrer que les fluides subtils dont il s'agit, sont sans cesse en mouvement dans notre globe, il n'est nullement nécessaire d'attribuer à aucun d'eux le moindre mouvement en propre; il suffit de considérer que, par leur extrême mobilité et leur facile condensation, ils sont, plus même que les autres corps, assujétis à participer aux mouvemens répandus et entretenus dans toutes les parties de la nature.

Ainsi, sans remonter à la cause du mouvement diurne de rotation de notre globe sur son axe, ni à celle de son mouvement annuel autour du soleil, nous ferons remarquer que ces deux mouvemens non interrompus de notre globe, entraînent nécessairement ceux des fluides subtils dont il est question ; qu'ils les exposent à des déplacemens continuels, et les mettent sans cesse, pour ainsi dire, dans un état d'agitation et de condensation instantanée et diverse.

En effet, que l'on considère les alternatives perpétuelles de lumière et d'obscurité que le jour et la nuit entretiennent sur différens points de notre globe, celles que les saisons, les vents, etc., produisent presque continuellement dans son atmosphère, on sentira qu'il doit en résulter des *variations* locales et toujours renaissantes dans la température et la densité de l'air atmosphérique, dans la sécheresse ou l'humidité de diverses parties de sa masse, et dans les quantités d'électricité qui pourront se répandre et s'accumuler localement dans l'atmosphère, ou en être expulsées plus ou moins complétement, selon ces diverses circonstances.

Il sera toujours vrai de dire que, dans chaque point considéré de notre globe où ils peuvent pénétrer, *la lumière*, *le calorique*, *l'électricité*, etc., ne s'y trouvent pas deux instans de suite en même quantité, en même état, et n'y conservent pas la même intensité d'action.

L'on sent donc que les *fluides subtils, incoërcibles* et *pénétrans*, dont il vient d'être question, constituent nécessairement une source féconde en phénomènes divers; et qu'eux seuls peuvent offrir cette cause singulière, excitatrice des mouvemens vitaux dans les corps où ces mouvemens sont possibles.

Nous étant formé une idée claire des caractères essentiels des *corps inorganiques*, soit solides, soit fluides, passons maintenant à l'examen de ceux qui sont le propre des *corps vivans*.

CHAPITRE II.

Des corps vivans, et de leurs caractères essentiels.

—

Dᴇ l'idée, plus ou moins juste, que nous nous formerons des *corps vivans*, en général, dépendront la solidité, plus ou moins grande, de nos connaissances sur le phénomène de *la vie*, et celle aussi, plus ou moins grande, de nos théories physiologiques, soit végétales, soit animales.

Nous devons donc apporter la plus grande circonspection dans les conséquences que nous tirerons des faits mêmes pour cet objet, et nous rappeler que c'est surtout ici qu'il faut éviter notre écueil ordinaire, celui de conclure du particulier au général.

Sans doute, il est très-dangereux de rechercher directement, à l'aide de notre imagination, ce que sont les *corps vivans*, ce qu'est *la vie* elle-même qu'ils possèdent et qui les distingue des corps qui ne sauraient en jouir ! mais j'ai depuis long-temps remarqué et fait connaître une voie plus assurée pour atteindre le même but sans s'exposer autant à l'erreur ; c'est celle de fixer, d'après l'observation, les conditions essentielles à l'existence des *corps vivans,* et ensuite à celle de *la vie.*

La détermination de ces conditions n'exige aucun raisonnement de notre part, mais seulement un fondement reconnu ou incontestable dans les faits cités. Enfin, ces mêmes conditions, en nous éclairant sur la nature des objets considérés, deviendront les caractères distinctifs et certains de ces objets.

Avant d'établir positivement ces caractères, et conséquemment les conditions essentielles à l'existence des *corps vivans,* considérons les observations suivantes.

A mesure que notre attention fut dirigée sur ce qui est hors de nous, sur ce qui nous environne, et particulièrement sur les objets qui se sont trouvés à la portée de nos observations, outre les corps inorganiques et sans vie qui constituent presque la masse entière de notre globe, nous avons distingué et reconnu l'existence d'une multitude de corps singuliers qui, quelque différens qu'ils soient les uns des autres, ont tous une manière d'être qui leur est commune et à-la-fois particulière.

Ces corps, en effet, ont tous un même genre d'origine, des termes à leur durée, des besoins à satisfaire pour se conserver, et ne subsistent qu'à l'aide d'un phénomène intérieur qu'on a nommé *la vie,* et d'une organisation qui permet à ce phénomène de s'exécuter.

Voilà déjà, dans ce peu de faits positifs, des conditions essentielles à l'existence de ces corps. Il y en a bien d'autres encore que je citerai bientôt ; et l'on sentira que ce ne peut être que de leur ensemble que naîtra la seule idée juste que nous puissions nous former des corps dont il s'agit.

Ayant exposé dans ma *Philosophie zoologique* (vol. 1 , p. 400) les conditions essentielles à l'existence de *la vie*, je ne vais m'occuper ici que des corps en qui ce phénomène s'exécute ou peut se produire.

C'est aux corps singuliers et vraiment admirables dont je viens de parler, qu'on a donné le nom de *corps vivans*; et la vie qu'ils possèdent, ainsi que les facultés qu'ils en obtiennent, les distinguent essentiellement des autres corps de la nature. Ils offrent en eux, et dans les phénomènes divers qu'ils présentent, les matériaux d'une science particulière qui n'est pas encore fondée, qui n'a pas même de nom, dont j'ai proposé quelques bases dans ma *Philosophie zoologique*, et à laquelle je donnerai le nom de *Biologie*.

On conçoit que tout ce qui est généralement commun aux *végétaux* et aux *animaux*, comme toutes les facultés qui sont propres à chacun de ces êtres, sans exception, doit constituer l'unique et vaste objet de la *Biologie*; car les deux sortes d'êtres que je viens de citer, sont tous essentiellement des corps vivans, et ce sont les seuls êtres de cette nature qui existent sur notre globe.

Les considérations qui appartiennent à la *Biologie* sont donc tout-à-fait indépendantes des différences que les végétaux et les animaux peuvent offrir dans leur nature, leur état et les facultés qui peuvent être particulières à certains d'entr'eux.

Si les facultés généralement communes aux êtres vivans, et qui sont exclusives pour tous les autres, nous paraissent admirables, nous semblent même des merveilles, telles que celles :

1.º d'offrir en eux le phénomène de la vie ;

2.º de se nourrir à l'aide de matières étrangères incorporées ;

3.º de former eux-mêmes les substances dont leur corps est composé, ainsi que celles qui s'en séparent par les sécrétions ;

4.º de se développer et de s'accroître jusquà' un terme particulier à chacun d'eux ;

5.º de se régénérer eux-mêmes, c'est-à-dire, de produire d'autres corps qui leur soient en tout semblables ; etc.

C'est parce que nous n'avons pas réellement étudié les moyens de la nature et la marche constante qu'elle suit en les employant ; c'est parce que nous n'avons pas examiné l'influence qu'exercent les circonstances, et les variations qu'elles exécutent dans les produits de ces moyens.

Par ce défaut d'etude et d'examen de ce qui a réellement lieu, les faits observés à l'égard des *corps vivans*, nous paraissent des merveilles inconcevables ; et nous croyons pouvoir suppléer aux observations qui nous manquent sur les moyens et la marche de la nature, en imaginant des hypothèses qui seraient bientôt repoussées par les lois qu'elle suit dans ses opérations, si nous les connaissions mieux.

Par exemple, ne prétend-t-on pas que les engrais fournissent aux végétaux des substances particulières, autres que l'humidité, pour les nourrir ; tandis que ces matières, plus propres que les autres à conserver l'humidité (l'eau divisée), ne servent qu'à entretenir autour des racines des plantes, celle qui est favorable à leur végétation. Et si certains engrais sont plus avantageux que d'autres à certaines races, n'est-ce pas parce qu'ils conservent l'humidité dans le degré qui leur convient ? Enfin, si les particules de certaines matières entraînées par l'eau que pompent les racines, donnent à ces végétaux des qualités particulières, cela empêche-t-il que ces matières ne soient vraiment étrangères et nullement nécessaires à la végétation de ces plantes ?

Je me borne à la citation d'un seul exemple de nos écarts dans les conséquences que nous tirons des faits observés à l'égard des corps vivans : d'autres exemples m'entraîneraient trop hors de mon sujet.

Je dirai seulement que, ne considérant pas certaines limites que la nature ne saurait franchir, bien des personnes commettent une erreur en croyant qu'il existe une chaîne graduée qui lie entr'eux les différens corps qu'elle a produits. Il suivrait de cette opinion que les *corps inorganiques* se nuanceraient quelque part avec les *corps vivans*, savoir, avec les végétaux les plus simples en organisation; et que les végétaux eux-mêmes, tenant le milieu entre les deux autres règnes, se confondraient avec les animaux par quelque point de leur série réciproque.

L'imagination seule a pu donner lieu à une pareille idée, qui est ancienne, et qu'on a renouvelée dans différens ouvrages modernes. Mais je prouverai qu'il n'y a point de chaîne réelle qui lie généralement entr'elles les productions de la nature, et qu'il ne peut s'en trouver que dans certaines branches des séries qu'elles forment; encore ne s'y montre-t-elle qué sous certains rapports généraux.

Pour éviter les raisonnemens, les discussions particulières, et faire connaître les conditions essentielles à l'existence des *corps vivans*, je vais exposer les vrais caractères de ces corps. Ils me fourniront une distinction positive et très-grande entre les corps inorganiques et ceux qui jouissent de la vie. Ensuite, j'en établirai une de toute évidence entre les plantes et les animaux; en sorte que l'on pourra se convaincre que ces trois branches des produits de la nature sont véritablement isolées , et ne se lient nulle part entr'elles par aucune nuance.

Déjà nous avons vu les caractères essentiels des corps inorganiques, auxquels il faut joindre ceux qui , possédant les restes d'une organisation qui a existé en eux, sont devenus incapables d'être animés par la vie. Maintenant , pour effectuer notre comparaison, examinons les principaux traits qui caractérisent les *corps vivans* et qui mettent entr'eux et les corps inorganiques une distance considérable.

Caractères généraux des corps vivans.

Les *corps vivans*, par des causes physiques déterminables , ont tous généralement :

1.º *L'individualité* de l'espèce existante dans la réunion , la disposition et l'état de molécules intégrantes diverses qui composent leurs corps , et jamais dans aucune de ces molécules considérée séparément (1);

---

(1) L'individualité spécifique des corps vivans réside toujours dans une masse résultante de la réunion et de la disposition de molécules intégrantes diverses ; mais elle est tantôt simple et tantôt composée.

Elle est simple, lorsqu'elle réside dans le corps entier ; elle

2.º Le *corps* composé de *deux sortes* essentielles de parties ; savoir : de parties concrètes, toutes ou la plupart contenantes, et de fluides libres contenus ; les premières étant généralement constituées par un *tissu cellulaire* flexible, susceptible d'être modifié diversement par les mouvemens des fluides contenus, et de former différens organes particuliers ;

3.º Des *mouvemens* internes, dits *vitaux*, qui ne sont produits que par des causes excitatrices ou stimulantes : mouvemens qui peuvent être, soit accélérés, soit rallentis ou même suspendus, mais qui sont nécessaires aux développemens de ces corps ;

4.º Un *ordre* et un *état de choses* dans les parties qui, tant qu'ils subsistent, rendent possibles les mouvemens vitaux dont l'exécution constitue le phénomène de la vie (1) ; mouvemens qui amènent dans le corps une suite de changemens forcés ;

---

est composée, lorsque le corps entier est lui-même composé d'individus réunis.

Dans la plupart des végétaux, comme dans un grand nombre de polypes, l'individualité est évidemment composée ; en sorte qu'elle résulte d'individus réunis, mais distincts, qui donnent lieu, en général, à un corps commun non individuel.

(1) Dans ma *Philosophie zoologique* (vol. I., p. 403.), j'ai fait voir que *la vie*, dans tout corps qui en est doué,

, 5.º Des *pertes* à subir et des *réparations* à opérer, entre lesquelles une parfaite égalité ne saurait exister, et d'où résulte, dans tout corps animé par la vie, une succession de changemens d'état, qui amène, pour chaque individu, la différence de la jeunesse à la vieillesse, et ensuite sa destruction au moment où le phénomène de la vie cesse de pouvoir se produire;

6.º Des *besoins* à satisfaire pour leur conservation, ce qui les met dans la nécessité de s'approprier des matières étrangères qui les nourrissent, et qu'ils changent et transforment en leur propre substance;

7.º Des *développemens* à opérer pendant un temps quelconque dans toutes leurs parties ; développemens qui constituent leur *accroissement* jusqu'à un terme particulier à chacun d'eux, et qui

resulte dans ce corps de l'existence d'un ordre et d'un état de choses dans ses parties, qui y permettent les mouvemens organiques ou vitaux, et que ces mouvemens néanmoins ne s'exécutent qu'à la provocation d'une cause excitante.

Ainsi, *la vie*, dans un corps, consiste en une suite de mouvemens excités, qui s'y renouvellent et s'y maintiennent tant que l'ordre et l'état de choses dans ses parties les permettent, et que la cause qui les excite est subsistante. Il faut donc reconnaître dans un corps vivant l'existence simultanée de ces deux conditions essentielles à la production du phénomène de la vie.

produisent la différence de taille, de volume et d'état, entre le corps nouvellement formé, et le même corps développé complétement ;

8.º Un même genre d'*origine* (1) ; car ils proviennent les uns des autres, non par des développemens successifs de *germes préexistans*, mais par l'isolement et ensuite la séparation qui s'opère d'une partie de leur corps ou d'une portion de leur substance, laquelle, préparée selon le système d'organisation de l'individu, donne lieu au mode particulier de reproduction qu'on lui observe ;

9.º Des *facultés* qui leur sont généralement communes, et qui sont exclusives pour tous les corps vivans, indépendamment de celles qui sont particulières à certains d'entr'eux ;

10.º Enfin, des *termes* assignés à la *durée d'existence* des individus ; la vie, par sa propre durée, amenant elle-même une altération des parties qui, parvenue à un certain point, ne permet plus au phénomène qui la constitue de continuer de s'opérer ; en sorte qu'alors la plus légère cause de désordre arrête ses mouvemens ; et c'est l'instant de leur ces-

---

(1) Il faut en excepter les générations, dites *spontanées*, c'est-à-dire, celles que la nature produit immédiatement, comme à l'origine de chaque règne organique, et probablement encore à celle des premières de leurs branches.

sation ; sans possibilité de retour , qu'on nomme la *mort* de l'individu.

Ce sont-là les dix caractères essentiels des *corps vivans* ; caractères qui leur sont communs à tous. Or, on ne trouve rien de semblable à l'égard des *corps inorganiques*. Leur nature conséquemment est très-différente.

Par cette opposition des caractères qui distinguent les *corps vivans* de ceux qui ne peuvent posséder la vie, on apercevra facilement l'énorme différence qui se trouve entre ces deux sortes de corps; et l'on concevra , malgré tout ce que l'on peut dire , qu'il n'y a point d'intermédiaire entr'eux, point de nuance qui les rapproche et qui puisse les réunir. Les uns et les autres, néanmoins, sont de véritables productions de la nature : ils résultent tous de ses moyens , des mouvemens répandus dans ses parties , des lois qui en régissent tous les genres, enfin , des affinités, grandes ou petites, qui se trouvent entre les différentes matières qu'elle emploie dans ses opérations.

Quoique les *corps vivans* soient ici ceux qui nous intéressent le plus, puisque les objets dont nous avons à nous occuper en font partie , je ne développerai aucun des caractères cités qui leur sont propres. Je rappelerai seulement quelques considérations importantes qui dérivent de ces caractères, et qu'il est nécessaire de ne pas perdre de vue ; savoir :

1.º Que tous exigent, pour pouvoir vivre, c'est-à-dire, pour que leurs mouvemens vitaux puissent s'exécuter, non seulement un état et un ordre de choses dans leurs parties qui permettent les mouvemens de la vie, mais en outre, l'action d'une cause stimulante, capable d'exciter ces mouvemens ;

2.º Que leur corps étant essentiellement constitué par un *tissu cellulaire*, ce tissu est en quelque sorte la *gangue* dans laquelle des fluides contenus et mis en mouvement, ont formé différens organes, selon que les mouvemens de ces fluides se sont plus accélérés, plus diversifiés, et se sont exécutés dans des parties plus différentes;

3.º Que tous, à l'aide des matières étrangères dont ils se saisissent ou qu'ils absorbent, et dont ensuite ils élaborent, assimilent et s'approprient les parties employées, composent eux-mêmes leur propre substance, en accroissent leurs parties tant que cela est possible, et en réparent plus ou moins complétement les pertes : ce sont-là leurs principaux besoins;

4.º Que toutes leurs parties et surtout leurs fluides propres, sont dans un *état continuel de changement* lent ou rapide; que les molécules qui les constituent, se composent pour arriver à l'état qui les rend utiles, s'altèrent ensuite et sont renouvelées de même par des remplacemens successifs, à l'aide des alimens, des absorbtions, de l'influence de l'oxigène et de l'activité de la vie ; en sorte que, des

changemens que ces parties subissent dans leurs molécules intégrantes, il résulte, dans leurs solides,
des renouvellemens perpétuels quoiqu'insensibles, et
dans leur fluide essentiel, l'existence d'élémens propres à la formation de diverses matières particulières,
dont les unes, utiles, sont sécrétées et employées,
tandis que les autres, inutiles, sont évacuées par
les excrétions diverses;

5.º Que tous, se développant et s'accroissant jusqu'à un terme particulier à chacun d'eux, ne le
font que par *intus-susception*, c'est-à-dire, par une
force intérieure ou par des actes d'organisation qui
forment et développent leurs parties par l'intérieur,
en identifiant à leur substance et fixant les molécules étrangères introduites et assimilées;

6.º Que tous, ayant la faculté de reproduire,
quoique par des voies variées, des individus semblables à eux, rapportent dans ces nouveaux individus produits, tous les changemens qui se sont
opérés dans leur système d'organisation pendant le
cours de leur vie;

7.º Que la vie que chacun d'eux possède, n'est
point un être, un corps, une matière quelconque;
qu'elle n'est point un ensemble de fonctions (1);

---

(1) On a dit que la vie était un ensemble de fonctions:
c'est à tort; car des fonctions n'étant que des actes de l'organisation et de ses parties, ni la vie, ni l'organisation elle-

mais qu'elle est un phénomène physique, résultant d'un ordre de choses et d'un état de parties qui, tant qu'ils se conservent, permettent dans ces corps les mouvemens et les changemens qui constituent ce phénomène, et qu'une cause stimulante y excite;

8.º Que, dans tous, ce sont les actes mêmes de la vie qui produisent tous les genres de changement qu'on observe dans ces corps, qui leur donnent des facultés communes, et qui amènent progressivement en eux l'état de choses qui les fait périr ;

9.º Enfin, que, par sa durée dans un corps et dans ceux ensuite qui en proviennent de générations en générations, la *vie*, favorisant de plus en plus le mouvement et le déplacement des fluides, acquiert sans cesse les moyens de modifier davantage le *tissu cellulaire*, d'en changer des portions en canaux vasculaires, en membranes, en fibres, en organes divers; de fortifier, durcir ou solidifier certaines de ces parties par l'interposition, dans leur tissu, de molécules propres à ces objets, et parvient ainsi à compliquer progressivement l'organisation.

Les dix caractères essentiels qui distinguent les

---

même, ne sont et ne peuvent être des fonctions : elles sont seulement, l'une, la cause, et l'autre, les moyens qui donnent lieu à ce que des fonctions s'exécutent.

corps vivans des autres corps naturels, et les neuf considérations capitales que j'y viens d'ajouter, présentent un ensemble d'idées qui appartient exclusivement à ces corps.

Resserrons maintenant cet ensemble dans les deux considérations suivantes; elles nous aideront, au besoin, dans la détermination des rapports entre les objets.

Les fonctions les plus générales que l'organisation ait à remplir dans les corps vivans, sont au nombre de deux; savoir :

1.º Celle de nourrir, de développer et de conserver l'individu ;

2.º Celle de le reproduire et de le multiplier.

Ces deux fonctions sont principales et du premier ordre; puisque, depuis l'organisation la plus simple jusqu'à celle qui est la plus compliquée dans sa composition, toutes généralement les remplissent l'une et l'autre, quoiqu'avec une grande diversité de moyens.

Dès que la *vie* existe dans un corps, c'est-à-dire, dès que l'état de ses parties et l'ordre de choses qui s'y trouve, permettent à ce phénomène de se produire, l'organisation de ce corps est alors capable de remplir les deux fonctions dont il s'agit. Mais, comme elle le fait évidemment par des moyens variés, selon son état de simplicité ou de composition, il en résulte que, dans le système d'organisation le plus simple, ces deux fonctions s'exécutent sans organes spéciaux quelconques ; tandis qu'ils sont absolument nécessaires , et qu'ils se composent de plus en plus , à mesure que l'organisation se compose elle-même davantage. Effectivement, les organisations les plus simples se trouvant formées de substances elles-mêmes très-peu composées , les molécules nutritives introduites n'ont presque point de changemens à subir pour être assimilées , identifiées. Dans ce cas, les mouvemens et les forces de la vie suffisent , et il ne faut pas d'organes particuliers pour la nutrition. Le fait observé à l'égard des corps vivans les plus simples., prouve que les choses se passent ainsi.

C'est donc à tort que l'on a supposé , dans tous les corps vivans, des organes particuliers pour l'exécution de chacune de ces deux fonctions ; qu'on a prétendu que ceux nécessaires pour la génération, coexistaient toujours avec ceux de la nutrition ; et que l'existence des organes destinés à ces fonctions, devait constituer le caractère des corps vivans.

Ce que l'on peut dire de plus fondé à cet égard, c'est que la nature étant parvenue, dans certains corps vivans , à instituer des organes particuliers , d'abord pour la première et ensuite pour la seconde de ces fonctions , les caractères que fournissent ces organes sont véritablement les plus importans à considérer dans la détermination des rapports , les fonc-

tions qu'ils ont à remplir étant elles-mêmes de première importance.

Mais il n'est pas vrai que, dans tout corps vivant quelconque, il y ait des organes particuliers,
soit pour l'une, soit pour l'autre des deux fonctions
dont il s'agit; car les organisations les plus simples,
végétales ou animales, n'en offrent ni pour la ré-
production, ni pour la nutrition, à moins qu'on ne
prenne les pores absorbans de l'extérieur pour des
organes particuliers.

Maintenant, si l'on rassemble méthodiquement les
dix caractères essentiels des corps vivans, en y ajoutant les neuf considérations qui viennent ensuite, et
si l'on a égard aux deux fonctions générales que l'organisation, quelle qu'elle soit, doit remplir, on aura
des bases solides et incontestables pour une *Philosophie biologique* partout d'accord avec les observations connues; on reconnaîtra facilement que les
différens phénomènes que nous offrent les corps
vivans, sont tous véritablement physiques; que leurs
causes mêmes sont déterminables, quoique difficiles
à saisir; en un mot, on sentira que la seule voie
à suivre, pour avancer nos connaissances dans cette
intéressante partie de la nature, ne peut être autre
que celle de donner la plus grande attention aux
caractères cités des corps vivans, et aux considérations que j'y ai ajoutées.

Après avoir perdu la vie qu'ils possédaient, les

corps dont il s'agit font partie, dès l'instant même, des corps qu'on nomme *inorganiques*, quoiqu'ils offrent encore les restes d'une organisation qui a existé complétement en eux; et bientôt ils se trouvent réduits à l'état des autres corps inorganiques. Alors, en effet, leurs parties se décomposent progressivement, se dénaturent, se séparent, et leurs différens résidus ou produits, de plus en plus changés, perdent peu-à-peu les traits de leur *origine* qui devient graduellement méconnaissable. Enfin, ces résidus changés concourent, avec les circonstances, à la formation d'autres matières plus ou moins composées, et vont augmenter la masse des diverses sortes de *minéraux* et de matières inorganiques, soit solides, soit liquides, soit gazeuses.

La différence qui existe entre un *corps vivant* et un *corps inorganique*, ne consiste donc réellement qu'en ce que, dans le premier, l'état des parties permet en lui la production du phénomène de la vie, qui n'a besoin que d'une cause excitante pour avoir lieu; tandis que, dans le second, ce phénomène est impossible, même malgré l'action de toute cause excitante.

Cette différence se retrouve encore en ce que, dans le corps vivant, l'individualité réside dans un ensemble de molécules intégrantes, diverses; tandis que, dans le corps inorganique, cette individualité réside en entier dans chaque molécule intégrante seule.

Cet état des parties , qui rend possible dans un corps l'exécution des mouvemens vitaux , est si peu déterminable, que l'homme ne saurait parvenir à l'imiter. Aussi l'analyse et la synthèse détruisent et reproduisent à volonté plusieurs corps ou matières inorganiques ; mais il est impossible à l'homme de former un corps vivant, ni une seule de ses parties.

Ce sont-là des faits positifs , des vérités qui n'ont rien à redouter d'un examen approfondi. Je n'en expose ici qu'une esquisse resserrée , mais elle est suffisante pour nous diriger dans nos études.

En appendice de ce chapitre , disons un mot des corps vivans composés.

Corps vivans composés.

C'est , sans doute , un fait bien étonnant et à peine croyable que celui de l'existence de corps vivans, composés d'individus réunis, qui adhèrent les uns aux autres, et participent à une vie commune; et cependant , quelqu'extraordinaire que ce fait nous paraisse , on ne saurait maintenant le révoquer en doute.

On n'eût peut-être jamais remarqué ce fait, s'il eût été borné au règne végétal dans lequel il se trouve presque général , et où il est en quelque sorte masqué par un mode particulier, qui le rend moins distinct.

Mais, dans les animaux, où ce même fait ne s'offre guère que dans une seule de leurs classes, il s'y montre avec tant d'évidence, qu'on a été forcé de le reconnaître.

C'est, effectivement, dans les animaux, que l'on s'est aperçu, pour la première fois, que la nature avait su former des corps vivans composés, c'est-à-dire, résultant d'une réunion de plusieurs individus distincts, adhérant les uns aux autres, se nourrissant et vivant en commun. Ainsi, ce fait singulier est maintenant constaté dans le règne animal ; et dans ce règne, c'est presqu'uniquement parmi les *polypes* qu'on en trouve des exemples.

En examinant attentivement le fait dont il s'agit, on reconnaît bientôt qu'il est loin d'être uniquement le propre de certains animaux ; car la nature l'a rendu bien plus général parmi les végétaux. Or, de part et d'autre, une distinction importante dans son mode d'exécution mérite d'être faite.

Par exemple, parmi les *polypes*, dont un si grand nombre présente des animaux véritablement composés, il faut distinguer ceux qui, quoique composés d'individus qui tiennent les uns aux autres, ne paraissent point donner lieu à la formation d'un corps commun, doué d'une vie indépendante de celle des individus, de ceux, pareillement composés, dont

les individus concourent chacun à la formation et à
l'aggrandissement d'un corps commun et particulier,
qui survit aux individus qu'il produit successivement.
Cette distinction n'est pas toujours sans difficultés ; et
néanmoins, sans elle, la source d'une multitude de
faits observés, surtout parmi les végétaux, ne saurait
être reconnue.

Les polypes composés, de la première sorte,
c'est-à-dire, ceux qui ne forment point de corps
commun, particulier et bien distinct, nous paraissent trouver des exemples dans les *vorticelles ra-
meuses*, dans les *hydres*, dans les *polypes* des *polypiers vaginiformes*, des *polypiers à réseau*, etc.
Ces polypes, à corps grêle et plus ou moins allongé,
adhèrent les uns aux autres sans agglomération et
sans offrir l'apparence d'un corps commun, survivant aux individus.

Ceux, au contraire, qui ont un corps commun,
survivant à tous les individus qui se développent, se
régénèrent et périssent successivement sur ce corps ;
ceux-là, dis-je, constituent la 2.e sorte de polypes
composés, et paraissent trouver des exemples dans
les polypes agglomérés, tels que ceux des *astrées*,
des *méandrines*, des *alcyons*, des *éponges*, etc.
C'est surtout dans les *polypes flottans* que ce corps
commun jouissant d'une vie indépendante, ne laisse
plus de doute sur son existence. Or, nous verrons

qu'un pareil corps est éminemment reconnaissable dans un grand nombre de végétaux composés.

Il est certain que , si l'on considère les polypes agglomérés cités ci-dessus , et si, l'on examine ce qui se passe à leur égard , on se convaincra qu'ils constituent dans l'eau , une masse commune vivante produisant sans cesse à sa surface des milliers d'individus distincts qui y adhèrent , se développent rapidement , se régénèrent et périssent bientôt après , se trouvant alors remplacés par de nouveaux individus qui parcourent aussi les mêmes termes ; tandis que la masse commune résultante de toutes les additions que ces individus passagers y ont formées , continue de vivre presqu'indéfiniment, si l'eau qui l'environne ne lui manque point. Cette masse commune vivante meurt néanmoins partiellement et progressivement dans sa partie inférieure la plus ancienne , tandis qu'elle continue de vivre dans ses parties latérales et supérieures.

Je n'ai conçu réellement l'existence de ce singulier corps commun à l'égard de certains polypes composés , qu'après avoir pris en considération ce qui se trouve d'analogue dans les végétaux vivaces , et surtout dans ceux qui sont ligneux.

Certes, aux yeux du naturaliste , ces objets sont d'un trop grand intérêt pour que je ne m'empresse pas d'en dire ici un mot ; et l'on me pardonnera sans doute une digression relative aux végétaux composés , parce qu'elle concerne un fait important qui a été négligé, et qui mérite l'attention de ceux qui étudient la nature.

Comparaison des animaux composés avec des végétaux pareillement composés.

Rien, sans doute, n'est plus remarquable que l'analogie qui se trouve entre certains végétaux et certains animaux sous plusieurs considérations. Elle montre que, quoique ces deux sortes d'êtres soient entr'elles essentiellement différentes, puisqu'elles appartiennent à deux règnes très-distincts, la nature, en les formant, a néanmoins suivi la même marche, et exécuté un plan uniforme.

Laissant à l'écart les autres considérations sous lesquelles une analogie évidente s'observe dans les faits que présentent certains végétaux et certains animaux, nous ne nous arrêterons ici qu'à celle qui concerne, dans ces deux sortes de corps vivans, des êtres véritablement composés d'une réunion d'individus distincts. Une petite digression sur ce sujet sera instructive et très-utile à la connaissance des objets que nous avons en vue.

En effet, qu'on ne s'y trompe pas; de même qu'il y a des animaux simples, constituant des individus isolés, et des animaux composés, c'est-à-dire, constitués par des individus réunis, qui adhèrent les uns aux autres , communiquent ensemble par leur intérieur, et participent à une vie commune, ce dont la plupart des polypes offrent des exemples; de même aussi il y a des végétaux simples, qui vivent individuellement, et il y a, en outre, des végétaux composés , c'est-à-dire , constitués par plusieurs individus qui vivent ensemble, se trouvant comme entés les uns sur les autres ou sur un corps commun, et qui participent à une vie commune.

Je vais essayer de montrer que ce fait , à leur égard , est tout aussi positif qu'il l'est relativement aux animaux cités.

Le propre d'une plante est de vivre jusqu'à ce qu'elle ait donné ses fleurs et ses fruits ou ses corpuscules reproductifs. La durée de sa vie s'étend rarement au delà d'une année ; et si, pour se régénérer, elle développe des organes sexuels , ces organes n'exécutent qu'une seule fécondation; en sorte qu'ayant opéré des gages de reproduction , ils périssent ensuite et se détruisent complétement, ainsi que l'individu qui les a produits. Ce sont-là des vérités que l'on ne peut raisonnablement refuser de reconnaître.

Cependant , si beaucoup de plantes, dans leur durée annuelle , offrent des exemples de ce que je viens de citer , beaucoup d'autres paraissent continuer de vivre après avoir fructifié , et donnent effectivement des fleurs et des fruits plusieurs années de suite avant de périr ; il y a donc, à l'égard de ces dernières, un ordre de choses particulier qui les distingue, et qu'il importe de reconnaître.

On va voir que la différence singulière entre la vie très-bornée de certains végétaux qui périssent après avoir fructifié, et celle de beaucoup d'autres qui vivent et fructifient plusieurs années de suite, tient essentiellement à ce que les uns sont des individus isolés, soit simples, soit prolifères, qui n'ont pu se former de corps commun, capable de vivre particulièrement ; tandis que les autres sont des végétaux véritablement composés d'individus réunis sur un corps commun, qui jouit d'une vie particulière, indépendante de celle des individus.

Effectivement, toute plante annuelle est un végétal individuel, qui n'a point de corps particulier doué d'une vie indépendante de celle des autres parties, et plus durable qu'elles.

Or, ce végétal est, tantôt tout-à-fait simple, comme lorsqu'il ne produit qu'une fleur ou qu'un bouquet de fleurs, et qu'il périt après avoir donné ses graines ; et tantôt il est prolifère, comme lorsqu'il pousse une tige rameuse ou plusieurs tiges distinctes qui périssent après avoir fructifié, ainsi que les racines. Mais le produit de sa végétation étant totalement employé au développement des parties qui doivent amener sa fructification, n'a pu concourir à la formation d'un corps commun subsistant. Ce végétal, soit simple, soit prolifère, est donc réellement un individu isolé.

Ce qui prouve que le végétal annuel dont je viens de parler est réellement simple, c'est qu'il n'offre point de gemmation véritable; c'est qu'il ne peut reproduire qu'un végétal ou que des végétaux séparés de lui.

Ce n'est pas là, à beaucoup près, le cas de tous les végétaux : la plupart sont véritablement des êtres composés, et nous offrent, comme les polypes, des réunions d'individus qui vivent ensemble sur un corps commun persistant qui en développe successivement d'autres ; mais chacun de ces individus conserve rarement son existence au delà d'une année. Ils laissent tous, avant de périr, des produits subsistans de leur végétation qui ajoutent au volume du corps commun, et, en outre, ils fournissent les gages d'une reproduction prochaine d'individus nouveaux, soit dans les semences, soit dans les corpuscules reproductifs, soit dans les bourgeons qu'ils produisent.

Quant au corps commun qui survit aux individus annuels, il est évidemment le résultat de toutes les végétations qui l'ont d'abord formé, et qui ensuite y ont successivement ajouté leur produit particulier. Ce corps commun, jouissant d'une vie indépendante de celle des individus, continue de s'accroître de son côté, par les additions qu'il en reçoit ; et, sans le concours d'aucun organe sexuel, il produit lui-même une gemmation périodique qui développe successivement les nouveaux individus adhérens qu'il doit nourrir. Ainsi, les graines et les corpuscules reproductifs (les gemmules séparables, les cayeux, etc.) servent à multiplier les végétaux séparés d'une même espèce ; et les bourgeons produits par le corps commun, sont employés à renouveler sur ce corps les individus qui y ont vécu et ont péri.

Ce n'est pas tout : non seulement le corps commun dont il s'agit, jouit, dans sa masse entière, d'une vie indépendante de celle des individus qu'il nourrit, mais chaque portion particulière de sa masse jouit elle-même d'une vie indépendante de celle des autres portions, ce qui est cause qu'une de ces portions séparée peut continuer de vivre de son côté : de là les *boutures*.

Si dans les végétaux ligneux, les produits de végétation de chaque individu sont persistans, tandis qu'ils ne le sont pas dans les végétaux annuels, c'est que, fortifiés en se formant par le concours de toutes les autres végétations individuelles, et participant à la vie du corps commun, ces produits acquièrent rapidement assez de consistance pour résister aux causes qui peuvent les faire périr; c'est, en outre, que les matériaux de leur nutrition, élaborés dans le corps commun, y apportent les principes qui les solidifient.

Ainsi, lorsque je vois un arbre ou un arbrisseau, ce n'est réellement pas une plante simple que j'ai sous les yeux, mais c'est une multitude de végétaux de la même espèce, vivant ensemble sur un corps commun solidifié, persistant, doué lui-même d'une vie particulière et indépendante, à laquelle participent tous les individus qui vivent sur ce corps.

Cela est si vrai que si je greffe sur une branche de prunier, un bourgeon de cerisier, et sur une autre branche du même arbre, un bourgeon d'abricotier, ces trois espèces vivront ensemble sur le corps commun qui les supporte, et participeront à une vie commune, sans cesser d'être distinctes.

On fait vivre de même sur une tige de rosier, différentes espèces qui y conservent leurs caractères, et ainsi dans les autres familles, pourvu qu'on n'entreprenne point d'associer des espèces qui soient de familles étrangères.

Les racines, le tronc et les branches, ne sont, à l'égard de ce végétal composé, que des parties du corps commun dont j'ai parlé, que des produits persistans de la végétation de tous les individus qui ont existé sur ce même végétal; comme la masse générale vivante d'une *astrée*, d'une *méandrine*, d'un *alcyon*, ou d'une *pennatule*, est le produit en animalisation des polypes nombreux qui ont vécu ensemble et en commun et se sont succédés les uns aux autres.

De part et d'autre, la vie continue d'exister dans le corps commun, c'est-à-dire, dans l'arbre et dans l'intérieur de la masse charnue qu'enveloppe le polypier;

tandis que chaque plante particulière de l'arbre et chaque polype de la masse charnue citée, ne conservent leur existence que pendant une courte durée, mais laissent, l'un, de nouveaux bourgeons, et l'autre, de nouveaux gemmes qui les reproduisent.

Ainsi, chaque bourgeon du végétal est une plante particulière qui doit se développer comme celle qui l'a produite, participer à la vie commune comme toutes les autres, produire ses fleurs annuelles, développer ensuite ses fruits, et qui peut aussi donner naissance à un nouveau rameau contenant déjà d'autres bourgeons.

A la vérité, la masse entière du corps commun qui subsiste et survit aux individus, semble autoriser l'idée d'attacher l'*individualité* à cette masse végétale; mais, c'est à tort; car cette même masse n'a point l'individualité en elle-même, puisque des portions qu'on en détache peuvent continuer de vivre. D'ailleurs, elle n'est évidemment elle-même qu'une masse végétale ou une plante composée qui fait vivre quantité d'individus particuliers, qui parcourent sur le corps commun qui les a produits là durée de leur propre existence, sont ensuite remplacés par d'autres qui y subissent la même destinée, et offrent ainsi une suite de générations qui se succèdent tant que le corps commun continue de vivre.

Le corps commun dont je parle, est si distinct

des individus particuliers qu'il fait vivre, que l'art en réunit à volonté autant qu'il plaît à l'homme pour en former un tout réellement commun. En effet, les *greffes* en *approche*, que la nature fait elle-même quelquefois, et que l'art imite et exécute si bien, font communiquer et participer à une vie commune différens arbres ou arbrisseaux de la même espèce. On nourrit même et on fait vivre un tronc que l'on sépare totalement de sa base et de ses racines, après lui avoir substitué par cette greffe, des troncs voisins et étrangers qui le soutiennent. On pourrait, avec une espèce, former une grande forêt dont les troncs multipliés, communiquant et vivant ensemble, pourraient à aussi juste titre être considérés comme un seul être, que l'est le corps commun d'un arbre y compris ses racines et ses branches.

Dans l'intérieur des végétaux, il paraît, comme je l'ai dit, qu'il n'y a qu'une organisation propre à y faire exister la vie, organisation qui y est modifiée selon le genre ou la famille du végétal, mais qui n'admet aucun organe spécial quelconque pour des facultés étrangères à celles qui sont le propre de la vie même.

De là, en séparant des parties d'un végétal composé, parties qui contiennent un ou plusieurs bourgeons, ou qui en renferment les élémens non développés, on peut en former à volonté autant de nou-

veaux végétaux semblables à celui dont ils proviennent, sans employer le secours des fruits de ces
plantes. C'est, effectivement, ce que les cultivateurs
exécutent en faisant des boutures , des marcot-
tes , etc.

J'ai déjà cité , dans ma *Philosophie zoologique*
(vol. 1 , p. 397) , différens faits qui prouvent qu'un
grand nombre de végétaux nous offrent des corps
singuliers sur lesquels vivent , se développent et périssent une multitude d'individus particuliers qui se
succèdent par générations nombreuses tant que le
corps commun qui les nourrit continue de vivre. Ici ,
j'en vais seulement ajouter un seul qui me semble
tout-à-fait décisif à cet égard.

Parmi les différentes considérations qui attestent
qu'un arbre n'est point un végétal simple , mais que
c'est un corps qui produit , nourrit et développe une
multitude de plantes de la même espèce , vivant ensemble sur le corps commun que des végétations de
plantes semblables ont successivement produit ,
voici ce que l'on peut citer de plus frappant.

Le propre de tout individu vivant et isolé est de
changer graduellement d'état pendant la durée de son
existence , de manière qu'à mesure qu'il approche
du terme de sa vie, toutes ses parties , sans exception , portent de plus en plus le cachet de sa vieillesse,
et à la fin , celui de sa décrépitude. Je n'ai besoin

d'entrer dans aucun détail pour prouver ce fait suffisamment connu.

Cependant, quelque vieux que soit un arbre,
tous ceux de ses bourgeons qui se développent au
printemps, présentent des individus qui portent constamment, d'abord, l'empreinte de la plus tendre jeunesse, qui, six semaines après, prennent les traits
plus vigoureux d'un développement complet, et qui,
après un état stationnaire de peu de durée, offrent
progressivement les caractères d'une vieillesse qui les
conduit à la mort avant que l'année de leur naissance
soit écoulée.

Qui n'a pas été frappé du charme que nous offre
au printemps le feuillage naissant des arbres, quel
que soit leur âge, du vert tendre et délicat de ce
feuillage, exprimant alors la jeunesse réelle des individus! Y a-t-il le moindre trait dans ces parties nouvelles qui annonce qu'elles appartiennent à un être
très-vieux et sur le point de cesser de vivre? Non;
tous les bourgeons qui s'y développent encore sont
des individus particuliers qui ne participent nullement à la décrépitude du vieil arbre en question. Tant
qu'il en pourra faire vivre, chacun de ces individus
aura sa jeunesse, parviendra à sa maturité, et arrive-
ra ensuite à sa vieillesse particulière, qui se terminera
par sa destruction. L'arbre qui les soutient est donc un
végétal composé, sur lequel vivent, se développent

et se renouvèllent une multitude d'individus de la même espèce qui participent à une vie commune, et se succèdent les uns aux autres annuellement, tant que le corps commun, produit de toutes les végétations particulières, conservera l'état propre à les faire vivre.

Or, de même que la nature a fait des végétaux composés, elle a fait aussi des animaux composés, et pour cela elle n'a pas changé, de part et d'autre, soit la nature végétale, soit la nature animale. En voyant des animaux composés, il serait tout aussi absurde de dire que ce sont des *animaux-plantes*, qu'il le serait, en voyant des plantes composées, de dire que ce sont des *plantes-animales*.

Qu'on ait donné, il y a un siècle, le nom de *zoophytes* aux animaux composés de la classe des *polypes*, ce tort était excusable : l'état peu avancé des connaissances qu'on avait alors sur la nature animale, rendait cette expression moins mauvaise. A présent, ce n'est plus la même chose; et il ne saurait être indifférent d'assigner à une classe d'animaux un nom qui exprime une fausse idée des objets qu'elle embrasse.

Maintenant, comme il existe deux sortes très-distinctes de corps vivans, savoir : des *végétaux* et des *animaux*, examinons les caractères essentiels de ces

premiers; et, montrant la ligne de séparation qu'a
établie la nature entre ces deux sortes d'êtres, prou-
vons que les végétaux ne sauraient s'unir aux animaux par aucun point de leur série, pour former
une véritable chaîne.

CHAPITRE III.

Des caractères essentiels des végétaux.

—

Afin de connaître les *animaux* sous tous les rapports, nous avons entrepris de les comparer avec tous les autres corps de notre globe; et pour cela, considérant les animaux comme *corps vivans*, nous avons vu que les corps doués de la vie étaient, par leurs caractères généraux et leurs facultés propres, séparés des corps inorganiques par un intervalle considérable.

Ainsi, nous savons actuellement que, comme *corps vivans*, les animaux, même les plus imparfaits, ne peuvent être confondus avec les corps inorganiques; et qu'aucun animal, quelqu'imparfait qu'il soit, quelque simple que soit son organisation, ne fait nuance avec aucun des corps en qui le phénomène de la vie ne peut se produire.

Mais les animaux ne sont pas les seuls corps vivans qui existent, et l'on peut se convaincre qu'il s'en trouve de deux sortes extrêmement distinctes ; car les corps de chacune de ces sortes offrent entr'eux une si grande différence dans l'état et les phénomènes de leur organisation , qu'il est facile de faire voir que la nature a établi , entre les uns et les autres , une ligne de démarcation frappante. Ce n'est , néanmoins , qu'une ligne de démarcation tranchée , et non un intervalle considérable , comme celui qui sépare les corps inorganiques des corps vivans.

On a senti qu'il existait une différence réelle entre les deux sortes de corps vivans dont je viens de parler ; et quoiqu'on n'ait point su assigner positivement en quoi consiste cette différence , on a de tout temps partagé les corps vivans en deux coupes primaires, dont on a fait deux règnes particuliers ; savoir : le règne *végétal* et le règne *animal*.

Or , il s'agit de savoir maintenant , si les *végétaux* se lient et se nuancent , par quelque point de leur série, avec les *animaux* ; ou s'ils en sont généralement distingués par quelque caractère constant et reconnaissable.

D'abord , je remarquerai que , dans ses opérations, dans l'existence qu'elle a donnée à ses productions, la nature n'a procédé et n'a pu procéder que progressivement, que du plus simple au plus composé : c'est une vérité que l'observation atteste.

S'il en est ainsi, la nature a dû commencer par produire les *végétaux* , et pour cela elle a dû débuter par la production des végétaux les plus imparfaits, de ceux qui ont le tissu cellulaire le moins modifié, avant de faire exister ceux qui ont à l'intérieur des canaux multipliés et divers, des fibres particulières, une moëlle et des productions médullaires, en un mot, un tissu cellulaire tellement modifié que leur organisation intérieure paraît en quelque sorte composée. Dès lors, il devient évident que si les végétaux formaient avec les animaux une chaîne nuancée, résultant d'une production graduelle, ce seraient les végétaux à tissu cellulaire le plus modifié qui devraient se lier et, pour ainsi dire, se confondre avec les premiers animaux, avec les animaux les plus imparfaits.

C'est cependant ce qui n'est pas; et, en effet, je vais montrer que la nature a commencé à-la-fois la production des uns et des autres : en sorte qu'à cet égard, commençant ses opérations sur des corps essentiellement différens par leurs élémens chimiques, tout ce qu'elle a pu faire exister dans les uns, s'est trouvé constamment différent de ce qu'elle a su produire dans les autres, quoiqu'elle ait, de part et d'autre, travaillé sur un plan très-analogue.

Il est certain que si les végétaux pouvaient se lier et se nuancer avec les animaux par quelque point de leur série, ce serait uniquement par ceux qui sont les plus imparfaits et les plus simples en organisation que la nature aurait formé cette nuance, en établis-

sant un passage insensible des plantes les plus impar-
faites aux animaux qui sont dans le même cas. Tous
les naturalistes l'ont senti; et c'est, effectivement, en
ce point, c'est-à-dire, dans celui qui offre de part et
d'autre la plus grande simplicité de l'organisation,
que les végétaux paraissent le plus se rapprocher
des animaux. S'il y a nuance en ce point, on ne
pourra s'empêcher de convenir qu'au lieu de former une chaîne, les végétaux et les animaux présentent deux branches distinctes, et réunies par leur
base, comme les deux branches de la lettre V. Mais,
je vais faire voir qu'il n'y a point de nuance dans le
point cité; que chacune des branches dont je viens
de parler se trouve réellement séparée de l'autre à sa
base; et qu'un caractère positif, qui tient à la nature
chimique des corps sur lesquels la nature a opéré,
fournit une distinction éminente entre les êtres qu'embrasse l'une de ces branches, et ceux qui appartiennent à l'autre.

Je vais, en effet, montrer que les *végétaux* n'ont
point dans leurs solides de parties véritablement *irritables*, susceptibles de se contracter subitement
dans tous les temps et pendant la durée entière de
leur vie, et qu'ils ne sauraient conséquemment exécuter des mouvemens subits, répétés de suite autant
de fois qu'une cause excitante les pourrait provoquer.

Je prouverai ensuite que tous les animaux géné-

ralement ont dans leurs solides des parties constamment *irritables*, subitement contractiles ; et qu'ils
sont susceptibles d'exécuter des mouvemens instantanés ou subits, qu'ils peuvent répéter de suite, dans
tous les temps, autant de fois que la cause excitatrice
de ces mouvemens agira sur eux.

Voyons donc d'abord ce que sont les végétaux, et
quels sont leurs caractères essentiels. Après l'exposition de ces caractères, nous présenterons les faits
et les preuves qui en établissent le fondement.

Caractères essentiels des végétaux.

Les *végétaux* sont des corps vivans, non *irritables*,
dont les caractères essentiels sont :

1.º D'être incapables de contracter subitement et
itérativement ; dans tous les temps, aucune de leurs
parties solides, ni d'exécuter par ces parties des mouvemens subits ou instantanés, répétés de suite autant
de fois qu'une cause stimulante les provoquerait (1);

2.º De ne pouvoir agir, ni se déplacer eux-mêmes,
c'est-à-dire, quitter le lieu dans lequel chacun d'eux
est fixé ou situé;

---

(1) Ceux en qui l'on observe des mouvemens, ne les exécutent que par des causes mécaniques, pyrométriques, ou
hygrométriques. Dans les uns, ces mouvemens sont d'une

3.º D'avoir seulement leurs fluides susceptibles d'exécuter les mouvemens vitaux ; leurs solides , par défaut d'irritabilité, ne pouvant , par des réactions réelles, concourir à l'exécution de ces mouvemens , que des causes excitatrices du dehors ont le pouvoir d'opérer ;

4.º De n'avoir point d'organes spéciaux intérieurs; mais d'obtenir, des mouvemens de leurs fluides , une multitude de canaux vasculiformes , la plupart perforés latéralement, et, en général, parallèles entr'eux (1) ; ce qui est cause que, dans tous, l'organisation n'est que plus ou moins modifiée sans composition réelle , et que les parties de ces corps se transforment aisément les unes dans les autres ;

----

lenteur qui les rend insensibles , et ne se jugent que par leurs produits ; et dans ceux où ils sont apparens et subits , ils sont dûs à des détentes ou à des affaissemens de parties , et ne peuvent de suite se répéter , ni se manifester dans tous les temps.

(1) Les mouvemens des fluides dans les végétaux s'exécutant principalement en deux sens opposés , il en est résulté que les canaux vasculiformes de ces corps sont, en général, parallèles entr'eux , ainsi qu'à l'axe longitudinal , soit de la tige , soit des branches , des rameaux , des pétioles et des pédoncules. En effet , ils ne perdent leur parallélisme que dans les parties qui s'épanouissent en feuilles , fleurs et fruits.

5.º De n'exécuter aucune *digestion*, mais seulement une élaboration des sucs qui les nourrissent et qui donnent lieu à leurs produits, en sorte qu'ils n'ont qu'une surface absorbante (l'extérieure), et qu'ils n'absorbent pour alimens que des matières fluides ou dont les particules sont désunies ;

6.º De n'avoir point de *circulation* réelle dans leurs fluides ; mais d'offrir dans leurs sucs séveux, des mouvemens de déplacement dont les principaux paraissent alternativement ascendans et descendans, ce qui a fait supposer l'existence de deux sortes de sève ; l'une provenant de l'absorption par les racines, et l'autre résultant de celle par les feuilles ;

7.º D'opérer en eux deux sortes de végétation ; l'une ascendante, et l'autre descendante, à partir d'un point intermédiaire ou *nœud vital*, situé dans la base du collet de la racine, et qui est, en général, plus vivace que les autres ;

8.º D'avoir une tendance à diriger leur végétation supérieure, perpendiculairement au plan de l'horizon, et non à celui du sol qui les soutient (1) ;

9.º De former la plupart des êtres composés d'in-

---

(1) Les végétaux paraissent devoir cette tendance au *calorique* et à *l'électricité* des milieux environnans ; ces fluides subtils, trouvant plus de difficulté à traverser l'air que des corps humides plus conducteurs, s'élancent à tra-

dividus réunis sur un corps commun vivant, qui développe annuellement les générations successives de ces individus.

A ce tableau resserré des faits positifs qui caractérisent les *végétaux*, si, comme je vais le faire, on oppose celui des caractères essentiels des *animaux*, on reconnaîtra que la nature a établi entre ces deux sortes de corps vivans, une ligne de démarcation tranchée qui ne leur permet pas de s'unir par aucun point des séries qu'elles forment. Or, ce n'est point là ce qu'on nous dit à l'égard de ces deux sortes d'êtres : tant il est vrai que presque tout est encore à faire pour donner des uns et des autres l'idée juste que nous devons en avoir !

Le point le plus essentiel à éclaircir, afin de détruire l'erreur qui a fait prendre une fausse marche à la science, consiste donc à prouver que les végétaux sont généralement dépourvus d'*irritabilité* dans leurs parties.

Dès que j'aurai établi les preuves de ce fait, il sera facile de sentir quelle infériorité, dans les phénomènes d'organisation, le défaut d'*irritabilité* des par-

---

vers les tiges végétales dans une direction qui tend à s'approcher le plus possible de la verticale, et communiquent, surtout pendant le jour, cette direction au mouvement de la sève pompée par les racines.

ties doit donner aux végétaux sur les animaux ; et l'on concevra pourquoi ils sont tous réduits à n'obtenir leurs mouvemens vitaux, c'est-à-dire, les mouvemens de leurs fluides, que par des impressions qui leur viennent du dehors.

Une discussion concise et claire doit me suffire pour établir les preuves que j'annonce ; et d'abord je vais faire voir que j'étais fondé, lorsque j'ai dit dans ma *Philosophie zoologique* (vol. 1, pag. 93) qu'il n'y a dans les faits connus à l'égard des plantes, dites *sensitives*, rien qui appartienne au caractère de l'*irritabilité* des parties animales ; qu'aucune partie des plantes n'est instantanément contractile sur elle-même ; qu'aucune, enfin, ne possède cette faculté qui caractérise exclusivement la nature animale. Aussi, par cette cause essentielle, par cette privation d'*irritabilité* et de *contractilité* de leurs parties, les végétaux sont généralement bornés à une faible et obscure disparité dans les traits de leur organisation intérieure, et à une grande infériorité dans les phénomènes de cette organisation, comparés à ceux que la nature a pu exécuter dans les animaux.

Discussion pour établir les preuves du défaut d'ir-
ritabilité dans les parties des végétaux.

Le point essentiel que je dois traiter d'abord, est celui de prouver que le *sentiment* et l'*irritabilité* sont des phénomènes très-différens, et qu'ils sont dus à des causes qui n'ont aucun rapport entr'elles. On sait que *Haller* avait déjà distingué ces deux sortes de phénomènes ; mais, comme la plupart des zoologistes de notre temps les confondent encore, il est utile que je m'efforce de rétablir cette distinction dont le fondement est de toute évidence.

Je montrerai ensuite qu'indépendamment de l'erreur qui fait confondre le *sentiment* avec l'*irritabilité*, on a pris, dans les végétaux, certains mouvemens observés dans des circonstances particulières, pour des produits de l'*irritabilité* ; tandis que ces mouvemens, comme je vais le prouver, n'ont pas le moindre rapport avec ceux qui dépendent du phénomène organique dont il est question.

Pour s'assurer que le *sentiment* est un phénomène très-différent de celui que l'*irritabilité* constitue, il suffit de considérer les trois caractères suivans dans lesquels les conditions des deux phénomènes sont mises en opposition.

Premier caractère : Tout animal doué du *senti-*

ment possède constamment dans son organisation un système d'organes particulier, propre à la production de ce phénomène. Or, ce système d'organes qui se compose toujours de nerfs et d'un ou de plusieurs centres de rapports, se distingue aisément des autres parties de l'organisation. Il en résulte qu'en altérant ce système dans certaines de ses parties, l'on détruit à volonté la faculté de *sentir* dans les parties de l'animal que l'organe altéré faisait jouir du sentiment, et l'on rend ces parties insensibles, sans détruire leur vitalité.

Au contraire, pour la production du phénomène de l'*irritabilité*, il n'y a dans les parties irritables des animaux, aucun organe particulier quelconque, aucun organe distinct qui ait seul en propre le pouvoir de donner lieu au phénomène en question ; mais la composition chimique de ces parties est telle, qu'elle les met continuellement dans le cas, tant qu'elles sont vivantes, de se contracter sur elles-mêmes à la provocation de toute cause irritante. Or, l'on ne saurait altérer la faculté irritable de ces parties, qu'en y anéantissant la vie, puisqu'elles ne tiennent d'aucun organe particulier l'*irritabilité* qu'elles possèdent.

Deuxième caractère : Les organes bien connus par la voie desquels le phénomène du *sentiment* s'exécute, ne sont point distinctement ou essentiellement contractiles ; aussi, aucune observation constatée ne nous apprend que, pour opérer la *sensation*, les nerfs soient obligés de se contracter sur eux-mêmes.

Au contraire, les parties irritables de tout corps animal ne sauraient exécuter aucun mouvement dépendant de l'*irritabilité*, qu'elles ne subissent alors une véritable contraction sur elles-mêmes. Ces parties ne sont donc irritables, que parce qu'elles sont essentiellement contractiles; ce que ne sont point les organes du sentiment.

Troisième caractère : Lorsqu'un animal, doué de la faculté de *sentir*, vient à périr, le *sentiment* s'éteint en lui avant l'anéantissement complet de ses mouvemens vitaux.

Au contraire, lorsqu'un animal quelconque meurt, l'*irritabilité* dont toutes ses parties ou certaines d'entr'elles jouissaient, est, de toutes ses facultés, celle qui s'anéantit constamment la dernière.

Le phénomène du *sentiment* et celui de l'*irritabilité* sont donc essentiellement différens l'un de l'autre, puisque les causes et les conditions nécessaires à leur production ne sont point les mêmes, et qu'on a toujours des moyens décisifs pour les distinguer.

Maintenant, pour montrer combien les principes de la théorie admise en zoologie sont encore imparfaits, je vais faire remarquer que les plus savans zoologistes de notre temps confondent encore le *sentiment* avec l'*irritabilité*, et que, par la citation de quelques faits mal jugés, ils croient pouvoir étendre aux végétaux l'une et l'autre de ces facultés.

« Plusieurs plantes, dit-on dans le Dictionnaire des sciences naturelles, à l'article *animal*, se meuvent d'une manière extérieurement toute pareille à celle des animaux : les feuilles de la sensitive se contractent lorsqu'on les touche, aussi vite que les tentacules du polype : comment prouver qu'il y a du sentiment dans un cas et non dans l'autre? »

Je puis assurer, d'après mes propres observations, qu'il n'y a dans tout ceci rien d'exact, rien qui soit conforme au fait observé à l'égard de la sensitive ou des autres plantes qui offrent des mouvemens analogues; qu'en un mot, il n'y a aucun rapport entre les mouvemens de ces plantes, et ceux qui proviennent de l'excitation de l'*irritabilité* dans les animaux, et qu'il y en a bien moins encore avec le phénomène du *sentiment*.

D'abord, dans la contraction citée que subissent les tentacules du polype lorsqu'on les touche, il n'y a point de preuve que le *sentiment* en soit la cause, c'est-à-dire, qu'il y ait eu une *sensation* produite; car l'*irritabilité* seule a pu opérer cette contraction. On est, au contraire, fondé à dire qu'aucune *sensation* n'a pu avoir lieu par l'attouchement cité, puisque le système d'organes essentiel à la production de ce phénomène n'existe point dans ce polype, et que

,le propre de la *sensation* n'est pas de produire du mouvement. Ainsi, la question de savoir pourquoi il y a du sentiment dans le polype, tandis qu'il n'y en aurait pas dans la sensitive, ne devait pas se faire, s'il n'est pas vrai que le polype lui-même puisse éprouver des sensations. Or, je vais maintenant prouver que, dans les faits cités du polype et de la sensitive, il n'y a nulle parité de phénomène; car les tentacules du polype ne se sont mus, lorsqu'on les a touchés, qu'en subissant une véritable contraction, tandis que l'attouchement n'en a pu opérer aucune sur les parties de la sensitive. Le polype se sera donc mu, dans le fait en question, par la voie de l'*irritabilité* de ses parties, et la sensitive par une voie très-différente.

En effet, il n'est pas vrai qu'aucune partie de la sensitive se contracte lorsqu'on la touche; car, ni les folioles, ni les pétioles, soit communs, soit particuliers, ni les petits rameaux de cette plante, ne subissent alors aucune contraction sur eux-mêmes; mais ces parties se reploient dans leurs articulations sans qu'aucune de leurs dimensions soit altérée; et par cette plication, qui s'exécute comme une détente, la plupart de ces parties sont subitement et simplement abaissées, en sorte qu'aucune d'elles n'a subi la moindre contraction, le plus léger changement dans ses dimensions propres. Ce n'est assurément point là le caractère de l'*irritabilité*, et ce n'est, effectivement, que dans les animaux, que des parties peuvent se contracter subitement sur elles-mêmes, changer alors leurs dimensions, et conserver pendant la vie de l'animal ou pendant la durée de leur intégrité, la faculté de se contracter de nouveau à chaque provocation d'une cause excitante; jamais ailleurs personne n'a pu observer de semblables contractions dans quelque corps que ce soit.

Dès qu'on a opéré cette plication articulaire des parties d'une sensitive, par un attouchement ou par une secousse suffisante, la répétition de l'attouchement ou de la secousse n'y saurait plus alors produire aucun mouvement. Pour renouveler le même phénomène, il faut attendre pendant un temps assez long, qui est toujours de plusieurs heures, qu'une nouvelle tension dans les articulations des parties les ait relevées ou étendues; ce qui ne s'exécute que très-lentement lorsque la température est basse.

Je le répète : ce n'est point là du tout le propre de l'*irritabilité* animale ; cette faculté reste la même dans les parties qui en sont douées tant que l'animal est vivant; et leur contraction peut se répéter de suite autant de fois que la cause excitante viendra la provoquer. D'ailleurs, la contraction d'une partie animale n'offre point simplement des mouvemens articulaires, comme dans la sensitive; mais un resserrement subit, un raccourcissement réel des parties, en un mot, un changement dans leurs dimensions;

or, rien de semblable ne se manifeste dans les plantes.

Ainsi, dès qu'il n'est pas vrai que les mouvemens subits qu'on observe dans certaines parties des plantes, dites *sensitives*, lorsqu'on les touche, soient de véritables contractions ou des changemens réels dans les dimensions de ces parties, il est dès lors évident que ces mouvemens n'appartiennent point à l'*irritabilité* : aussi, ne sauraient-ils se répéter de suite, dans tous les temps sans exception, comme ceux que l'*irritabilité* produit à la provocation de toute cause excitante.

Nous savons donc maintenant que l'*irritabilité* n'est point la cause des mouvemens cités des plantes, dites sensitives, et qu'il y a une disparité manifeste entre ces mouvemens et les phénomènes de l'*irritabilité* animale. Mais quelle est la cause des mouvemens singuliers des plantes dont il est question?

A cela je répondrai : que nous parvenions à connaître positivement cette cause ; ou que nous ne puissions que l'entrevoir à l'aide de quelque hypothèse plausible et appuyée sur des faits, il n'en sera pas moins toujours très-vrai que cette même cause est étrangère à l'*irritabilité* animale.

Or, j'ai cru apercevoir cette cause, pour les plantes dites sensitives, dans une particularité qui concerne les émanations des fluides élastiques et invisibles que ces plantes produisent dans le cours de leur vie, comme les autres corps vivans ; et cela d'autant plus abondamment que la température est plus élevée.

D'abord, je dois faire remarquer que les mouvemens observés dans les végétaux ne se bornent pas à ceux des plantes dites sensitives ; car on en connaît de diverses sortes, et l'on peut s'assurer, par un examen attentif de ces mouvemens, qu'aucun d'eux n'appartient à l'*irritabilité*.

Ensuite, je ferai voir que ces divers mouvemens prennent leur source dans différentes causes, la plupart facilement déterminables.

Les uns, en effet, sont des mouvemens subits très-visibles, comme ceux de détente, d'affaissement de parties, *etc*.

Les autres, au contraire, sont des mouvemens lents et insensibles, comme ceux qui sont dus à des causes hygrométriques, pyrométriques, *etc*.

Tous ne s'exécutent et ne s'observent que dans certaines circonstances. Quelques-uns ne se renouvellent plus après leur exécution, comme ceux de détente de certains fruits dont les graines sont lancées au loin par la détente de leur péricarpe. Il y en a qui ne se montrent que dans certaines parties, comme certaines fleurs, soit à l'époque de leur épanouissement, soit dans ce temps d'effervescence particulière où les

Tome I. 7

organes sexuels sont sur le point d'exécuter leurs fonctions.

Ici, je puis montrer que les mouvemens articulaires de la sensitive sont de la première sorte, et que ce ne sont que des affaissemens de parties, qui s'opèrent par des détentes d'articulations. Je ferai même voir que les mouvemens de l'*hedysarum gyrans* sont aussi de même sorte, quoiqu'ils soient moins subits; et que ces mouvemens s'exécutent de la même manière, c'est-à-dire, par la même sorte de cause.

En effet, dans l'*hedysarum gyrans*, les mouvemens observés sont encore articulaires, et aucune des parties de cette plante ne subit la moindre contraction. Ce sont même les mouvemens singuliers de cet *hedysarum* qui m'ont fait entrevoir le mystère des faits relatifs aux plantes dites sensitives.

Dans l'*hedysarum* en question, les mouvemens des folioles étant toujours lents et graduels, et ne se rendant bien sensibles que dans les temps chauds, temps où les émanations des plantes sont les plus considérables; j'ai senti que des vésicules ou des cavités situées dans les articulations de ces folioles, pouvaient se remplir graduellement de quelqu'émanation gazeuse et élastique du végétal, et que ces cavités pouvaient par là se distendre proportionnellement jusqu'à un certain terme de plénitude; qu'alors elles pouvaient se vider et s'affaisser aussi graduellement. Or, il devait résulter de cet état de choses, des alternatives lentes d'élévation et d'abaissement de ces mêmes folioles, qui décrivent une ligne demi-circulaire, sans qu'aucune secousse ou cause étrangère ait provoqué ces mouvemens.

Cette cause simple et uniquement mécanique, s'accorde avec les émanations connues des plantes, et l'on sait que ces émanations de matières gazeuzes et élastiques sont considérables dans les temps chauds; qu'elles varient selon les plantes qui les produisent; qu'elles sont odorantes dans beaucoup de végétaux; et que, dans la fraxinelle (*dictamnus albus*), elles sont susceptibles de s'enflammer. Ainsi, cette cause me paraît satisfaire pleinement à l'explication du phénomène dont il s'agit.

Elle nous montre que dans les plantes *sensitives*, il faut un attouchement, une secousse, etc. ; pour provoquer l'évacuation subite des vésicules articulaires; tandis que dans l'*hedysarum gyrans*, une simple plénitude de ces vésicules suffit pour les mettre dans le cas de commencer l'évacuation lente et graduelle du gaz qu'elles contiennent.

Lorsqu'on voudra réellement savoir la vérité à l'égard des objets dont il vient d'être question, il sera difficile de ne pas reconnaître le fondement des causes que je viens d'indiquer.

Ce qu'il y a de très-positif, c'est que, dans les phénomènes connus, soit de la *sensitive*, soit de l'*hedysarum gyrans*, soit de la plication subite des feuilles de la *dionée*, soit des détentes des étamines du *berberis*, soit du redressement des fruits qui succèdent à des fleurs pendantes, soit, enfin, de divers mouvemens observés dans les parties de certaines fleurs, il n'y a véritablement rien qui soit comparable au phénomène de l'*irritabilité* animale, et bien moins encore à celui du *sentiment*.

L'*irritabilité*, dit-on, n'est qu'une modification de la sensibilité : elle n'est pas une faculté spécialement attribuée à l'animal; elle est commune à tous les êtres vivans. Il n'y a pas de doute que toutes les parties bien vivantes des animaux n'en soient douées; mais les végétaux nous donnent aussi des preuves qu'ils la possèdent. L'action de la lumière, de l'électricité, de la chaleur, du froid, de la sécheresse, des acides, des alkalis, du mouvement communiqué, etc., etc.; voilà autant de causes de l'irritabilité des végétaux; c'est à leurs effets qu'on doit rapporter l'épanouissement de certaines fleurs à des heures marquées dans le jour, le sommeil des plantes, la direction de leurs tiges, la dissémination de leurs graines, les eschares plus ou moins profonds que produisent la grêle, le vent sec, etc.; et cependant aucun de leurs organes ne communique le mouvement qu'il éprouve à la totalité de l'être qui y paraît sensible. Telle est la manière dont on croit prouver que l'*irritabilité* est une faculté commune aux plantes comme aux animaux!

On dit ailleurs : « Si les animaux montrent des desirs dans la recherche de leur nourriture et du discernement dans le choix qu'ils en font, on voit les racines des plantes se diriger du côté où la terre est plus abondante en sucs, chercher dans les rochers les moindres fentes où il peut y avoir un peu de nourriture ; leurs feuilles et leurs branches se dirigent *soigneusement* du côté où elles trouvent le plus d'air et de lumière. Si on ploie une branche la tête en bas, ses feuilles vont jusqu'à tordre leurs pédicules pour se retrouver dans la situation la plus favorable à l'exercice de leurs fonctions. Est-on sûr que cela ait lieu sans *conscience?* » (*Dictionnaire des Sciences naturelles*, au mot déjà cité.)

C'est ainsi que, par la citation de faits précipitamment et inconvenablement jugés, l'on introduit dans les sciences des vues et des principes dont il est ensuite difficile de revenir, parce qu'ils ont une apparence de fondement lorsqu'on ne les approfondit pas, et qu'on a l'habitude de les considérer sous ces rapports.

Quant à moi, je ne vois dans aucun de ces faits, rien qui indique, dans le végétal qui les offre, une conscience, un discernement, un choix ; rien, enfin, qui soit comparable au phénomène de l'*irritabilité* animale, et encore moins à celui du *sentiment*.

Je sais, comme tout le monde, qu'à raison de leurs diverses propriétés, les différens corps de la nature, vivans ou non, exercent les uns sur les autres des actions, lorsqu'ils sont en contact, et surtout lorsqu'au moins l'un d'eux est dans l'état fluide. Ce n'est pas un motif pour supposer que ces corps soient irritables.

Le cheveu de mon hygromètre qui s'allonge dans les temps de sécheresse et se raccourcit dans les temps d'humidité, et la barre de fer qui s'allonge dans l'élévation de sa température, ne me paraissent point pour cela des corps *irritables*.

Lorsque le soleil agit sur le sommet fleuri d'un *helianthus*, qu'il hâte l'évaporation sur les points de la tige et des pédoncules qu'il frappe par sa lumière, qu'il dessèche plus les fibres de ce côté que celles de l'autre, et que, par suite d'un raccourcissement graduel de ces fibres, chaque fleur se tourne du côté d'où vient la lumière, je ne vois pas qu'il y ait là aucun phénomène d'*irritabilité*, non plus que dans la branche ployée en bas qui redresse insensiblement ses feuilles et sa sommité vers la lumière qui les frappe.

En un mot, lorsque les racines des plantes s'insinuent principalement vers les points du sol qui sont les plus humides et qui cèdent le plus au nouvel espace que l'accroissement de ces racines exige, je ne me crois pas autorisé par ce fait à leur attribuer de l'irritabilité, des perceptions, du discernement, etc., etc.

Partout, assurément, on voit des actions produites et suivies de mouvement, entre des corps en contact, qui ne sont ni irritables, ni sensibles, puisqu'on en observe de telles entre des corps qui ne sont point vivans. Or, ces actions suivies de mouvement ont lieu lorsqu'il y a du mouvement communiqué; lorsqu'il se trouve quelqu'affinité qui s'exerce, quelque décomposition ou combinaison qui s'opère; lorsqu'un corps reçoit quelqu'influence hygrométrique ou pyrométrique, ou qu'il se trouve dans le cas de subir un affaissement de parties, un effet de détente, celui d'une explosion, d'une rupture, d'une compression, etc., etc. Dans tous ces cas et leurs analogues, il n'y a certainement aucun rapport entre les mouvemens lents ou prompts que l'on observe, et ceux qui appartiennent à l'*irritabilité* animale. Or, ces derniers mouvemens, qui ne se produisent que par excitation et toujours dans des parties susceptibles de les renouveler chaque fois qu'une cause excitante les provoquera, ne se montrent dans aucun autre corps de la nature que dans celui des animaux.

C'est donc un fait positif que, hors des animaux, l'on ne trouve pas un seul exemple d'un mouvement produit par *excitation*; de ce mouvement singulier, toujours prêt à se renouveler, et dans lequel les rapports entre la cause et l'effet sont insaisissables; de ce mouvement, enfin, qui semble lui-même offrir une réaction subite des parties contre la cause agissante, et qui ne ressemble nullement à aucun de ceux qui ont été observés dans les plantes.

Mais, me dira-t-on, comment concevoir l'existence de la vie dans un végétal, et par suite, la possibilité des mouvemens vitaux, sans une cause capable d'opérer et d'entretenir ces mouvemens, sans des parties réagissantes sur les fluides, en un mot, sans l'irritabilité?

A cela, je répondrai que l'existence de la vie, dans le végétal comme dans l'animal, se concevra facilement et clairement, lorsqu'on aura égard aux conditions que j'ai assignées pour que le phénomène de la vie puisse se produire; et ici, sans l'*irritabilité*, ces conditions se trouvent remplies.

Un *orgasme vital* est essentiel à la conservation de tout être vivant; il fait partie de l'*état de choses* que j'ai dit devoir exister dans un corps pour qu'il puisse posséder la vie, et pour que ses mouvemens vitaux puissent s'exécuter. Or, cet *orgasme*, quoique commun à tout corps vivant, ne montre, dans les végétaux, qu'un fait peu remarquable et qui n'a point attiré notre attention; tandis qu'il offre, dans les animaux, un phénomène singulier, et qui n'a point jusqu'à présent été expliqué.

En effet, ce même *orgasme*, qui a lieu dans tous les points des parties souples de tout végétal vivant, ne produit, dans les points de ces parties souples, qu'une tension particulière, qu'une espèce d'éréthisme ; au lieu que dans les parties souples et non médullaires de tout animal, il y constitue le phénomène de l'*irritabilité*. De part et d'autre, la composition chimique des parties concrètes de ces corps vivans, donne lieu à la différence entre ces deux sortes d'orgasme.

L'espèce de tension ou d'éréthisme de tous les points des parties souples des végétaux vivans, est facile à apercevoir lorsqu'on y donne de l'attention, et surtout lorsque l'on compare une plante morte et encore en place avec un autre individu de la même espèce qui jouit de la vie.

Or, cette tension des points des parties souples de la plante vivante est probablement le produit de fluides élastiques qui se dégagent sans cesse du végétal, y subsistent quelque temps avant de s'en exhaler, et mettent ce corps, par leur formation et leur exhalation successives, dans le cas de pouvoir absorber les fluides du dehors.

L'orgasme dont il s'agit, n'est, dans les végétaux, qu'à son plus grand degré de simplicité. Il y est effectivement si faible, qu'un coup de vent d'un air très-sec, ou certain brouillard, ou une gelée suffit souvent pour le détruire; ce qui fait périr aussitôt la plante ou celle de ses parties qui s'en trouve affectée. Rien n'est plus commun que de voir un arbrisseau vigoureux et bien portant dans toutes ses parties, perdre la vie en moins de vingt-quatre heures, soit dans une de ses branches, soit dans tout son être, par une des causes que je viens de citer. Mais, tant que *l'orgasme*, ou l'espèce de tension particulière des points des parties souples du végétal, subsiste, il lui donne le pouvoir d'absorber les fluides de l'extérieur en contact avec ses parties, c'est-à-dire, les fluides liquides par ses racines, et les fluides élastiques ou gazeux par ses feuilles, etc. ; en un mot, il lui donne la faculté de vivre.

C'est-là que se bornent les facultés de cet orgasme. Il ne rend point les parties souples de la plante capables, par des réactions subites, de servir, ni même de concourir aux mouvemens des fluides intérieurs, en un mot, aux mouvemens vitaux. Cela n'est nullement nécessaire ; car, dans les végétaux, les mouvemens des fluides intérieurs sont toujours les résultats évidens des excitations que des fluides subtils, incoërcibles et pénétrans du dehors (le calorique et l'électricité) viennent exercer sur eux.

Ce qui prouve que ce que je viens de dire ne s'appuie point sur une supposition gratuite, mais a un fondement réel, c'est que l'observation atteste qu'il y a toujours un rapport parfait entre la température des milieux environnans et l'activité de la végétation : en sorte que, selon que la température s'abaisse ou s'élève, la végétation et les mouvemens des fluides intérieurs se rallentissent ou s'accélèrent proportionnellement.

Dans les grands abaissemens de température, comme dans l'hiver de nos climats, ceux des végétaux qui ne sont point accoutumés à supporter un grand froid périssent ; mais les autres, quoique conservant encore leur orgasme, ont leurs mouvemens vitaux tellement rallentis, que leur végétation est alors presqu'entièrement suspendue. Néanmoins, à un certain degré de froid, leur orgasme serait détruit, et dès lors le phénomène de la vie ne saurait plus se produire en eux.

Maintenant, s'il est vrai que l'orgasme fasse partie essentielle de l'état de choses nécessaire à la vie dans un corps, et que, dans les végétaux, cet orgasme ne soit propre qu'à leur donner le pouvoir d'absorber les fluides de l'extérieur, on concevra, d'une part, que lorsque l'absorption végétale a introduit dans le tissu ou dans les canaux de la plante les fluides qui lui deviennent propres, dès lors l'excitation des fluides subtils ou incoërcibles du dehors (du *calorique*, de l'*électricité*, etc.) suffit pour leur donner le mouvement ; de l'autre part, on sentira que lorsque, par l'anéantissement de l'orgasme, le végétal a perdu sa faculté absorbante, alors ne se pénétrant que d'humidité à la manière des corps poreux non vivans, selon l'état hygrométrique de l'air, ce végétal n'a plus à l'intérieur ces masses de fluides propres, celles que les fluides subtils ambians faisaient mouvoir, et que, dès ce moment, la vie n'existe plus en lui.

Cette différence de l'arbre vivant d'avec l'arbre mort, encore sur pied, et que les fluides subtils ambians ne sauraient plus vivifier, quoiqu'ils existent toujours, s'accorde avec l'observation et avec tous les faits connus. L'orgasme étant détruit, soit dans telle branche de cet arbre, soit dans toutes ses parties, la vie ne saurait plus se manifester dans les parties qui l'ont perdue.

L'*orgasme* que possèdent les végétaux vivans, et qui leur donne à tous leur faculté absorbante, suffit donc pour les faire vivre. Il les met dans le cas de se passer de la faculté d'être *irritables* ; faculté que la composition chimique de leurs parties ne leur permet point de posséder.

Ainsi, les végétaux ne sont point *irritables*, ne jouissent point du sentiment, et ne sauraient se mouvoir. On est même fondé à dire que, quelle que soit la puissance de la nature, et quelque temps qu'elle accorde à l'organisation qui tend toujours à se composer, le propre des végétaux est tel, que jamais la nature ne pourra leur donner, ni la faculté de se mouvoir eux-mêmes, ni celle de sentir, ni, à plus forte raison, celle de se former des idées, de les employer pour comparer les objets, pour juger, pour discerner ce qui leur convient, etc. Ils

resteront à jamais dans une infériorité de phénomènes organiques qui les distinguera toujours éminemment des animaux.

Examinons actuellement les caractères essentiels
de ces derniers, et nous les opposerons à ceux des
végétaux, afin d'en apercevoir les grandes différences.

CHAPITRE IV.

Des animaux en général, et de leurs caractères essentiels.

Nous voici enfin parvenus aux objets qui nous intéressent directement, et que nous nous proposons de faire connaître sous les véritables rapports qui les concernent. Effectivement, il s'agit ici des *animaux*, c'est-à-dire, de ces corps vivans singuliers, qui se meuvent instantanément et qui, la plupart, peuvent se déplacer ; de ces corps vivans qui, bien plus diversifiés et plus nombreux en races que les végétaux, tiennent de si près par l'organisation à celle même de l'homme.

Qui ne sait que toutes les parties de la surface du globe et le sein de toutes les eaux liquides, sont remplis de ces êtres vivans infiniment variés dans leur forme, leur organisation et leurs facultés ; et qu'ils offrent tous cela de particulier, qu'ils peuvent se mouvoir subitement ou mouvoir de même certaines de leurs parties, sans l'impulsion d'aucun mouvement communiqué !

Or, puisque ces mêmes êtres, si dignes de notre admiration et de notre étude par les facultés qui leur sont propres, se rapprochent de nous par l'organisation, et que les *animaux sans vertèbres* que nous voulons connaître en font généralement partie, essayons de fixer et de circonscrire nettement les caractères essentiels qui les distinguent. Les preuves du fondement de ces caractères seront développées après leur exposition.

Caractères essentiels des animaux.

Les *animaux* sont des corps vivans irritables, dont les caractères essentiels sont :

1.º D'avoir des parties instantanément contractiles sur elles-mêmes, et d'être susceptibles de les mouvoir subitement et itérativement ;

2.º D'être les seuls corps vivans qui aient la faculté d'*agir*, et la plupart de pouvoir se déplacer ;

3.º De n'exécuter aucun des mouvemens de leurs parties, tant internes qu'externes, qu'à la suite d'*excitations* qui les provoquent, et de pouvoir répéter de suite ces mouvemens autant de fois que la cause excitante les provoquera ;

4.º De n'offrir aucun rapport saisissable entre les mouvemens qu'ils exécutent et la cause qui les produit ;

5.º D'avoir leurs solides, ainsi que leurs fluides, participant aux mouvemens vitaux ;

6.º De se nourrir de matières étrangères déjà composées ; et la plupart d'avoir la faculté de digérer ces matières ;

7.º D'offrir entr'eux une immense disparité dans la composition de leur organisation et dans leurs facultés particulières, depuis ceux qui ont l'organisation la plus simple, jusqu'à ceux dont l'organisation est la plus compliquée, et dont les organes spéciaux intérieurs sont les plus nombreux ; de manière que leurs parties ne sauraient se transformer les unes dans les autres ;

8.º D'être, les uns simplement *irritables*, ce qui fait qu'ils ne se meuvent que par des excitations qui leur viennent du dehors ; les autres *irritables* et *sensibles*, ce qui leur donne la faculté de se mouvoir par des excitations internes que le *sentiment intérieur* qu'ils possèdent produit en eux ; les autres, enfin, *irritables*, *sensibles* et *intelligens*, ce qui les rend capables de se mouvoir par des actes de volonté, quoique le plus souvent ils agissent sans préméditation ;

9.º De n'avoir aucune tendance, dans le développement de leur corps, à s'élancer perpendiculairement au plan de l'horizon, et de n'avoir aucun parallélisme dominant dans les canaux qui contiennent leurs fluides ;

Tels sont les neuf caractères éssentiels qui sont généralement propres aux *animaux*, et qui les distinguent éminemment de tout végétal quelconque, ces neuf caractères étant tous en opposition et contradictoires à ceux qui appartiennent aux végétaux.

Ayant déjà prouvé, d'une part, que l'*irritabilité* n'existe nullement dans les végétaux, comme elle ne saurait exister dans aucun corps inorganique; qu'aucun végétal, en effet, ne possède de parties instantanément et itérativement contractiles sur elles-mêmes; en sorte que les mouvemens observés dans différentes plantes, n'ont rien de comparable au phénomène de l'*irritabilité* animale; et de l'autre part, les zoologistes sachant très-bien qu'il n'est pas un seul animal qui ne soit muni de parties instantanément contractiles; c'est donc une vérité incontestable et partout attestée par les faits; savoir, que les *animaux* sont les seuls corps de la nature (au moins dans notre globe) qui soient doués de parties irritables et de parties contractiles, susceptibles de se mouvoir subitement et itérativement à chaque provocation d'une cause excitante. Ils sont donc les seuls corps de la nature qui soient capables de se mouvoir par *excitation*.

Si l'on recherche, en effet, quelle est la source des mouvemens des animaux, on reconnaîtra qu'elle réside uniquement dans cette faculté singulière de leurs parties souples, qui leur donne le pouvoir de se contracter subitement à chaque *excitation*, et de réagir aussitôt sur le point affecté. Dès lors, la comparaison de ces singuliers mouvemens avec tous ceux que l'on peut observer ailleurs, montrera, comme je viens de le dire, que les *animaux* sont réellement les seuls corps connus qui soient dans ce cas.

Ceux des animaux dont le corps est entièrement gélatineux, comme les *infusoires*, les vrais *polypes*, les *radiaires mollasses*; ceux-là, dis-je, ont toutes leurs parties concrètes éminemment *irritables*, et la simplicité de leur organisation fait propager l'effet de toute excitation, soit sur une grande portion de leur corps, soit sur leur corps entier. Or, comme ces animaux trouvent autour d'eux ce qui peut les nourrir, car ils s'emparent de tout ce qu'ils peuvent saisir, et rejettent ce qu'ils ne peuvent digérer, ils n'ont point de mouvemens particuliers à exécuter pour un choix d'alimens, n'ont besoin d'aucuns muscles pour se mouvoir eux-mêmes, et, en effet, on ne leur en connaît pas positivement.

Mais, ceux qui sont plus avancés dans la composition de leur organisation, ainsi que ceux qui ont des parties dures, comme des tégumens coriaces, cornés ou crustacés; ceux-là, dis-je, ont l'*irritabilité* plus bornée dans ses effets, et possèdent tous intérieurement des muscles, c'est-à-dire, des parties charnues, irritables, contractiles sur elles-mêmes, et qui peuvent se mouvoir par des excitations internes. Ainsi, il n'est aucun animal, depuis la *monade* jusqu'à l'*ourang-outang*, qui n'ait de ces parties contractiles.

Voilà des faits que l'observation constate à l'égard de tous les animaux, qui ne souffrent aucune exception nulle part, et qui ne se retrouvent, ni dans les végétaux, ni dans les autres corps de la nature : ils doivent donc servir à caractériser généralement les animaux.

Effectivement, ces caractères positifs nous seront utiles pour prononcer définitivement sur la nature de certains corps organisés, que les uns rapportent aux végétaux, tandis que les autres les regardent comme appartenant au règne animal (1).

On sent bien que je n'entends pas m'occuper ici des causes prochaines et mécaniques des divers mouvemens des animaux ; mouvemens qu'ils exécutent principalement dans leur locomotion, comme lors-

----

(1) Les plantes de la famille des *tremelles*, et particulièrement les *oscillatoires* de VAUCHER, sont dans le cas que je viens de citer, et néanmoins ce sont évidemment des végétaux. Ces corps vivans ne sont point irritables; leurs mouvemens oscillatoires sont toujours très-lents et jamais subits; ils sont plus ou moins apparens en raison de la température, et aucune excitation particulière ne les fait point varier. *Voyez* VAUCHER, *Hist. des Conserves*, *p.* 163 *et suiv.*

qu'ils marchent, courent, sautent, rampent, volent ou nagent; objet qui fut traité par *Aristote*, *Borelli*, *Barthez*, *Daudin*, etc.; mais qu'il s'agit de la source même où les animaux puisent la faculté de se mouvoir.

Or, j'ai déjà dit que si l'on demande quelles sont les causes physiques, ou quelle est la source des mouvemens subits que les animaux peuvent exécuter et répéter, la solution de cette question se trouvera dans la considération du fait que j'ai cité, savoir : que les animaux ne se meuvent que par *excitation*, et qu'eux seuls, dans la nature, sont généralement dans ce cas.

On peut, effectivement, se convaincre par l'observation que les mouvemens des animaux ne sont point communiqués; qu'ils ne sont point le produit d'une impulsion, d'une pression, d'une attraction ou d'une détente; en un mot, qu'ils ne résultent point d'un effet, soit hygrométrique, soit pyrométrique; mais que ce sont des mouvemens excités, dont la cause excitante agissant sur des parties subitement contractiles, n'est point proportionnelle aux effets produits.

Dans les *corps inorganiques*, et même dans les *végétaux*, les mouvemens des parties concrètes, quels qu'ils soient, ne sont que communiqués, ou que déterminés par quelqu'affinité ou quelque élasticité qui exerce son action; mais ils ne sont

jamais *excités* : aussi sont-ils toujours proportion-
nels aux causes qui les produisent. De là vient que
les lois de ces mouvemens se sont trouvées déterminables, et qu'elles ont donné lieu à une science particulière qu'on nomme *mécanique*, à laquelle les
mathématiques sont applicables. (1).

Dans les *animaux*, au contraire, les mouvemens
subits qu'on leur observe ne s'opérant que par des
excitations sur des parties concrètes, mais molles et
contractiles, on ne trouve plus de rapports déterminables entre la cause excitante, sa force et les mouvemens produits ; la nature même des mouvemens
d'une partie qui se contracte, semble opposée à
ceux qu'ailleurs les causes physiques exécutent.

D'après ce que je viens d'exposer, on voit que
les animaux diffèrent énormément par leur nature
des autres corps vivans dépourvus de parties *irritables*, tels que les végétaux. Aussi, possèdent-ils,

---

(1) On m'objectera peut-être, comme exception au principe que je viens de poser, que les matières qui entrent
en *fermentation* ont alors des mouvemens excités. Mais
on se tromperait à cet égard ; car, outre que les corps
qui fermentent se détruisent, ce qui n'a point lieu dans
les animaux qui se meuvent, je ne vois pas que les mouvemens des corps qui fermentent soient en rien comparables
aux mouvemens excités des animaux, aucune des parties
de ces corps n'étant contractile.

dans l'*irritabilité* qui leur est exclusivement propre, une cause de supériorité de moyens qui a permis à la nature d'établir progressivement en eux les différentes facultés qu'on leur connaît.

Cependant, un caractère aussi frappant, aussi tranché que celui que je viens de citer, ne fut réellement point saisi jusqu'à présent, puisque de notre temps on a cherché à l'étendre jusques aux végétaux, c'est-à-dire, à des êtres qui ne le possèdent point.

De même, n'a-t-on point attribué généralement à tous les animaux la faculté de se mouvoir volontairement, et celle de sentir, sans examiner auparavant ce que peuvent être le *sentiment* et la *volonté* !

Et, dans l'ouvrage que j'ai déjà cité (1), ne prétend-t-on pas que les organes essentiels à l'*animalité* sont ceux des sensations et du mouvement ! Or, comme ces organes sont des nerfs et des muscles, il s'ensuit que tout animal doit en être pourvu ! Néanmoins, étant forcé de convenir qu'on ne les retrouve plus dans quantité d'animaux imparfaits, on suppose que ces organes y existent toujours, et qu'ils sont mêlés et confondus dans la substance irritable et sensible de ces animaux.

____

(1) Voyez le Dictionnaire des Sciences naturelles, au mot *animal*, page 161.

On nous dit ensuite, dans le même ouvrage, que c'est la manière dont s'exerce la nutrition qui fournit le meilleur caractère distinctif entre les animaux et les végétaux; et pour le prouver, on assure que tous les animaux connus possèdent une cavité intestinale qui a nécessairement pour entrée une ou plusieurs bouches.

Ces assertions, qu'on ne s'est pas mis en peine de prouver, parce que la considération de quantité d'animaux en eût rendu les preuves trop difficiles à établir, montrent une prévention très-forte en faveur des anciennes opinions que l'on s'était formées des animaux, quoique nos connaissances actuelles ne les permettent plus. Elles ne sont propres qu'à retarder les progrès de la zoologie, et l'on peut dire maintenant qu'aucune d'elles n'offre le vrai caractère qui distingue les *animaux* des *végétaux*.

En niant formellement ces assertions, parce qu'elles sont évidemment contraires à la marche que suit la nature dans ses productions; qu'elles le sont à l'ordre progressif de la formation des organes spéciaux qui, seuls, donnent lieu à des facultés particulières; et surtout qu'elles le sont à la nécessité de ces appareils d'organes compliqués qui sont indispensables pour des facultés très-éminentes; voici celles que je leur substitue, et que j'appuierai de preuves telles qu'il faudra bien un jour les admettre.

Sans doute, quelques animaux des plus parfaits

sont doués de facultés d'intelligence, et peuvent agir par des actes de volonté, c'est-à-dire, à la suite d'une préméditation; mais il n'est pas vrai que tous les animaux aient la faculté de se mouvoir ainsi par les suites d'une volonté;

Sans doute, beaucoup d'animaux peuvent éprouver des *sensations*; mais il n'est pas vrai que les animaux jouissent tous de la faculté de sentir;

Sans doute, il n'y a que des nerfs qui soient les organes des sensations; mais il n'est pas vrai que tous les nerfs soient propres à la production du *sentiment*;

Sans doute, beaucoup d'animaux sont pourvus de nerfs; mais il n'est pas vrai que tous les animaux en soient munis d'une manière quelconque;

Sans doute, quantité d'animaux se meuvent par un système musculaire; mais il n'est pas vrai que tous les animaux aient des muscles et puissent en avoir;

Sans doute, enfin, un très-grand nombre d'animaux possèdent une cavité intestinale, organe spécial pour la digestion; mais il n'est pas vrai que tous les animaux soient munis d'une pareille cavité, qu'ils aient tous une ou plusieurs bouches, et que tous digèrent.

Certes, si ces assertions sont fondées, il doit en résulter que tout ce qui a été dit de *l'animal* est fort inconvenable, ne saurait fonder solidement la

philosophie des sciences zoologiques , et probablement ne provient que de ce qu'on a généralisé inconsidérément ce qui a été observé dans les animaux les plus parfaits.

J'ai déjà donné les motifs sur lesquels se fondent
quelques-unes de ces assertions ; je donnerai bientôt ceux qui concernent les autres ; mais auparavant
je dois poser les axiomes ou principes suivans , qui
sont les conséquences des six principes fondamentaux présentés dans mon premier discours (pag. 11),
et qui s'accordent avec tous les faits observés.

Principes ou Axiomes zoologiques.

1.º Nulle sorte ou nulle particule de matière ne
saurait avoir en elle-même la propriété de se mouvoir , ni celle de vivre , ni celle de sentir , ni celle
de penser ou d'avoir des idées ; et si, hors de
l'homme , l'on observe des corps doués , soit de
toutes ces facultés , soit de quelqu'une d'entr'elles ,
on doit considérer alors ces facultés comme des
phénomènes physiques que la nature a su produire , non par l'emploi de telle matière qui possède elle-même telle ou telle de ces facultés , mais
par l'ordre et l'état de choses qu'elle a institués
dans chaque organisation et dans chaque système
d'organes particulier ;

2.º Toute faculté animale , quelle qu'elle soit , est

un phénomène organique ; et cette faculté résulte d'un système ou appareil d'organes qui y donne lieu, en sorte qu'elle en est nécessairement dépendante ;

3.º Plus une faculté est éminente, plus le système d'organes qui la produit est composé et appartient à une organisation compliquée ; plus aussi son mécanisme est difficile à saisir. Mais cette faculté n'en est pas moins un phénomène d'organisation, et est en cela purement physique ;

4.º Tout système d'organes qui n'est pas commun à tous les animaux, donne lieu à une faculté qui est particulière à ceux qui le possèdent ; et lorsque ce système spécial n'existe plus, la faculté qu'il produisait ne saurait plus exister ;

5.º Comme l'organisation elle-même, tout système d'organes particulier est assujéti à des conditions nécessaires pour qu'il puisse exécuter ses fonctions ; et parmi ces conditions, celle de faire partie d'une organisation dans le degré de composition où on l'observe, est au nombre des essentielles ; (1)

---

(1) Supposer dans une monade, dans une hydre, etc., l'éminente faculté de *sentir*, quoiqu'il soit impossible d'y trouver le système d'organes compliqué qui, seul, peut donner lieu à cette faculté, c'est une pensée contraire aux lois de l'organisation, et à la marche que la nature est obligée de suivre dans tout ce qu'elle produit.

6.º *L'irritabilité* des parties souples, quoique dans différens degrés, selon leur nature, étant une faculté commune à tous les animaux, n'est point le produit d'aucun système d'organes particulier dans ces parties; mais elle est celui de l'état chimique des substances de ces êtres, joint à l'ordre de choses qui existe dans le corps animal pour qu'il puisse vivre;

7.º La nature, dans toutes ses opérations, ne pouvant procéder que graduellement, n'a pu produire tous les animaux à-la-fois : elle n'a d'abord formé que les plus simples ; et passant de ceux-ci jusques aux plus composés, elle a établi successivement en eux différens systèmes d'organes particuliers, les a multipliés, en a augmenté de plus en plus l'énergie, et, les cumulant dans les plus parfaits, elle a fait exister tous les animaux connus avec l'organisation et les facultés que nous leur observons. Or, elle n'a rien fait absolument, ou elle a fait ainsi.

Sachant parfaitement, par mes études des animaux, combien ces principes sont fondés, ces mêmes principes me dirigeront désormais dans l'exposition que je ferai des facultés que possèdent les animaux que nous considérerons.

Mais auparavant, il convient de fixer la définition précise qui caractérise les coupes principales, parmi les corps naturels ; coupes dont j'ai fait l'exposition des caractères avec détail. Or, ces coupes principales sont les *corps inorganiques* et les *corps vivans* ; et parmi ceux-ci les *végétaux* et les *animaux*.

Définition de chacune des deux coupes primaires qui partagent les productions de la nature.

— Les *corps inorganiques* sont ceux en qui l'état des parties ne permet pas au phénomène de la vie de s'exécuter en eux, quelque relation qu'ils aient avec les causes excitatrices de l'extérieur.

— Les *corps vivans* sont ceux en qui un ordre de choses et un état des parties, permettent à des causes excitatrices d'y produire le phénomène de la vie, qui en amène plusieurs autres.

Définition de chacune des deux coupes principales qui divisent les corps vivans.

— Les *végétaux* sont des corps vivans non irritables, incapables de contracter instantanément et itérativement aucune de leurs parties sur elles-mêmes, et dépourvus de la faculté d'agir, ainsi que de celle de se déplacer.

— Les *animaux* sont des corps vivans doués de

parties irritables, contractiles instantanément et itérativement sur elles-mêmes, ce qui leur donne à tous la faculté d'agir, et à la plupart celle de se déplacer.

Ces définitions sont claires, positives, à l'abri de toute objection, et ne rencontrent aucune exception nulle part.

Que l'on oppose maintenant ces caractères des *animaux* à ceux exposés ci - dessus qui appartiennent aux *végétaux*, l'on sera convaincu de la réalité de cette ligne de démarcation tranchée que la nature a établie entre les uns et les autres de ces corps vivans.

Conséquemment, les auteurs qui indiquent un passage insensible des animaux aux végétaux par les *polypes* et les *infusoires* qu'ils nomment *zoophites* ou animaux-plantes, montrent qu'ils n'ont aucune idée juste de la nature animale, ni de la nature végétale; et, abusés eux-mêmes, ils exposent à l'erreur tous ceux qui n'ont de ces objets que des connaissances superficielles.

Les *polypes* et les *infusoires* ont même si peu de rapports avec aucun végétal quelconque, que ce sont, de tous les animaux, ceux en qui l'*irritabilité* ou la contractilité subite des parties a le plus d'éminence.

J'ai déjà dit que, si, sous une seule considération, l'on peut rapprocher les animaux très-imparfaits que constituent les *infusoires*, les *polypes*, etc., des *algues*, des *champignons*, des *lichens*, et autres végétaux aussi très-imparfaits, ce ne peut être que sous le rapport d'une grande simplicité d'organisation de part et d'autre.

Or, la nature suivant partout une même marche, et étant partout encore assujétie aux mêmes lois, il est évident que, si, pour former les *végétaux* et les *animaux*, elle a travaillé, d'un côté, sur des matériaux d'une nature particulière, et de l'autre, sur des matériaux dont la composition chimique était différente, ses produits sur les premiers n'ont pu être les mêmes que ceux qu'elle a pu faire exister dans les seconds. C'est ce qui est effectivement arrivé; car, très-bornée dans ses moyens, relativement aux végétaux, la nature n'a pu établir en eux l'*irritabilité*, et, par cette privation, ces corps vivans sont restés dans une grande infériorité de phénomènes comparativement aux animaux. Enfin, comme la nature a commencé en même temps les uns et les autres, ils ne forment point une chaîne unique, mais deux branches séparées à leur origine, où elles n'ont de rapports que par la simplicité d'organisation des uns et des autres. Voilà ce qu'attesteront toujours l'observation de ces deux sortes de corps vivans, et l'étude de la nature.

Maintenant que nous connaissons l'*animal*, que nous pouvons même distinguer le plus imparfait des animaux du végétal le plus simple en organisation;

nous avons, à l'égard des premiers, quantité d'objets très-importans à considérer, si nous voulons réellement les connaître.

D'abord, quoiqu'il soit prouvé qu'il n'y ait point de chaîne réelle entre toutes les productions de la nature, qu'il n'y en ait même point entre tous les corps vivans, puisque les végétaux ne sauraient se lier aux animaux par une véritable nuance, pour montrer l'unité du plan qu'a suivi la nature, dans la formation des animaux, je vais constater, dans la seconde partie, l'existence d'une *progression* dans la composition de l'organisation des animaux, ainsi que dans le nombre et l'éminence des facultés qu'ils en obtiennent.

DEUXIÈME PARTIE.

De l'existence d'une progression *dans la composition de l'organisation des animaux, ainsi que dans le nombre et l'éminence des facultés qu'ils en obtiennent.*

Il s'agit maintenant de constater l'existence d'un fait qui mérite toute l'attention de ceux qui étudient la nature dans les animaux; d'un fait entrevu depuis bien des siècles, jamais parfaitement saisi, toujours exagéré et dénaturé dans son exposition ; d'un fait, en un mot, dont on s'est servi pour étayer des suppositions entièrement imaginaires.

Ce fait, le plus important de tous ceux qu'on ait remarqués dans l'observation des corps vivans, consiste dans l'existence d'une *composition progressive* de l'organisation des animaux, ainsi que d'un accroissement proportionné du nombre et de l'éminence des facultés de ces êtres.

Effectivement, si l'on parcourt, d'une extrémité à l'autre, la série des animaux connus, distribués d'après leurs rapports naturels, et en commençant par les plus imparfaits; et si l'on s'élève ainsi, de classe en classe, depuis les *infusoires* qui commencent cette série, jusqu'aux *mammifères* qui la terminent, on trouvera, en considérant l'état de l'organisation des différens animaux, des preuves incontestables d'une *composition progressive* de leurs organisations diverses, et d'un accroissement proportionné dans le nombre et l'éminence des facultés qu'ils en obtiennent; enfin, l'on sera convaincu que la réalité de la progression dont il s'agit, est maintenant un fait observé et non un acte de raisonnement.

Depuis que j'ai mis ce fait en évidence, on a supposé que j'entendais parler de l'existence d'une chaîne non interrompue que formeraient, du plus simple au plus composé, tous les êtres vivans, en tenant les uns aux autres par des caractères qui les lieraient et se nuanceraient progressivement; tandis que j'ai établi une distinction positive entre les végétaux et les animaux, et que j'ai montré que, quand même les végétaux sembleraient se lier aux animaux par quelque point de leur série, au lieu de former ensemble une chaîne ou une échelle graduée, ils présenteraient toujours deux branches séparées, très-distinctes, et seulement rapprochées à leur base, sous le rapport de la simplicité d'organisation des êtres qui s'y trouvent. On a même supposé que je voulais parler d'une chaîne existante entre tous les

Tome I. 9

corps de la nature, et l'on a dit que cette chaîne graduée n'était qu'une idée reproduite, émise par *Bonnet*, et depuis, par beaucoup d'autres. On aurait pu ajouter que cette idée est des plus anciennes, puisqu'on la retrouve dans les écrits des philosophes grecs. Mais, cette même idée, qui prit probablement sa source dans le sentiment obscur de ce qui a lieu réellement à l'égard des animaux, et qui n'a rien de commun avec le fait que je vais établir, est formellement démentie, par l'observation, à l'égard de plusieurs sortes de corps maintenant bien connus.

Assurément, je n'ai parlé nulle part d'une pareille chaîne : je reconnais partout, au contraire, qu'il y a une distance immense entre les corps inorganiques et les corps vivans, et que les végétaux ne se nuancent avec les animaux par aucun point de leur série. Je dis plus; les animaux mêmes, qui sont le sujet du fait que je vais exposer, ne se lient point les uns aux autres de manière à former une série simple et régulièrement graduée dans son étendue. Aussi, dans ce que j'ai à établir, il n'est point du tout question d'une pareille chaîne, car elle n'existe pas.

Mais le sujet que je me propose ici de traiter, concerne une *progression* dans la composition de l'organisation des animaux, ne recherchant cette progression que dans les masses principales ou classiques, et ne considérant partout la composition de chaque organisation que dans son ensemble, c'est-à-dire, dans sa généralité. Or, il s'agit de savoir si cette progression existe réellement; si le nombre et le perfectionnement des facultés animales se trouvent partout en rapport avec elle; et si l'on peut actuellement regarder cette même progression comme un fait positif, ou si ce n'est qu'un système.

Qu'il y ait des lacunes connues en diverses parties de l'échelle que forme cette progression, et des anomalies à l'égard des systèmes d'organes particuliers qui se trouvent dans différentes organisations animales, lacunes et anomalies dont j'ai indiqué les causes dans ma *Philosophie zoologique*, cela importe très-peu pour l'objet considéré, si l'existence de la progression dont il s'agit, est un fait général et démontré, et si ce fait résulte d'une cause pareillement générale, qui y aurait donné lieu.

A la vérité, on a reconnu qu'il était possible d'établir, dans la distribution des animaux, une espèce de suite qui paraîtrait s'éloigner par degrés d'un type primitif; et que l'on pouvait, par ce moyen, former une échelle graduée, disposée, soit du plus composé vers le plus simple, soit du plus simple vers le plus composé. Mais on a objecté que, pour pouvoir ainsi établir une série unique, il fallait considérer chacune des organisations animales dans l'ensemble de ses parties; car, si l'on prend en considération chaque organe particulier, on aura autant de séries différentes à former, que l'on aura pris d'organes régulateurs, les organes ne suivant pas tous le même ordre de dégradation. Cela montre, a-t-on dit, que, pour faire une échelle générale de perfection, il faudrait calculer l'effet résultant de chaque combinaison; ce qui n'est presque pas possible. (*Cuv. Anat. comp. vol* 1 , *p.* 59.)

La première partie de ce raisonnement est sans doute très-fondée; mais la suite et surtout la conclusion, selon moi, ne sauraient l'être; car on y suppose la nécessité d'une opération que je trouve au contraire fort inutile, et dont les élémens seraient très-arbitraires. Cependant, cette conclusion peut en imposer à ceux qui n'ont point suffisamment examiné ce sujet, et qui ne donnent que peu d'attention à l'étude des opérations de la nature.

Voilà l'inconvénient de raisonner, à l'égard des choses observées, d'après la supposition d'une seule cause agissante pour la progression dont il s'agit, avant d'avoir recherché s'il ne s'en trouve pas une autre qui ait le pouvoir de modifier çà et là les résultats de la première. En effet, on n'a vu, dans toutes ces choses, que les produits d'une cause unique, que ceux compris dans l'idée qu'on se fait des opérations de la nature; et cependant il est facile de s'apercevoir que ces mêmes choses proviennent de l'action de deux causes fort différentes, dont l'une, quoiqu'incapable d'anéantir la prédominance de l'autre, fait néanmoins très-souvent varier ses résultats.

Le plan des opérations de la nature à l'égard de la production des animaux, est clairement indiqué par cette cause première et prédominante qui donne à la vie animale, le pouvoir de composer progressivement l'organisation, et de compliquer et perfectionner graduellement, non-seulement l'organisation dans son ensemble, mais encore chaque système d'organes particulier, à mesure qu'elle est parvenue à les établir. Or, ce plan, c'est-à-dire, cette composition progressive de l'organisation, a été réellement exécuté, par cette cause première, dans les différens animaux qui existent.

Mais une cause étrangère à celle-ci, cause accidentelle et par conséquent variable, a traversé çà et là l'exécution de ce plan, sans néanmoins le détruire, comme je vais le prouver. Cette cause, effectivement, a donné lieu, soit aux lacunes réelles de la série, soit aux rameaux finis qui en proviennent dans divers points et en altèrent la simplicité, soit, enfin, aux anomalies qu'on observe parmi les systèmes d'organes particuliers des différentes organisations.

Voilà pourquoi, dans les détails, l'on trouve souvent, parmi les animaux d'une classe, parmi ceux-mêmes qui appartiennent à une famille très-naturelle, que les organes de l'extérieur, et même que les systèmes d'organes particuliers intérieurs, ne suivent pas toujours une marche analogue à celle de la composition croissante de l'organisation. Ces anomalies n'empêchent pas, néanmoins, que la progression dont il s'agit, ne soit partout éminemment reconnaissable dans la série des masses classiques qui distinguent les animaux ; la cause accidentelle citée n'ayant pu altérer la progression en question, que dans des particularités de détail, et jamais dans la généralité des organisations.

J'ai montré dans ma *Philosophie zoologique* (vol. 1 , p. 220) que cette seconde cause résidait dans les circonstances très-différentes où se sont trouvés les divers animaux, en se répandant sur les différens points du globe et dans le sein de ses eaux liquides ; circonstances qui les ont forcés à diversifier leurs actions et leur manière de vivre, à changer leurs habitudes , et qui ont influé à faire varier fort irrégulièrement , non-seulement leurs parties externes , mais même, tantôt telle partie et tantôt telle autre de leur organisation intérieure.

C'est en confondant deux objets aussi distincts ; savoir : d'une part , le propre du pouvoir de la vie dans les animaux , pouvoir qui tend sans cesse à compliquer l'organisation, à former et multiplier les organes particuliers , enfin, à accroître le nombre et le perfectionnement des facultés ; et de l'autre , la cause accidentelle et modifiante , dont les produits sont des anomalies diverses dans les résultats du pouvoir de la vie ; c'est, dis-je , en confondant ces deux objets, qu'on a trouvé des motifs pour ne donner aucune attention au plan de la nature, à la progression que nous allons prouver, et lui refuser l'importance que sa considération doit avoir dans nos études des animaux.

Pour se convaincre de la réalité du plan dont je parle, et mettre dans tout son jour ce même plan que la nature suit sans cesse, et qu'elle maintient dans tous les rangs, malgré les causes étrangères qui en diversifient çà et là les effets; si, conformément à l'usage, l'on parcourt la série des animaux, depuis les plus parfaits d'entr'eux jusques aux plus imparfaits, on reconnaîtra qu'il existe dans les premiers, un grand nombre d'organes spéciaux très-différens les uns des autres; tandis que, dans les derniers, on ne retrouve plus un seul de ces organes; ce qui est positif. On verra, néanmoins, que, partout, les individus de chaque espèce sont pourvus de tout ce qui leur est nécessaire pour vivre et se reproduire dans l'ordre de facultés qui leur est assigné; l'on verra aussi que, partout où une faculté n'est point essentielle, les organes qui peuvent la donner ne se trouvent et n'existent réellement pas.

Ainsi, en suivant attentivement l'organisation des animaux connus, en se dirigeant du plus composé vers le plus simple, on voit chacun des organes spéciaux, qui sont si nombreux dans les animaux les plus parfaits, se dégrader, s'atténuer constamment, quoiqu'irrégulièrement entr'eux, et disparaître entièrement l'un après l'autre dans le cours de la série.

Les organes de la digestion, comme les plus généralement utiles dans les animaux, sont les derniers à disparaître ; mais, enfin, ils sont anéantis à leur tour, avant d'avoir atteint l'extrémité de la série ; parce que ce sont des organes spéciaux, qu'ils ne sont pas essentiels à l'existence de la vie, et qu'ils ne le sont que dans les organisations qui les possèdent.

Maintenant, voyons les faits connus, d'après lesquels on peut établir et constater la *progression* dont il s'agit.

Faits sur lesquels s'appuient les preuves de l'existence d'une progression dans la composition de l'organisation des animaux.

Premier fait : Tous les animaux ne se ressemblent point par l'organisation, soit extérieure, soit intérieure, de leur corps ; on trouve parmi eux des différences nombreuses, constantes et très-considérables ; en sorte qu'ils offrent, sous ce rapport, une immense disparité.

Deuxième fait : Il est certain et reconnu que, sous le rapport de l'organisation, l'homme tient aux animaux, et surtout à certains d'entr'eux.

Troisième fait : On peut présenter comme un fait positif, comme une vérité susceptible de démonstration, que, de toutes les organisations, c'est celle de l'homme qui est la plus composée et la plus perfectionnée dans son ensemble, comme dans celui des facultés qu'elle lui procure. (1)

Quatrième fait : L'organisation de l'homme étant la plus composée et la plus perfectionnée de toutes les organisations; l'homme ensuite tenant aux animaux par l'organisation ; enfin, par cette dernière encore, les animaux différant plus ou moins considérablement entr'eux; c'est un fait certain qu'il existe des animaux qui se rapprochent beaucoup de l'homme, sous le rapport de l'organisation ; qu'il s'en trouve d'autres qui, sous le même rapport, s'en éloignent davantage que ceux-ci; et que, sous la même considération, d'autres encore en sont considérablement écartés.

De ces quatre faits, trop reconnus et trop positifs pour qu'il soit possible d'en contester raisonnablement aucun, la conséquence suivante résulte nécessairement.

———————————

(1) Plusieurs animaux offrent , dans certains de leurs organes, un perfectionnement et une étendue de facultés dont les mêmes organes, dans l'homme, ne jouissent pas. Néanmoins, son organisation l'emporte en perfectionnement dans son ensemble , sur celle de tout animal quelconque; ce qui ne peut être contesté.

L'organisation de l'homme étant la plus composée et la plus perfectionnée de toutes celles que la
nature a pu produire, on peut assurer que, plus
une organisation animale approche de la sienne, plus
elle est composée et avancée vers son perfectionnement ; et de même, que plus elle s'en éloigne,
plus alors elle est simple et imparfaite (1).

Maintenant, en nous réglant sur cette conséquence
déjà tirée ; savoir : que, plus une organisation animale approche de celle de l'homme, plus elle est
composée et rapprochée de la perfection ; tandis que,
plus elle s'en éloigne, plus alors elle est simple et imparfaite ; il s'agit de montrer que les diverses organisations animales, d'après les faits relatifs à l'ensemble de leur composition, forment réellement un
ordre très-reconnaissable, et dans lequel l'arbitraire
n'entre pour rien.

---

(1) **On** est si éloigné de saisir les véritables idées que
l'on doit se former sur la nature et l'état des animaux, que
plusieurs zoologistes prétendant que tous ces corps vivans
sont également parfaits chacun dans leur espèce, les mots
animaux parfaits ou *animaux imparfaits* leur paraissent
ridicules ! comme si, par ces mots, l'on n'entendait pas exprimer ceux des animaux qui, par le nombre, la puissance
et l'éminence de leurs facultés, se rapprochent en quelque
sorte de l'homme, ou désigner ceux qui, par les bornes extrêmes du peu de facultés qu'ils possèdent, s'éloignent infi-

Pour nous accommoder à l'usage, procédons du plus composé vers le plus simple, et recherchons dans les faits observés, si l'ordre dont nous venons de parler existe positivement.

Faits qui concernent les animaux vertébrés et qui prouvent l'existence d'une progression dans la composition et le perfectionnement de leur organisation.

Si *l'ordre de progression* que nous recherchons existe, nous devons trouver une *dégradation* progressive de classe en classe dans l'organisation des animaux ; puisque nous allons procéder, dans leur série, du plus composé vers le plus simple, com-

niment du terme de perfection organique dont l'homme offre l'exemple !

Qui ne sait que, dans l'état d'organisation où il se trouve, tout corps vivant, quel qu'il soit, est un être réellement parfait, c'est-à-dire, un être à qui il ne manque rien de ce qui lui est nécessaire! mais, la nature ayant composé de plus en plus l'organisation animale ; et par là, étant parvenue à douer ceux des animaux qui possèdent l'organisation la plus compliquée, de facultés plus nombreuses et plus éminentes, on peut voir dans ce terme de ses efforts, une perfection dont s'éloignent graduellement les animaux qui ne l'ont pas obtenue.

mencer notre examen par les animaux qui ont l'organisation la plus composée, et le terminer par ceux
qui sont les plus simples à cet égard, c'est-à-dire,
par les plus imparfaits.

Dans cette marche, nous devons nous occuper
d'abord des *animaux vertébrés* ; car, ce sont ceux
qui ont l'organisation la plus composée, la plus féconde en facultés, la plus rapprochée de celle de
l'homme ; et, à leur égard, nous remarquerons que
le plan de leur organisation, plus ou moins développé dans chacune de leurs races, et aussi plus ou
moins modifié par les circonstances dans lesquelles
chacune d'elles se trouve, embrasse pareillement
l'organisation de l'homme qui offre le complément
parfait de ce plan particulier.

En conséquence, sans entrer dans tous les détails
que *l'anatomie comparée* a fait connaître, et qui
multiplient les preuves que nous pourrions citer,
nous dirons que, si l'on examine attentivement les
animaux vertébrés, on est bientôt convaincu :

1.º Que, de tous les vertébrés connus, ce sont
les *mammifères* qui tiennent de plus près à l'homme
par l'organisation ; qu'ils sont même les seuls qui
aient de commun avec lui la génération sexuelle
vraiment *vivipare* ; qu'ils sont plus avancés que tous
les autres dans le développement de leur plan d'organisation, et conséquemment que c'est parmi eux
que se trouvent les plus parfaits des animaux ;

2.º Que, parmi les *mammifères*, ceux de l'ordre des *onguiculés* (*Philos. zool.* vol. 1, p. 345) sont, de tous les animaux à mamelles, ceux dont l'organisation approche le plus de celle de l'homme, et leur donne plus de facultés qu'aux autres ; que même, parmi eux, l'on trouve des familles particulières qui l'emportent sur les autres familles du même ordre, par un plus grand rapprochement à cet égard ; qu'en effet, dans les *quadrumanes*, le cerveau présente, avec tous ses accessoires, le plus grand volume, proportionnellement à celui de leur corps, après le cerveau de l'homme, et conséquemment l'organe de l'intelligence le plus développé, après le sien ; qu'en outre, ces derniers ont les extrémités de leurs membres mieux disposées pour saisir les objets, pour les sentir, juger de leur forme ou de leurs autres qualités, en un mot, pour s'en servir, que les autres *onguiculés* : en sorte que l'organisation de ces animaux est effectivement la plus perfectionnée des organisations animales, et ne présente ensuite dans les autres familles du même ordre que des dégradations croissantes, qui entraînent des appauvrissemens dans les facultés ;

3.º Qu'outre la dégradation qui s'observe déjà parmi les différentes races des *mammifères onguiculés*, celle qui a lieu dans les *mammifères ongulés*, se manifeste plus fortement encore ; car ces animaux ont le corps plus gros, plus lourd ; les doigts moins

séparés , moins libres , moins sensibles , puisqu'ils
sont enveloppés de corne ; ils sont moins adroits ;
ne peuvent guère se servir de leurs pieds que pour
se soutenir ou pour leurs mouvemens de transla-
tion ; ne sauraient même s'asseoir, se reposer sur
le derrière ; enfin, ils ont déjà perdu de grandes
facultés dont jouissent les premiers ; parmi eux on
observe encore une dégradation sensible ; car les *pa-
chidermes* ont les pieds moins altérés que les *bisulces*
et les *solipèdes* ;

4.° Qu'en quittant les mammifères et arrivant
aux *oiseaux*, l'on reconnaît que des changemens
plus graves se sont opérés dans l'organisation de
ces derniers, et l'éloignent davantage de celle de
l'homme ; qu'en effet, la génération des vrais *vivipares*, qui est la sienne, est anéantie et ne se retrouvera plus désormais ; car, il n'est pas vrai que,
hors des mammifères, l'on connaisse aucun animal réellement vivipare , soit dans les reptiles , soit
dans les poissons, etc., quoique souvent les œufs
éclosent dans le ventre même de la mère, ce que
l'on a nommé génération *ovo-vivipare* ; en un mot,
en arrivant aux *oiseaux* , on voit que la poitrine
cesse d'être constamment séparée de l'abdomen par
une cloison complète (un diaphragme), cloison qui
reparaît dans quelques reptiles et disparaît ensuite
partout ; qu'il n'y a plus de vulve extérieure , séparée de l'anus; plus de saillie au dehors pour les

parties sexuelles mâles ; plus de saillie de même pour le cornet de l'oreille extérieure ; et que les animaux n'ont et n'auront plus désormais la faculté de se coucher et de se reposer sur le côté ;

5.º Qu'en laissant les oiseaux, pour considérer les *reptiles*, des changemens et des diminutions plus graves encore dans le perfectionnement de l'organisation se font remarquer, et l'éloignent plus encore de celle de l'homme ; que le cœur n'a plus partout deux ventricules sans communication ; que la chaleur du sang n'excède presque plus celle des milieux environnans ; qu'il n'y a plus, dans tous, qu'une partie du sang qui reçoive, dans chaque tour, l'influence de la respiration pulmonaire ; que le poumon lui-même n'est plus constamment double (comme dans les *ophidiens*), et qu'à mesure qu'il approche de l'origine de sa formation, ses cellules sont plus grandes et moins nombreuses ; que le cerveau ne remplit qu'incomplétement la cavité du crâne; que le squelette offre çà et là de grandes altérations dans l'état et le complément de ses parties (point de clavicules dans les *crocodiles*, point de sternum ni de bassin dans les *ophidiens*) ; qu'une diminution d'activité dans les mouvemens vitaux et dans les changemens qu'ils produisent, permet à beaucoup d'animaux de cette classe de pouvoir vivre long-temps de suite sans prendre de nourriture (les *tortues*, les *serpens*) ; qu'enfin, si dans les premiers ordres des *reptiles*, le cœur a encore deux oreillettes ; il n'en présente plus qu'une seule dans le dernier ;

6.º Qu'en arrivant aux *poissons*, l'on remarque que l'organisation animale s'éloigne de celle de l'homme bien plus encore que celle des animaux déjà cités, et qu'elle est conséquemment plus dégradée, plus imparfaite que la leur, indépendamment des influences du milieu dense qu'habitent les animaux dont il s'agit ; qu'effectivement, l'on ne retrouve plus dans les *poissons* l'organe respiratoire des animaux les plus parfaits ; que le véritable poumon, que nous ne rencontrerons plus nulle part, y est remplacé par des *branchies*, organe bien plus faible en influence respiratoire, puisque, pour parer aux inconvéniens de ce grand changement, la nature fait passer tout le sang par cet organe avant de l'envoyer aux parties, ce qu'elle n'a point fait dans les reptiles ; que la poitrine, ou ce qu'elle doit contenir, a passé ici sous la gorge, dans la base même de la tête ; qu'il n'y a plus et qu'il n'y aura plus désormais de trachée-artère, ni de larinx, ni de voix véritable ; que les paupières, qui ont déjà manqué sur les yeux des serpens, ne se retrouvent plus ici, et ne reparaîtront plus à l'avenir ; que l'oreille est tout-à-fait intérieure, sans conduit externe ; qu'enfin, le squelette très-incomplet, singulièrement modifié, partout sans bassin et sur le point de s'anéantir, n'est plus qu'ébauché dans les derniers animaux de cette classe (les *lamproies*) et finit avec eux.

Ces preuves que fournissent les *animaux verté-brés*, d'une dégradation progressive de l'organisation, depuis le plus perfectionné des *quadrumanes*, jusqu'au plus imparfait des poissons, et conséquemment d'une diminution croissante dans la composition et le perfectionnement de l'organisation) à mesure que l'on parcourt leurs classes en se dirigeant vers ceux dont l'organisation s'éloigne plus de celle de l'homme), deviennent de plus en plus frappantes et décisives, si l'on étend la même recherche aux *animaux sans vertèbres*.

Faits qui concernent les animaux sans vertèbres, et qui prouvent aussi l'existence d'une progression dans la composition et le perfectionnement de l'organisation de ces animaux.

En continuant notre examen, et recueillant les faits observés que nous offrent les animaux sans vertèbres, on reconnaît :

1.º Qu'avec les poissons, se termine complétement le plan particulier de l'organisation des animaux vertébrés, et par conséquent l'existence du *squelette* qui fait une partie essentielle de ce plan; qu'effectivement, après les poissons, la moelle épinière, ainsi que la colonne vertébrale, cette base

Tome I. 10

de tout véritable squelette , ont cessé d'exister ; que
par conséquent , le squelette lui-même , cette charpente osseuse et articulée, qui fait une partie importante de l'organisation de l'homme et des animaux
les plus parfaits, charpente qui fournit aux muscles
tant de points d'attache pour la diversité et la solidité des mouvemens , et qui donne une si grande
force aux animaux sans nuire à leur souplesse ; que
cette partie , dis-je , est tout-à-fait anéantie, et ne
reparaîtra désormais dans aucun des animaux des
classes qui vont suivre ; car, il n'est pas vrai qu'a-
près les poissons, la peau crustacée ou plus ou
moins solide de certains animaux, et les colonnes
d'osselets pierreux qui soutiennent les rayons des
astéries, de même que celles qui forment l'axe dans
les *encrines*, soient des parties en rien analogues au
squelette des animaux vertébrés ; qu'enfin, après les
poissons , les animaux observés offrent des plans
d'organisation très-différens de celui auquel appartient l'organisation même de l'homme, de celui qui
admet des organes particuliers pour l'intelligence,
de celui qui donne lieu à un organe spécial pour
la voix , à un véritable poumon pour respirer, à un
système lymphatique , à des organes sécréteurs de
l'urine , etc. , etc. ;

2.º Que les *mollusques*, qui ne se lient par aucune nuance avec les poissons connus , à moins que
de nouveaux *hétéropodes* n'en fournissent un jour

les moyens, doivent néanmoins venir les premiers
dans notre marche, étant, de tous les *animaux sans
vertèbres*, ceux en qui la composition de l'organisation paraît la plus avancée, quoiqu'elle soit appro-
priée, par son état de faiblesse, au changement que
la nature devait exécuter pour amener celle des vertébrés; que cependant ils sont encore plus imparfaits, plus éloignés de l'organisation de l'homme que
les poissons; puisqu'ils manquent de colonne vertébrale, et qu'ils n'appartiennent plus au plan d'organisation qui l'admet; que, n'ayant pas encore de moelle
épinière, ils n'ont pas non plus de moelle longitudinale noueuse, mais seulement un cerveau, quelques ganglions et des nerfs, ce qui affaiblit leur sensibilité qui est répandue sur toute leur surface externe; qu'enfin, si ces animaux mollasses et inar-
ticulés n'exécutent que des mouvemens sans vivacité et sans énergie, c'est que la nature se prépa-
rant à former le squelette, a abandonné en eux l'u-
sage des tégumens cornés et des articulations qu'elle
employait depuis les insectes, en sorte que leurs
muscles n'ont sous la peau que des points d'appui
très-faibles;

3.º Que les *cirrhipèdes*, les *annelides* et les *crustacés*, sous le rapport d'une diminution dans la composition et le perfectionnement de l'organisation,
n'offrent aucune particularité bien éminente, si ce

n'est qu'ils sont inférieurs aux mollusques, et par cela même plus éloignés encore de l'organisation de l'homme ; puisque, par leur moelle longitudinale noueuse, ils participent au système nerveux des insectes, et qu'ils sont cependant moins imparfaits que ces derniers, sous le rapport de la circulation de leurs fluides et sous celui de leur respiration ; qu'enfin, les *crustacés* sont les derniers animaux en qui des vestiges de l'ouie aient été observés, et en qui le foie se retrouve encore ;

4.º Que, parvenu aux *arachnides*, qui tiennent de si près aux insectes, mais qui en sont très-distinctes, on voit que l'organisation animale s'éloigne encore plus de celle de l'homme que celle des animaux précédens ; car, le système d'organes, propre à la *circulation* des fluides, n'est plus que simplement ébauché dans certains animaux de cette classe, et se trouve définitivement anéanti dans les autres : en sorte qu'on ne le retrouvera plus dorénavant, quoique le mouvement ou le transport des fluides ou de certains fluides sécrétés, soit encore dans le cas de s'exécuter à l'aide de véritables vaisseaux, dans les animaux de plusieurs des classes qui suivent ; qu'ici, le mode de respiration par *branchies* se termine pareillement, n'y offre plus que quelques ébauches, et y est remplacé par celui des *trachées* aérifères, les unes ramifiées, selon les ob-

servations de M. *Latreille*, et les autres en doubles cordons ganglionés, comme dans les insectes ;
qu'enfin, toute glande conglomérée paraissant ne
plus exister, et ne devant plus se retrouver désormais, ces animaux sont encore plus éloignés de
l'homme, par l'organisation, que les crustacés mêmes en qui le foie se montre encore ;

5.° Qu'en parvenant aux *insectes*, cette classe
d'animaux si nombreux, si singuliers, si élégans
même, on reconnaît que l'organisation s'éloigne encore plus de celle de l'homme que celle des arachnides et que celle des animaux qui, dans cette marche, les précèdent; puisque le système si important
de la circulation des fluides, par des artères et des
veines, n'y montre plus aucun vestige ; que le système respiratoire, par des *trachées aérifères*, non
dendroïdes, mais en doubles cordons ganglionés,
n'a plus même de concentration locale ; que les
organes biliaires ne sont plus que des vaisseaux dé-
sunis ; que la sensibilité chez eux est devenue fort
obscure, étant les derniers en qui ce phénomène
organique puisse encore s'exécuter ; que leur cerveau est réduit à sa plus faible ébauche; que leurs
organes sexuels n'exécutent plus leurs fonctions
qu'une seule fois dans le cours de leur vie; qu'enfin, le sang, graduellement appauvri dans sa nature, depuis les animaux les plus parfaits, n'est
plus, dans les *insectes* où il a cessé de circuler,

qu'une sanie presque sans couleur, à laquelle il ne convient plus de donner le nom de sang; (1)

6.º Que les *vers*, qui, en descendant toujours, viennent après les insectes, mais à la suite d'un *hiatus*, que les *épizoaires* rempliront pèut-être un jour, présentent, dans la composition de l'organisation, une diminution bien plus grande encore que celle observée dans les insectes et dans les animaux déjà cités ; en sorte que l'organisation des *vers* est beaucoup plus éloignée encore de celle à laquelle on la compare, ainsi que toutes les autres, que celle des insectes; qu'ici, en effet, ni le cer-

---

(1) Il me paraît que, faute d'avoir étudié et suivi les moyens de la nature, on s'est gravement trompé, relativement aux insectes, sur la cause, soit de la singularité des habitudes, soit de la vivacité des mouvemens de certains de ces animaux. Au lieu d'attribuer ces faits à une organisation plus perfectionnée des insectes, et à la nature de leur respiration, ce qui devrait s'étendre à tous les animaux de cette classe, nous ferons remarquer que de simples particularités, que nous indiquerons, sont très-suffisantes pour donner lieu à ces faits ; nous montrerons que, sans avoir des facultés d'intelligence, mais ayant des idées de perception, de la mémoire, un sentiment intérieur, et l'organisation modifiée par les habitudes, ces causes suffisent pour leur faire produire les actions que nous observons chez eux ; que ces particularités, très-diver-

veau, ce point de réunion pour la production du phénomène du sentiment, ni la moelle longitudinale noueuse qui, depuis les insectes jusqu'aux mollusques, était si utile au mouvement des parties, n'existent plus; qu'il n'y a plus de tête; plus d'yeux; plus de sens particuliers; plus de trachées aérifères pour la respiration; plus de forme générale constituée par des parties paires; en un mot, plus de véritables mâchoires; que la génération sexuelle, même, paraît s'anéantir dans le cours de cette classe, les sexes ne se montrant plus qu'obscurément dans certains *vers*, et disparaissant entièrement dans les autres; qu'enfin, formant une branche particulière et hors de rang dans la série,

---

sifiées selon les races, ne sont point communes à tous ces animaux; qu'en effet, s'il y a des insectes qui ont des mouvemens très-vifs, il y en a aussi qui n'en ont que de fort lents; que, même dans les *infusoires*, on trouve des animaux qui ont les mouvemens les plus vifs, tandis que, dans les *mammifères*, l'on voit des races qui n'en exécutent que de très-lents; qu'enfin, à l'égard des manœuvres singulières de certaines races, manœuvres que l'on a considérées comme des actes d'industrie, il n'y a réellement que des produits d'habitudes que les circonstances ont progressivement amenées et fait contracter; habitudes qui ont modifié l'organisation dans ces races, de manière que les nouveaux individus de chaque génération ne peuvent que répéter les mêmes manœuvres.

ces animaux offrent entr'eux une grande disparité d'organisation , de laquelle résulte que les plus imparfaits sont très-simples , et ne paraissent dus qu'à des générations spontanées ;

7.º Qu'étant arrivé aux *radiaires* , on reconnaît que l'imperfection de l'organisation animale où nous sommes parvenus , non-seulement se soutient en elles , mais même qu'elle continue de s'accroître ; qu'il y est effectivement manifeste, que, dans toutes , la génération sexuelle ne présente plus la moindre existence , en sorte que ces animaux sont réduits à n'offrir que des amas de corpuscules réproductifs qui n'exigent aucune fécondation ; que , quoiqu'il y ait encore , dans les *radiaires échinodermes* , des vaisseaux pour le transport et l'élaboration des fluides , sans véritable circulation , c'est dans les *radiaires mollasses* que paraît commencer le mode simple de l'imbibition des parties par le fluide nourricier , les vaisseaux qu'on y aperçoit encore , paraissant n'appartenir qu'à leur organe respiratoire ; qu'ainsi que dans les vers, ni le cerveau, ni la moelle longitudinale, ni la tête, ni sens quelconque n'existent plus dans ces animaux ; que c'est parmi eux qu'on voit l'organe digestif montrer une véritable imperfection , puisque dans beaucoup de *radiaires* le canal alimentaire, soit simple, soit augmenté latéralement, n'a plus qu'une seule issue, en sorte que la bouche sert aussi d'anus ; qu'enfin, les mouvemens isochrones de ceux de ces animaux qui sont tout-à-fait mollassés, ne sont plus que les suites des excitations de l'extérieur, comme je le prouverai. Ces mêmes animaux sont donc plus éloignés encore, par leur organisation, de celle à laquelle nous les comparons, que les vers mêmes, puisque, dans plusieurs de ces derniers, les sexes s'aperçoivent encore;

8.° Que les *polypes* qui, dans notre marche, viennent après-les radiaires, ne sont pas néanmoins le dernier chaînon de la chaîne animale, et cependant sont beaucoup plus imparfaits, plus simples en organisation, enfin, plus éloignés encore de notre point de comparaison que les radiaires ; qu'en effet, ils ne présentent plus à l'intérieur qu'un seul organe particulier, celui de la digestion dans lequel se développent quelquefois des gemmes internes ; qu'en-vain chercherait-on dans les vrais *polypes* aucun autre organe intérieur qu'un canal alimentaire, varié dans sa forme, selon les familles, qui devient de plus simple en plus simple, se change peu-à-peu en sac, comme dans les *hydres*, etc., et n'a alors qu'une seule issue ; que l'imagination seule y pourrait supposer arbitrairement tout ce qu'elle voudrait y voir; qu'en un mot, ici, l'on est assuré que le fluide essentiel à la vie et à-la-fois nourricier, n'a d'autre mode d'être que celui d'imbiber les parties, de se mouvoir avec lenteur et sans vaisseaux dans la substance du corps du *polype*, dans le tissu cellulaire qui occupe l'intervalle entre la peau extérieure de ce corps et son tube ou son canal alimentaire ;

9.º Qu'enfin, les *infusoires*, dernier anneau de la chaîne que nous venons de parcourir, et surtout les *infusoires nus*, nous offrent les animaux les plus imparfaits que l'on ait pu connaître, ceux qui sont les plus simples en organisation, ceux, enfin, qui sont, de tous, les plus éloignés du point de comparaison choisi ; qu'effectivement, ces animaux n'ont pas un seul organe spécial, intérieur, constant et déterminable, pas même pour la digestion : en sorte qu'outre qu'ils manquent, comme les polypes, de tous les autres organes spéciaux connus, ils n'ont pas même, comme eux, un canal ou un sac alimentaire, et par conséquent une bouche ; que l'organisation, réduite à les faire jouir seulement de la vie animale, ne leur donne aucune autre faculté que celles qui sont généralement communes à tous les corps vivans, plus celle d'avoir leurs parties irritables ; qu'enfin, ces animaux ne sont plus que des corps infiniment petits, gélatineux, presque sans consistance, qui se nourrissent par des absorptions de leurs pores externes, qui se meuvent et se contractent par des excitations du dehors, en un mot, que des points animés et vivans.

Dans cette révision rapide de la série des animaux, prise dans un ordre inverse à celui de la nature, j'ai fait voir que, depuis l'*homme*, considéré seulement sous le rapport de l'organisation, jusqu'aux *infusoires* et particulièrement jusqu'à la *monade*, il se trouve, dans l'organisation des différens animaux et dans les facultés qu'elle leur donne, une immense disparité; et que cette disparité, qui est à son *maximum* aux deux extrémités de la série, résulte de ce que les animaux qui composent cette série, s'éloignent progressivement de l'homme, les uns plus que les autres, par l'état de la composition de leur organisation comparée à la sienne.

Ce sont-là des faits que maintenant on ne saurait contester, parce qu'ils sont évidens, qu'ils appartiennent à la nature, et qu'on les retrouvera toujours les mêmes lorsqu'on prendra la peine de les examiner.

La réunion de ces faits, prise en considération, forcera sûrement un jour les zoologistes à reconnaître le vrai plan des opérations de la nature, relativement à l'existence des animaux; car, ce n'est point par hasard qu'il se trouve une *progression* manifeste dans la simplification de l'organisation des différens animaux, lorsqu'on parcourt leur série dans le sens que nous venons de suivre.

Qui ne sent que si l'on prend une marche contraire, la même progression nous offrira une *composition croissante* de l'organisation des animaux, depuis la *monade* jusqu'à l'*ourang-outang*, et même

une perfection graduelle de chaque organe particulier, malgré les causes étrangères qui en ont fait
varier çà et là les résultats ! Qui ne sent encore que
si l'on prend cette nouvelle marche, le plan d'o-
pérations qu'a suivi la nature, en donnant successivement l'existence aux animaux divers, se montrera si clairement, qu'il sera difficile alors de le
méconnaître !

La considération suivante répand une grande lumière sur les principaux faits d'organisation observés dans les animaux, et fait sentir encore combien est fondée la progression dans la composition
de l'organisation des différens animaux, dont je viens
d'établir les preuves.

Dans chaque point du corps des animaux les plus
imparfaits, tels que les *infusoires* et les *polypes*, la
vie, par la grande simplicité de l'organisation, y
est *indépendante* de celle des autres points du même
corps. De là vient que, quelque portion que l'on
sépare de l'un de ces corps vivans si simples, le corps
peut continuer de vivre, et répare bientôt alors ce
qu'il a perdu. De là vient encore que la portion séparée de ce corps peut elle-même, de son côté,
continuer de vivre : en sorte qu'elle reproduit bientôt un corps entier, semblable à celui dont elle
provient.

Mais, à mesure que l'organisation se complique,
que les organes spéciaux deviennent plus nombreux,

et que les animaux sont moins imparfaits, la vie, dans chaque point de leur corps, devient *dépendante* de celle des autres points. Et, quoiqu'à la mort de l'individu, chaque système d'organes particulier meurt, l'un après l'autre, ceux qui survivent à d'autres ne conservent la vie que peu d'heures de plus, et périssent immanquablement à leur tour, leur *dépendance* des autres les y contraignant toujours. Il est même remarquable que, dans les mammifères et dans l'homme, une portion de muscle, enlevée par une blessure, ne saurait repousser; la plaie se cicatrise en guérissant; mais la portion charnue du muscle, enlevée ou détruite, ne se rétablit plus:

Certes, cet ordre de choses n'aurait point lieu si la progression en question était sans réalité!

La *progression* dont il s'agit, soit prise du plus composé vers le plus simple, soit considérée en se dirigeant dans le sens contraire, est tellement sentie des zoologistes, quoique leur pensée ne s'y arrête jamais, qu'elle les entraîne, en quelque sorte, dans le placement des classes : l'on peut dire même qu'à cet égard, elle ne leur permet point cet arbitraire que nous employons ordinairement avec tant d'empressement partout où la nature ne nous contraint point d'une manière trop décisive.

Il est, en effet, assez curieux de remarquer à ce sujet combien, malgré la diversité des lumières et des intelligences, et malgré la confiance que l'on a dans son opinion particulière, préférablement à celle des autres, l'unanimité, néanmoins, est presque constante, parmi les *zoologistes*, dans le placement des classes qu'ils ont le mieux établies entre les animaux.

Par exemple, on ne voit point de *zoologistes* intercaler, parmi les animaux à vertèbres, une classe quelconque des invertébrés; et, à l'égard des premiers, s'ils placent les *mammifères* en tête de leur distribution, on les voit toujours mettre les *oiseaux* au second rang, et terminer tous la série des vertébrés par les *poissons*. S'il leur arrivait de partager les mammifères en deux classes, comme, par exemple, pour distinguer classiquement les *cétacés*, ils placeraient de force les oiseaux au troisième rang; car aucun, sans doute, ne rangerait jamais les *cétacés* près des poissons. Enfin, dans cette marche, dirigée du plus composé vers le plus simple, les zoologistes terminent toujours la série générale par les *infusoires*, quoiqu'ils ne les distinguent point des *polypes*. En un mot, quoique confondant les *radiaires*, les *polypes* et les *infusoires*, sous la dénomination très-impropre de *zoophytes*, on les voit toujours, néanmoins, placer les *radiaires* avant les *polypes*, et ceux-ci avant les *infusoires*.

Il y a donc une cause qui les entraîne, une

cause qui force leur détermination, et qui les empêche de se livrer à l'arbitraire dans la distribution
générale des animaux. Or, cette cause, dont ils
ont le sentiment intime, parce qu'elle est dans la
nature, et dont ils ne s'occupent point, parce qu'elle
amènerait des conséquences qui traverseraient la
marche qu'ils ont fait prendre à l'étude; cette cause,
dis-je, réside uniquement dans la *progression* dont
je viens de démontrer l'existence; en un mot, elle
consiste en ce que la nature, en formant les différens animaux, a exécuté une composition toujours
croissante dans les diverses organisations qu'elle leur
a données.

On peut donc dire maintenant que, parmi les faits
que l'observation nous a fait connaître, celui de la
progression dont il s'agit, est un de ceux qui ont
la plus grande évidence.

Mais, de ce qu'il y a réellement une *progression* dans la composition de l'organisation des animaux, depuis les plus imparfaits jusques aux plus
parfaits de ces êtres, il ne s'ensuit pas que l'on
puisse former avec les espèces et les genres, une
série unique, très-simple, non interrompue, partout liée dans ses parties, et offrant régulièrement
la progression dont il s'agit. Loin d'avoir eu cette
idée, j'ai toujours été convaincu du contraire; je
l'ai établi clairement; enfin, j'en ai reconnu et montré la cause.

On s'est apparemment persuadé qu'une pareille échelle régulière, formée avec les espèces et les genres, devait être la preuve de la *progression* dont il est question ; et comme l'observation atteste qu'il n'est pas possible d'en former une semblable, parce que l'échelle qu'on exécuterait avec les espèces et les genres, rangés d'après leurs rapports, ne présenterait qu'une série irrégulière, interrompue, et offrant des anomalies nombreuses et diverses, on n'a donné aucune attention à la progression dont il s'agit, et l'on s'est cru autorisé à méconnaître, dans cette progression, la marche des opérations de la nature.

Cette considération étant devenue dominante parmi les zoologistes, la science s'est trouvé privée du seul guide qui pouvait assurer ses vrais progrès ; des principes arbitraires ont été mis à la place de ceux qui doivent diriger la marche de l'étude ; et si le sentiment de la *progression*, dont j'ai prouvé l'existence, ne retenait la plupart des zoologistes, relativement au rang des masses principales, on verrait, dans la distribution des animaux, des renversemens systématiques extraordinaires.

Tout ici porte donc sur deux bases essentielles, régulatrices des faits observés et des vrais principes zoologiques ; savoir :

1.º Sur le *pouvoir de la vie*, dont les résultats

sont la composition croissante de l'organisation,
et, par suite, la progression citée;

2.º Sur la *cause modifiante*, dont les produits
sont des interruptions, des déviations diverses
et irrégulières dans les résultats du pouvoir
de la vie.

Il suit de ces deux bases essentielles, dont les
faits connus attestent le fondement :

D'abord, qu'il existe une progression réelle dans
la composition de l'organisation des animaux, que
la cause modifiante n'a pu empêcher.

Ensuite, qu'il n'y a point de progression sou-
tenue et régulière dans la distribution des races
d'animaux, rangées d'après leurs rapports, ni même
dans celle des genres et des familles; parce que la
cause modifiante a fait varier, presque partout, celle
que la nature eût régulièrement formée, si cette
cause modifiante n'eût pas agi.

Cette même cause modifiante n'a pas seulement
agi sur les parties extérieures des animaux, quoique
ce soient celles-ci qui cèdent le plus facilement et
les premières à son action; mais elle a aussi opéré
des modifications diverses sur leurs parties internes et
a fait varier très-irrégulièrement les unes et les autres.

Il en résulte, selon mes observations, qu'il n'est
pas vrai que les véritables rapports entre les races,
et même entre les genres et les familles, puissent

se décider uniquement , soit par la considération d'aucun système d'organes intérieur, pris isolément, soit par, l'état des parties externes ; mais , qu'il l'est, au contraire , que ces rapports doivent se déterminer d'après la considération de l'ensemble des caractères intérieurs et extérieurs , en donnant aux premiers une valeur prééminente, et, parmi ceux-ci, une plus grande encore aux plus essentiels , sans employer néanmoins la considération isolée d'aucun organe particulier quelconque. (1)

Que les circonstances dans lesquelles se sont trouvées les différentes races des animaux , à mesure qu'elles se sont répandues , de proche en proche, sur différens points du globe et dans ses eaux , aient donné à chacune d'elles des habitudes particulières, et que ces habitudes, qu'elles ont été obligées de contracter , selon les milieux qu'elles habitèrent et leur manière de vivre , aient pu, pour chacune de ces races , modifier l'organisation des individus , la forme et l'état de leurs parties , et mettre ces objets en rapport avec les actions habituelles de ces individus , il n'est plus possible maintenant d'en douter.

En effet, l'on doit concevoir qu'à raison des milieux habités, des climats, des situations particulières, des différentes manières de vivre, et de quantité d'au-

____

: (1) Les principes que doit fournir cette considération, seront développés dans la 6.ᵉ partie de cette Introduction.

très circonstances relatives à la condition de chaque
race, tel organe ou même tel système d'organes particulier, a dû prendre, dans certaines d'entr'elles,
de grands développemens ; tandis que, dans d'autres races, quoiqu'avoisinantes par leurs rapports
généraux, mais très-différemment situées, ce même
système d'organes particulier, très-développé dans
les premières, aura pu, dans celles-ci, se trouver
très-affaibli, très-réduit, peut-être anéanti, ou au
moins modifié d'une manière singulière.

Ce que je dis de tel système d'organes qui fait
partie de l'organisation des individus d'une race
quelconque, s'étend à toutes les autres parties de
ces individus, et même à leur forme générale : tout
en eux est assujéti aux influences des circonstances
dans lesquelles ils se trouvent forcés de vivre.

A l'égard des animaux, il y a nombre de faits
connus qui attestent l'existence de cet ordre de
choses ; et l'on pourrait ajouter que, quelque petites que soient les modifications qui se sont opérées sous nos yeux et dont nous nous sommes con-
vaincus par l'observation dans ceux des animaux
dont nous avons changé forcément les habitudes,
ces mêmes modifications sont suffisantes pour nous
montrer l'étendue de celles, qu'avec le temps, les
animaux ont pu éprouver dans leur forme, leurs
parties, leur organisation même, de la part des
circonstances dans lesquelles ils ont vécu, et qui

ont diversifié toutes leurs races presqu'à l'infini. (1)

D'après les considérations que je viens d'exposer, qui ne reconnaît la cause qui fait que, dans une même classe d'animaux, chaque système d'organes particulier ne suit pas, dans toutes les races, le même ordre, soit de perfectionnement, soit de dégradation !

Enfin, qui ne voit que, malgré les anomalies diverses, provenues de la cause citée, la *progression* dans la composition de l'organisation animale, ne s'en est pas moins exécutée d'une manière très-remarquable, et qu'elle indique clairement la marche des opérations de la nature à l'égard des animaux !

Puisque ces animaux, chacun dans leur espèce, doivent à la nature et aux circonstances leur existence et tout ce qu'ils sont, essayons maintenant de montrer quels sont les moyens qu'elle a employés, d'abord, pour instituer la vie dans les corps qui en jouissent ; ensuite, pour former, en ceux qui en offraient la possibilité, des organes particuliers, les développer progressivement, les varier, les multiplier, et finir par les cumuler dans les plus perfectionnées des organisations animales.

-----

(1) *Philosophie zoologique*, vol. I, p. 218.

TROISIÈME PARTIE.

Des moyens employés par la nature pour instituer la vie animale dans un corps, composer ensuite progressivement l'organisation dans différens animaux, et établir en eux divers organes particuliers, qui leur donnent des facultés en rapport avec ces organes.

Un des penchans naturels de l'homme étant de porter, en général, les individus de son espèce à borner l'intelligence humaine d'après les limites de la leur; ceux qui ne font aucune étude de la nature, qui ne l'observent point, se persuadent aisément que c'est une folie de chercher à connaître la source des faits qu'elle présente de toutes parts à nos observations.

Quant à moi, convaincu que les seules connaissances positives que nous puissions avoir, ne sont autres que celles que l'on peut acquérir par l'observation; sachant d'ailleurs que, hors de la nature, hors des objets qui sont de son domaine, et des phénomènes que nous offrent ces objets, nous ne pouvons rien observer; je me suis imposé pour règle, à l'égard de l'étude de la nature, de ne m'arrêter dans mes recherches, que lorsque les moyens me manqueraient entièrement.

Ainsi, quelque difficile que paraisse le sujet qui m'occupe dans cette troisième partie, reconnaissant un fondement incontestable dans la proposition d'où je vais partir; ce fondement m'autorise à étendre mes recherches jusques dans les détails des procédés qu'a employés la nature pour faire exister les animaux, et amener leurs différentes races à l'état où nous les voyons.

Sans doute, la proposition générale qui consiste à attribuer à la nature la puissance et les moyens d'instituer la vie animale dans un corps, avec toutes les facultés que la vie comporte, et ensuite de composer progressivement l'organisation dans différens animaux; cette proposition, dis-je, est très-fondée et à l'abri de toute contestation. Pour la combattre, il faudrait nier le pouvoir, les lois, les moyens, et l'existence même de la nature; ce que probablement personne ne voudrait entreprendre.

Ainsi, les animaux, comme tous les autres corps naturels, doivent à la nature, tout ce qu'ils sont, toutes les facultés qu'ils possèdent. C'est de là que je partirai pour étendre mes recherches sur les

moyens qu'elle a pu employer pour exécuter à l'é-
gard de ces êtres ce que l'observation noūs montre
en eux. Mais nos déterminations des moyens mêmes
qu'emploie la nature, ne sont pas toujours aussi positives, que la proposition qui lui attribue le pouvoir
d'exécuter tant de choses diverses.

En effet, nous manquons nous-mêmes de moyens
pour nous assurer du fondement de nos déterminations à cet égard; et cependant, comme notre principe ou notre point de départ est assuré, et qu'il nous
prescrit de borner nos idées au seul champ dont il
nous trace les limites, il ne s'agit plus que de montrer que les choses peuvent être comme je vais les
présenter, et que s'il en était autrement, elles auraient nécessairement lieu par des voies analogues.

D'après cela, le seul point d'où nous puissions
partir pour arriver aux déterminations qui sont ici
notre but, c'est avant tout de reconnaître que les animaux, ainsi que les végétaux, les minéraux, et tous
les corps quelconques, sont des *productions de la
nature*. J'en établirai les preuves dans la 6.e partie
de cette introduction; et dès à présent, je remarquerai que les naturalistes en sont intimement per-
suadés, ainsi que l'atteste l'expression même qu'ils
emploient lorsqu'ils en parlent.

Puisque les animaux sont des productions de la
nature, c'est d'elle, conséquemment, qu'ils tiennent
leur existence et les facultés qu'ils possèdent; elle

a formé les plus parfaits comme les plus imparfaits; elle a produit les différentes organisations qu'on remarque parmi eux ; enfin , à l'aide de chaque organisation et de chaque système d'organes particulier, elle a doué les différens animaux des facultés diverses qu'on leur connaît : elle possède donc les moyens de produire toutes ces choses. On est même fondé à penser qu'elle les produirait encore de la même manière et par les mêmes voies , si elles n'existaient point.

Maintenant, je crois pouvoir assurer que si c'est elle qui a réellement fait exister ces mêmes choses, elle les a sans doute opérées physiquement ; car ses moyens étant purement physiques, on ne peut lui en attribuer d'autres. Cette considération doit être de première importance pour mon sujet.

Les moyens, et à-la-fois les causes, de tout ce que la nature a exécuté et de tout ce qu'elle continue d'opérer tous les jours, sont nécessairement de différens ordres. En effet, on peut dire que la nature a des moyens généraux, et qu'elle en possède d'autres qui sont graduellement plus particuliers. Tous forment ensemble une hiérarchie de puissances dans laquelle tout est lié, tout est dépendant, tout est en harmonie, tout est nécessaire : ces vérités ont été senties, et sont en effet reconnues.

Ainsi , pour établir quelqu'ordre dans nos idées

sur ce sujet intéressant, et parvenir à montrer comment il paraît que la nature a opéré la production des animaux, je vais présenter mon sentiment sur ses moyens généraux les plus probables, et j'en indiquerai la liaison avec les moyens plus particuliers et moins douteux dont elle a nécessairement fait usage.

Au moins dans notre globe, la nature a *deux moyens* puissans et généraux, qu'elle emploie continuellement à la production des phénomènes que nous y observons ; ces moyens sont :

1.º L'*attraction universelle*, qui tend sans cesse à opérer le rapprochement des particules de la matière, à former des corps, et à empêcher la dispersion de leurs molécules ;

2.º L'*action répulsive* des fluides subtils, mis en expansion ; action qui, sans être jamais nulle, varie sans cesse dans chaque lieu, dans chaque temps, et qui modifie diversement l'état de rapprochement des molécules des corps.

De l'équilibre entre ces deux forces opposées, des différentes quantités de puissance, dont l'une l'emporte sur l'autre dans chaque circonstance, des affinités diverses entre les objets assujétis à l'action de ces forces, enfin, des circonstances infiniment variées dans lesquelles ces forces agissent, naissent sans doute les causes de tous les faits que nous observons, et particulièrement de ceux qui concernent l'existence des *corps vivans.*

Les deux forces contraires que je viens de citer sont reconnues; on en aperçoit, effectivement, l'action dans presque tous les faits qui s'observent dans notre globe. Elles sont cependant plus générales encore; car, si l'on a des preuves que *l'attraction* ne se borne point à ce même globe, on ne saurait méconnaître, hors de lui, l'action d'une *force répulsive* sans laquelle la lumière, qui traverse sans cesse l'espace dans toute direction, ne serait point mise en mouvement.

La réalité des deux causes en question ne peut donc raisonnablement être mise en doute. Or, au lieu d'employer cette connaissance à former des hypothèses sur *l'univers*, je vais me restreindre à considérer les faits qui en résultent dans le globe que nous habitons, et particulièrement ceux qui concernent les corps vivans, surtout les animaux.

On ne connaît point la cause de *l'attraction universelle*; on sait seulement que cette attraction est un fait positif que l'observation a constaté. Malgré cela, le mouvement ne pouvant être le propre d'aucune matière, on doit penser que toute force attractive, ainsi que toute force répulsive, sont chacune le produit de causes physiques, étrangères aux propriétés essentielles des matières qui l'offrent.

La cause qui met sans cesse, dans notre globe, plusieurs fluides invisibles, tels que le *calorique*, l'*électricité*, et peut-être quelques autres, dans un état d'expansion qui les rend répulsifs, me paraît plus déterminable que celle qui produit la gravitation universelle. Je la trouve, en effet, dans la lumière, perpétuellement en émission, des corps lumineux, et surtout dans celle du soleil qui vient sans interruption frapper notre globe, mais avec des variations continuelles sur chaque point de sa surface.

Ce serait une grande erreur de croire que le *calorique* soit, par sa nature, toujours en mouvement, toujours expansif, toujours répulsif des molécules des corps dans lesquels il pénètre. J'ai publié (1) ce

---

(1) Comme assurément on ne saurait attribuer à une matière quelconque d'avoir en propre aucune force productive de mouvement, et d'être par elle-même, soit *attirante*, soit *repoussante*; comme, ensuite, il n'est pas possible de douter que la propriété que l'on observe dans certaines matières d'être répulsives des autres corps ou de tendre à écarter leurs molécules réunies en pénétrant dans leurs interstices, ne soit le produit d'un changement de lieu ou d'état de ces matières; j'ai senti qu'à l'égard du *calorique*, les propriétés qu'on lui connaît ne pouvaient lui être essentielles, et lui étaient même nécessairement passagères: en sorte que ce fluide n'est *calorique* qu'accidentellement.

En examinant alors les faits connus qui le concernent et leurs conditions, j'aperçus les causes qui peuvent coërcer le

qu'il y a de plus probable sur la théorie de ce singulier fluide ; et l'on y aura égard lorsque les étranges hypothèses actuellement en crédit, cesseront d'occuper la pensée des physiciens.

Il me suffit de faire remarquer ici qu'un fluide subtil, répandu dans notre globe et son atmosphère, fluide qui, dans son état naturel, nous est nécessairement inconnu, parce qu'il ne saurait affecter nos sens, se trouvant sans cesse coërcé par la lumière du soleil, dans une moitié du globe, devient aussitôt un *calorique expansif.* En effet, comme une moitié entière de notre globe est, en tout temps, frappée par la lumière du soleil, il se reproduit donc toujours une immense quantité de *calorique* à-la-fois ; ce que j'ai prouvé, sans avoir besoin de l'illusion des *rayons calorifiques.*

---

fluide particulier propre à devenir *calorique* ; je reconnus bientôt ce qu'il pouvait opérer dans cet état passager, selon le degré d'expansion où il se rencontrait, et j'y appliquai sans difficulté tout ce que l'observation nous a montré à son égard.

Mes premières pensées sur ce sujet sont insérées dans mes *Recherches sur les causes des principaux faits physiques,* n.ᵒˢ 332 à 338. Des développemens plus réguliers sur ma nouvelle théorie du feu se trouvent consignés dans mes *Mémoires de physique et d'histoire naturelle,* pages 185 à 200. On y reviendra probablement un jour, surtout lorsqu'on examinera les bases sur lesquelles se fondent les hypothèses qui dominent maintenant, et qui arrêtent les vrais progrès de la physique.

Ainsi , ce *calorique* produit par la lumière , parfaitement le même que celui qui se dégage dans les combustions , dans les effervescences , ou qui se forme dans les frottemens entre des corps solides , ce *calorique*, dis-je, étant toujours renouvelé et entretenu dans notre globe par le soleil , toujours changeant dans sa quantité et dans son intensité d'expansion , fait varier perpétuellement la densité des couches de l'air , et l'humidité des parties basses de l'atmosphère , ainsi que celle de la plupart des corps de la surface du globe. Or , ces variations de *calorique*, de densité des couches de l'air , et d'humidité dans l'atmosphère et dans les corps , donnent continuellement lieu au déplacement de l'*électricité*, aux variations de ses quantités dans différentes parties du globe , et à des cumulations diverses de ses masses , qui les rendent elles-mêmes expansives et répulsives. Certes, il n'y a dans tout ceci rien qui ne soit conforme aux faits physiques observés.

Ainsi, dans notre globe , deux causes opposées, qui agissent sans cesse et se modifient mutuellement ; savoir : l'une , toujours régulière dans son action , tendant continuellement à rapprocher et à réunir les parties des corps et les corps eux-mêmes ; tandis que l'autre, très-irrégulière, fait des efforts variés pour tout écarter, tout séparer ; deux causes, disons-nous, sont, dans les mains de la nature , des moyens qui lui donnent le pouvoir d'opérer une multitude de phénomènes , parmi lesquels celui qu'on nomme la *vie* est un des plus admirables , et en amène d'autres qui le sont davantage encore.

La plus grande difficulté pour nous , en apparence , est de concevoir comment la nature a pu instituer la vie dans un corps qui ne la possédait pas , qui n'y était pas même préparé ; et comment elle a pu commencer l'organisation la plus simple , soit végétale , soit animale , lorsqu'elle a formé des générations spontanées ou directes.

Quoique nous ne puissions savoir avec certitude ce qui a lieu à cet égard , c'est-à-dire , ce qui se passe positivement ; comme c'est un fait certain que la nature parvient , presque chaque jour , à douer de la vie de très-petits corps en qui elle n'existait pas , et qui n'y étaient même pas préparés ; voici ce que l'observation et ce qu'une réunion d'inductions nous autorisent à penser à ce sujet.

C'est toujours par l'étude des conditions essentielles à l'existence de chaque fait , que nous pouvons réussir à nous éclairer sur leur cause.

Or , nous savons , par l'observation , que les organisations les plus simples , soit végétales , soit animales , ne se rencontrent jamais ailleurs que dans de petits corps gélatineux , très-souples , très-délicats , en un mot , que dans des corps frêles , presque sans consistance , et la plupart transparens.

Nous savons aussi que, parmi ses moyens d'action, la nature emploie l'*attraction* universelle qui tend à réunir, à former des corps particuliers ; et qu'en outre, dans notre globe, elle emploie en même temps l'action des fluides subtils, pénétrans et expansifs, tels que le *calorique*, l'*électricité*, etc., fluides qui sont répulsifs et qui tendent à désunir les parties des corps qu'ils pénètrent, en un mot, à écarter leurs molécules aggrégées ou agglutinées.

Les choses étant ainsi, l'on conçoit facilement : 1.º que lorsque les petits corps gélatineux, que la puissance réunissante forme aisément dans les eaux et dans les lieux humides, recevront dans leur intérieur les fluides expansifs et répulsifs que je viens de citer, et dont les milieux environnans sont sans cesse remplis ; alors, les interstices de leurs molécules agglutinées s'aggrandiront, et formeront des cavités utriculaires ; 2.º que les parties les plus visqueuses de ces corps gélatineux, constituant, dans cette circonstance, les parois des cavités utriculaires dont je viens de parler, pourront elles-mêmes recevoir de la part des fluides subtils et expansifs en question, cette tension singulière dans tous leurs points, en un mot, cette espèce d'éréthisme que j'ai nommé *orgasme*, et qui fait partie de l'état de choses que j'ai dit être essentiel à l'existence de la vie dans un corps ; 3.º que l'*orgasme* une fois établi dans les parties concrètes du corps gélatineux en question , ce corps en reçoit aussitôt une faculté absorbante , qui le met dans le cas de se pourvoir de fluides liquides qu'il s'approprie du dehors ; et dont les masses remplissent ses utricules.

Dans cet état de choses , l'on sent que bientôt la continuité d'action des fluides subtils et expansifs environnans, forcera le liquide des utricules à se déplacer, à s'ouvrir des passages à travers les faibles parois de ces utricules , enfin , à subir des mouve-mens continuels , susceptibles de varier en vitesse et en direction , selon les circonstances.

Ainsi donc , voilà le petit corps gélatineux que nous considérons , véritablement organisé ; le voilà composé de parties concrètes contenantes, formant un tissu cellulaire très-délicat , et de fluide propre contenu , que des excitations du dehors , toujours renouvelées , mettent sans cesse en mouvement ; en un mot , le voilà doué de mouvemens vitaux.

C'est ainsi , probablement , que l'organisation fut commencée dans les générations dites *spontanées* que la nature sait produire. Elle ne put l'être qu'à la faveur des petits corps gélatineux dont je viens de parler ; et en effet , c'est uniquement dans de sem-blables corps qu'on observe les organisations les plus simples. Ces mêmes petits corps furent donc transformés en corps vivans , dès que les interstices de leurs molécules purent être aggrandis, et que leurs molécules les plus agglutinées purent constituer des parties concrètes cellulaires , capables de contenir des fluides susceptibles d'être mis en mouvement dans leurs petites cavités. Dès lors, ces petits corps transpirèrent et firent des pertes ; mais dès lors aussi, ils devinrent absorbans , et se nourrirent et se développèrent par des additions internes de particules qui purent s'y fixer.

Les mouvemens excités dans le fluide propre des petits corps gélatineux dont je viens de parler , constituent dès lors en eux ce qu'on nomme *la vie* ; car ils les animent, les mettent dans le cas de transpirer , d'absorber par leurs pores ce qui peut réparer leurs pertes, de s'étendre, c'est-à-dire , de s'accroître jusqu'à un certain point , enfin, de se multiplier ou se reproduire ; ce qui s'exécute par des scissions ou des divisions de ces corps.

Toutes ces opérations n'exigent, ni travail, ni changemens notables dans les matériaux employés. Les moyens les plus simples , les seuls que la nature ait alors à sa disposition , lui suffisent.

L'*assimilation* se borne à employer celles des particules absorbées , dont la composition chimique est analogue à celle de la substance très-peu composée de ces frêles corps.

L'*extension* ou l'accroissement de ces petits corps s'exécute par les suites mêmes des forces de la vie, forces qui résultent des mouvemens excités. Cette extension est bornée par la nécessité de ne pouvoir franchir sans rupture les limites de la ténacité très-faible de ces corps.

Enfin, la *multiplication* ou la reproduction de ces mêmes corps, est le produit d'un excès d'accroissement qui l'emporte sur le terme de leur ténacité, et qui en opère la scission. Mais, à mesure que cette ténacité s'accroît un peu plus, les scissions deviennent alors moins grandes, se particularisent ou se bornent à certains points du corps, et en amènent la *gemmation*.

Les petits corps dont il s'agit, possèdent donc, dès l'instant même que la vie les anime, les facultés qui sont communes à tous les corps vivans, et ils en sont doués par les voies les plus simples. Or, comme aucun d'eux n'a d'organes particuliers, aucun de même ne jouit de facultés particulières.

Qu'on ne dise pas que l'idée des *générations spontanées* n'est qu'une opinion arbitraire, sans fondement, imaginée par les anciens, et depuis, formellement contredite par des observations décisives. Les anciens, sans doute, donnèrent une extension trop grande aux *générations spontanées*, dont ils n'eurent que le soupçon ; ils en firent de fausses applications, et il fut facile d'en montrer l'erreur. Mais, on n'a nullement prouvé qu'il ne s'en opérait aucune, et que la nature n'en produisait point à l'égard des organisations les plus simples.

J'ajouterai que, s'il était vrai que la nature n'eût

pas les moyens de produire elle-même directement les corps vivans les plus imparfaits, soit du règne végétal, soit du règne animal, il le serait aussi, que, ni les végétaux, ni les animaux, ne seraient ses productions ; il le serait encore que les minéraux et les autres corps inorganiques ne lui devraient rien ; enfin, il le serait que son pouvoir et ses lois seraient nuls, et qu'elle-même n'aurait aucune existence ; ce que l'observation dément généralement.

Maintenant, qu'il n'est plus possible de douter, qu'au moins à l'extrémité antérieure du règne végétal et du règne animal, la nature ne produise des *générations spontanées* en établissant la vie dans les corps organisés les plus frêles et les plus simples de chacun de ces règnes ; si l'on suppose que, dans certains de ces petits corps vivans, d'après la composition chimique de leur substance, la nature n'a pu établir l'*irritabilité* des parties, c'est-à-dire, rendre ces parties subitement contractiles sur elles-mêmes à chaque provocation des causes stimulantes, on aura, dans ces corps, les types d'où sont provenus les différens *végétaux* ; tandis que ceux de ces corpuscules vivans en qui, à raison de la composition chimique de leur substance, la nature a pu instituer l'*irritabilité*, devront être considérés comme les types qui ont donné lieu aux différens *animaux* existans. (1)

---

(1) L'*irritabilité* étant une faculté générale pour tous les animaux, n'exige en eux aucun organe particulier pour

Sans doute, je ne puis montrer, dans tous leurs détails, comment ces choses se passent, ni développer positivement le mécanisme de l'*irritabilité* ; mais je sens la possibilité que ces mêmes choses soient comme je viens de le dire ; et toutes les inductions m'apprennent qu'elles ne peuvent être autrement.

Après l'applanissement de cette première difficulté que nous offrent les générations spontanées au commencement de chaque règne organique, ainsi qu'à

y donner lieu. La nature ou la composition chimique de leur substance, me paraît seule pouvoir produire le phénomène dont il s'agit.

Lorsque je considère les faits galvaniques, et que je vois deux pièces de métal différent, mises en contact avec ma langue, me faire éprouver une sensation particulière à l'instant où elles se touchent l'une et l'autre, effet qui se répète autant de fois de suite que je réitère le contact, je crois apercevoir que les substances animales et vivantes sont susceptibles d'éprouver dans tous les instans, non précisément un effet galvanique, mais un effet probablement analogue. Il est possible effectivement que, par leur composition chimique, ces substances se trouvent pénétrées et en quelque sorte distendues par quelque fluide subtil qui s'en échapperait à chaque contact d'un corps étranger, et les mettrait alors dans le cas de se contracter subitement. Or, la dissipation du fluide subtil en question, pourrait dans l'instant même se trouver réparée. Le phénomène de l'*irritabilité* animale n'exige donc point d'organe particulier pour pouvoir se produire.

celui de certaines branches de ces règnes, toutes les autres relatives à la composition de l'organisation dans les animaux, et à la formation des différens organes spéciaux qu'on observe parmi eux, me paraissent s'évanouir facilement.

En effet, on verra ces difficultés disparaître si, aux moyens généraux de la nature, l'on ajoute les quatre lois suivantes qui concernent l'organisation, et qui régissent tous les actes qui s'opèrent en elle par les forces de la vie.

Première loi : La vie, par ses propres forces, tend continuellement à accroître le volume de tout corps qui la possède, et à étendre les dimensions de ses parties, jusqu'à un terme qu'elle amène elle-même.

Deuxième loi : La production d'un nouvel organe dans un corps animal, résulte d'un nouveau besoin survenu qui continue de se faire sentir, et d'un nouveau mouvement que ce besoin fait naître et entretient.

Troisième loi : Le développement des organes et leur force d'action sont constamment en raison de l'emploi de ces organes.

Quatrième loi : Tout ce qui a été acquis, tracé ou changé, dans l'organisation des individus, pendant le cours de leur vie, est conservé par la génération, et transmis aux nouveaux individus qui proviennent de ceux qui ont éprouvé ces changemens.

Il est impossible de rien entendre aux faits d'organisation, et surtout aux opérations de la nature à l'égard des animaux, sans la connaissance de ces lois, en un mot, sans les prendre réellement en considération. En conséquence, je vais les présenter chacune successivement, avec les seuls développemens nécessaires pour en faire apercevoir la réalité et la puissance.

Première loi : *La vie, par ses propres forces, tend continuellement à accroître le volume de tout corps qui la possède, et à étendre les dimensions de ses parties, jusqu'à un terme qu'elle amène elle-même.*

On sait que tout corps vivant ne cesse de s'accroître, depuis l'instant où la vie l'anime, jusqu'à un terme particulier de sa durée, qui est relatif à celle de chaque race. Ce corps s'accroîtrait pendant le cours entier de sa vie, si une cause assez connue ne mettait un terme à son accroissement, après le premier quart, ou environ, de sa durée.

La vie active étant constituée par les mouvemens vitaux, on doit sentir que c'est principalement dans les mouvemens des fluides propres du corps vivant, que réside le pouvoir que possède la vie, d'étendre le volume et les parties de ce corps ; car la nutrition seule ne suffit point ; elle n'est point une force ; et il en faut une pour aggrandir, du dedans au dehors, le volume et les parties du corps dont il s'agit.

Mais si, dans chaque individu, le pouvoir de la vie tend sans cesse à augmenter les dimensions du corps et de ses parties, ce pouvoir n'empêche pas que la durée de la vie n'amène graduellement et constamment, dans l'état des parties, des altérations (une indurescence et une rigidité progressives) qui mettent un terme à l'accroissement de l'individu, et ensuite un autre à la vie même qu'il possède. Ainsi, ce sont ces altérations croissantes et connues qui constituent la cause qui, malgré là tendance de la vie, borne la croissance de l'individu, et même qui amène nécessairement sa mort après un temps en rapport avec la durée de cette croissance.

En effet, les forces de la vie tendant à accroître les dimensions de tout corps qui la possède, et les altérations que sa durée amène dans les parties de ce corps bornant le produit de ces forces, il en résulte qu'il y a des rapports constans entre la croissance des individus et la durée de leur vie. Aussi, a-t-on remarqué que là où la croissance a le plus de durée, la vie a plus d'étendue, *et vice versá*.

Maintenant, si l'on considère que, dans les premiers corps vivans formés directement par la nature, les forces de la vie sont dans leur plus faible intensité, parce que les mouvemens des fluides propres de ces corps sont alors très-lents et sans énergie ; on sentira que l'organisation de ces petits corps gélatineux peut être réduite à un simple *tissu cellulaire* très-frêle et à peine modifié. Cependant, à mesure que les fluides de ces petits corps recevront de l'accélération dans leurs mouvemens, les forces de la vie s'accroîtront proportionnellement ; son pouvoir augmentera de même ; le mouvement des fluides, devenu plus rapide, tracera des canaux dans le tissu délicat qui les contient ; bientôt une diversité dans la direction de ces fluides en mouvement s'établira ; des organes particuliers commenceront à se former ; les fluides eux-mêmes, plus élaborés, se composeront davantage, et donneront lieu à plus de diversité dans les matières des sécrétions et dans les substances qui constituent les organes ; enfin, selon la branche de corps vivans que l'on considérera, l'on verra l'organisation faire, dans sa composition et son perfectionnement, tous les progrès dont elle est susceptible.

Qui est-ce qui contestera la vérité de ce tableau qui présente la marche que suit l'organisation depuis les animaux les plus imparfaits jusqu'aux plus parfaits ? Qui est-ce qui ne verra pas que c'est-là l'histoire des faits d'organisation qui s'observent à l'égard des animaux considérés, dans cette progression de leur série, du plus simple au plus composé ?

Je n'eusse assurément pas imaginé un pareil ordre de choses, si l'observation des objets et l'attention donnée aux moyens qu'emploie la nature, ne me l'eussent indiqué.

A cette première loi de la nature, qui donne à la vie le pouvoir d'augmenter les dimensions d'un corps et d'étendre ses parties, et en outre, qui met ce pouvoir dans le cas d'accroître graduellement ses forces dans la composition de l'organisation animale ; si nous ajoutons successivement les trois autres lois remarquables que j'ai déjà citées , et qui dirigent les opérations de la vie à cet égard , on aura alors, à très-peu de chose près , le complément des lois qui donnent l'explication des faits d'organisation que les corps vivans et surtout que les animaux nous présentent.

Deuxième loi : *La production d'un nouvel organe dans un corps animal, résulte d'un nouveau besoin survenu qui continue de se faire sentir , et d'un nouveau mouvement que ce besoin fait naître et entretient.*

Le fondement de cette loi tire sa preuve de la troisième sur laquelle les faits connus ne permettent aucun doute ; car, si les forces d'action d'un organe, par leur accroissement, développent davantage cet organe, c'est-à-dire, augmentent ses dimensions et sa puissance, ce qui est constamment prouvé par le fait, on peut être assuré que les forces dont il s'agit ,

venant à naître par un nouveau besoin ressenti, donneront nécessairement naissance à l'organe propre à
satisfaire à ce nouveau besoin, si cet organe n'existe
pas encore.

A la vérité, dans les animaux assez imparfaits pour
ne pouvoir posséder la faculté de *sentir*, ce ne peut
être à un besoin ressenti qu'on doit attribuer la formation d'un nouvel organe ; cette formation étant
alors le produit d'une cause mécanique, comme
celle d'un nouveau mouvement produit dans une partie des fluides de l'animal.

Il n'en est pas de même des animaux à organisation
plus compliquée, et qui jouissent du *sentiment*. Ils
ressentent des besoins, et chaque besoin ressenti,
émouvant leur sentiment intérieur, fait aussitôt diriger les fluides et les forces vers le point du corps où
une action peut satisfaire au besoin éprouvé. Or, s'il
existe en ce point un organe propre à cette action,
il est bientôt excité à agir ; et si l'organe n'existe pas,
et que le besoin ressenti soit pressant et soutenu,
peu-à-peu l'organe se produit, et se développe à
raison de la continuité et de l'énergie de son emploi.

Si je n'eusse pas été convaincu ; 1.° que la seule
pensée d'une action qui l'intéresse fortement, suffit
pour émouvoir le *sentiment intérieur* d'un individu (1) ; 2.° qu'un besoin ressenti peut lui-même émou-

____

(1) J'ai déjà dit que la *pensée* était un phénomène tout-à-

voir le sentiment en question ; 3.º que toute émotion du *sentiment intérieur*, à la suite d'un besoin qu'on éprouve, dirige dans l'instant même une masse de fluide nerveux sur les points qui doivent agir, qu'elle y fait aussi affluer des liquides du corps et surtout ceux qui sont nourriciers; qu'enfin, elle y met en ac-

fait physique, résultant de la fonction d'un organe qui a la faculté d'y donner lieu.

Rien, effectivement, n'est plus fréquemment remarquable, surtout dans l'homme, que les effets de la *pensée*, soit sur le sentiment intérieur, soit sur différens des organes internes, selon la nature particulière de la pensée produite. Enfin, comme l'*imagination* se compose de pensées, on ne saurait croire jusqu'à quel point elle agit sur nos organes intérieurs; et combien peuvent être grandes les impressions qu'elle y occasionne.

Quel est l'homme qui ignore les effets que peut produire sur son individu, la vue d'une femme jeune et belle, ainsi que la pensée qui la reproduit à son imagination lorsqu'elle n'est plus présente ? Qui ne connaît les suites fâcheuses d'une grande frayeur, d'une nouvelle affligeante, et quelquefois même d'une joie considérable subitement éprouvée ? Qui ne sent encore que c'est ce fonds de vérités positives, lesquelles ont pourtant leurs limites, qui a donné lieu à ce qu'on nomme le *magnétisme animal*, où ce qu'il y a de réel n'est guère que le produit des effets de l'imagination sur nos organes intérieurs; mais auquel l'ignorance et peut-être le charlatanisme, ont attribué un pouvoir absurde, extravagant et à-la-fois ridicule ?

tion les organes déjà existans, ou y fait des efforts pour la formation de ceux qui n'y existeraient pas et qu'un besoin soutenu rendrait alors nécessaires; j'eusse conçu des doutes sur la réalité de la loi que je viens d'indiquer.

Mais, quoiqu'il soit très-difficile de constater cette loi par l'observation, je ne conserve aucun doute sur le fondement que je lui attribue, la nécessité de son existence étant entraînée par celle de la troisième loi qui est maintenant très-prouvée.

Je conçois, par exemple, qu'un *mollusque gastéropode* qui, en se traînant, éprouve le besoin de palper les corps qui sont devant lui, fait des efforts pour toucher ces corps avec quelques-uns des points antérieurs de sa tête, et y envoie à tout moment des masses de fluide nerveux, ainsi que d'autres liquides; je conçois, dis-je, qu'il doit résulter de ces affluences réitérées vers les points en question, qu'elles étendront peu-à-peu les nerfs qui aboutissent à ces points. Or, comme dans les mêmes circonstances, d'autres fluides de l'animal affluent aussi dans les mêmes lieux, et surtout parmi eux, des fluides nourriciers, il doit s'ensuivre que deux ou quatre tentacules naîtront et se formeront insensiblement, dans ces circonstances, sur des points dont il s'agit. C'est sans doute ce qui est arrivé à toutes les races de *gastéropodes*, à qui des besoins ont fait prendre l'habitude de palper les corps avec des parties de leur tête.

Mais, s'il se trouve, parmi les *gastéropodes*, des races qui, par les circonstances qui concernent leur manière d'être et de vivre, n'éprouvent point de semblables besoins; alors leur tête reste privée de tentacules; elle a même peu de saillie, peu d'apparence; et c'est effectivement ce qui a lieu à l'égard des *bullées*, des *bules*, des *oscabrions*, etc.

Sans m'arrêter à des applications particulières, pour faire apercevoir le fondement de cette deuxième loi, applications que je pourrais multiplier considérablement, je me bornerai à la soumettre à la méditation de ceux qui suivent attentivement les procédés de la nature à l'égard des phénomènes de l'organisation animale.

Indiquons maintenant la troisième des lois qu'emploie la nature pour composer et varier l'organisation; la voici:

Troisième loi: *Le développement des organes et leur force d'action sont constamment en raison de l'emploi de ces organes.*

Il ne s'agit point ici d'une supposition, d'une présomption quelconque; la loi que je viens de citer est positive, constatée par l'observation, et s'appuie sur quantité de faits connus, qui peuvent servir à en démontrer le fondement.

Au lieu de la réduire à sa plus simple expression, comme ici, je l'ai présentée, dans ma *Philosophie zoologique* (vol. I, chap. 7), avec une sorte de développement alors nécessaire, et je l'ai exprimée de la manière suivante :

« Dans tout animal qui n'a point dépassé le terme de ses développemens, l'emploi plus fréquent et soutenu d'un organe quelconque, fortifie peu-à-peu cet organe, le développe, l'aggrandit, et lui donne une puissance proportionnée à la durée de cet emploi ; tandis que le défaut constant d'usage de tel organe, l'affaiblit insensiblement, le détériore, diminue progressivement ses facultés, et finit par le faire disparaître ». *Phil. zool.* p. 235.

-- Je ne me propose nullement d'étendre cet article, et de faire ici le moindre effort pour prouver le fondement de la loi qui s'y rapporte. Je sais qu'on ne saurait en contester la solidité, que les praticiens dans l'art de guérir en observent tous les jours les effets, et que moi-même j'en ai reconnu un grand nombre. Comme cette loi est importante à considérer dans l'étude de la nature, je renvoie mes lecteurs à ce que j'en ai dit dans ma *Philosophie zoologique*, où, la divisant en deux parties, j'en exprime les titres de cette manière :

1.° « Le défaut d'emploi d'un organe, devenu constant par les habitudes qu'on a prises, appauvrit graduellement cet organe, et finit par le faire disparaître, et même par l'anéantir ; »

2.° « L'emploi fréquent d'un organe, devenu

constant par les habitudes, augmente les facultés de cet organe, le développe lui-même, et lui fait acquérir des dimensions et une force d'action qu'il n'a point dans les animaux qui l'exercent moins. »

En considérant l'importance de cette loi et les lumières qu'elle répand sur les causes qui ont amené l'étonnante diversité des animaux, je tiens plus à l'avoir reconnue et déterminée le premier, qu'à la satisfaction d'avoir formé des classes, des ordres, beaucoup de genres, et quantité d'espèces, en m'occupant de l'art des distinctions ; art qui fait presque l'unique objet des études des autres zoologistes.

Je regarde cette même loi comme un des plus puissans moyens employés par la nature pour diversifier les races ; et en y réfléchissant, je sens qu'elle entraîne la nécessité de celle qui précède, c'est-à-dire, de la seconde, et qu'elle lui sert de preuve.

Effectivement, la cause qui fait développer un organe fréquemment et constamment employé, qui accroît alors ses dimensions et sa force d'action, en un mot, qui y fait itérativement affluer les forces de la vie et les fluides du corps, a nécessairement aussi le pouvoir de faire naître, peu-à-peu et par les mêmes voies, un organe qui n'existait pas et qui est devenu nécessaire.

Mais la seconde et la troisième des lois dont il s'agit, eussent été sans effet, et conséquemment inutiles, si les animaux se fussent toujours trouvés dans

les mêmes circonstances , s'ils eussent généralement
et toujours conservé les mêmes habitudes , et s'ils
n'en eussent jamais changé ni formé de nouvelles ;
ce que l'on a , en effet , pensé , et ce qui n'a aucun
fondement.

L'erreur où nous sommes tombés à cet égard,
prend sa source dans la difficulté que nous éprouvons
à embrasser dans nos observations un temps considérable. Il en résulte pour nous l'apparence d'une
stabilité dans les choses que nous observons , stabilité qui pourtant n'existe nulle part.

De là, l'idée que toutes les races des *corps vivans*
sont aussi anciennes que la nature , qu'elles ont toujours été ce qu'elles sont actuellement , et que les
matières composées qui appartiennent au *règne minéral* sont dans le même cas; de là , résulterait nécessairement que la nature n'a aucun pouvoir , qu'elle
ne fait rien , qu'elle ne change rien , et que , n'o-
pérant rien , des lois lui sont inutiles; de là , enfin ,
il s'ensuivrait que , ni les *végétaux*, ni les *animaux*
ne sont ses productions.

Pour conserver une pareille opinion et entretenir une erreur de cette sorte , il faut bien se garder
de rassembler et de considérer les faits qui nous sont
présentés de toute part; et il faut repousser toutes
les observations qui les constatent ; car les choses
sont assurément bien différentes.

Laissant à l'écart les faits connus et les observations qui prouvent que l'ordre de choses existant est fort différent de celui qu'on a voulu et qu'on veut encore y substituer, je dirai :

Que, si les *animaux* sont des productions de la nature, il est évident qu'elle n'a pu les produire et les faire exister tous à-la-fois, en couvrir dans le même temps presque tous les points de la surface du globe, et en remplir ses eaux liquides pareillement à-la-fois ; car, elle n'opère rien que graduellement, que peu à peu ; et même, presque toutes ses opérations s'exécutent, relativement à notre durée individuelle, avec une lenteur qui nous les rend insensibles.

Or, si la nature n'a produit, soit les végétaux, soit les animaux, que successivement, et en commençant par faire exister, de part et d'autre, les plus imparfaits ; il n'est personne qui ne sente qu'elle a dû répandre, de proche en proche et peu-à-peu, dans toutes les eaux et sur les différens points de la surface du globe, tous ceux de ces corps vivans qui sont successivement provenus des premiers qu'elle a formés.

Que l'on juge maintenant quelle énorme diversité de circonstances d'habitation, d'exposition, de climat, de matières nutritives à leur disposition, de milieux environnans, etc., les végétaux et les animaux ont eu à supporter, à mesure que les races existantes se sont trouvées dans le cas de changer de lieu !

et quoique ces changemens se soient opérés avec une lenteur extrême et par conséquent à la suite d'un temps considérable, leur réalité, nécessitée par différentes causes, n'en a pas moins mis les races qui s'y sont trouvées exposées, dans le cas de changer peu-à-peu leur manière de vivre, et leurs actions habituelles.

Par les effets de la 2.e et de la 3.e des lois citées ci-dessus, ces changemens d'action forcés ont donc dû faire naître de nouveaux organes, et ont pu ensuite les développer, si leur emploi est devenu plus fréquent; ils ont pu de même détériorer, et à la fin anéantir, ceux des organes existans qui se sont alors trouvés inutiles.

Une autre cause de changement d'action qui a contribué à diversifier les parties des animaux et à multiplier les races, est la suivante :

A mesure que les animaux, par des émigrations partielles, changèrent de lieu d'habitation et se répandirent sur différens points de la surface du globe; parvenus dans de nouvelles situations, ils furent exposés à de nouveaux dangers qui exigèrent de nouvelles actions pour y échapper; car la plupart se dévorent les uns les autres pour conserver leur existence.

Je n'ai pas besoin d'entrer dans aucun détail pour montrer l'influence de cette cause qu'il faut ajouter à celle qui embrasse les diverses circonstances des nouveaux lieux habités, des nouveaux climats, et des nouvelles manières de vivre à la suite de chaque émigration.

Mais, dira-t-on, depuis que les animaux se sont de proche en proche répandus par-tout où ils peuvent vivre, que toutes les eaux sont peuplées des races qu'elles peuvent nourrir, que les parties sèches du globe servent d'habitation aux espèces qu'on y observe; les choses sont stables à leur égard; les circonstances capables de les forcer à des changemens d'action n'ont plus lieu; et toutes les races, au moins désormais, se conserveront perpétuellement les mêmes.

A cela je répondrai que cette opinion me paraît encore une erreur; et que j'en suis même très-persuadé.

C'en est une bien grande, en effet, que de supposer qu'il y ait une stabilité absolue dans l'état, que nous connaissons, de la surface de notre globe; dans la situation de ses eaux liquides, soit douces, soit marines; dans la profondeur des vallées, l'élévation des montagnes, la disposition et la composition dès lieux particuliers; dans les différens climats qui correspondent maintenant aux diverses parties de la terre qui y sont assujéties; etc., etc.

Tous ces objets doivent nous paraître se conserver à-peu-près dans l'état où nous les observons, parce que nous ne pouvons être témoins nous-mêmes de leur changement, et que notre histoire et nos observations écrites ne remontent qu'à des dates trop peu reculées pour nous convaincre de notre erreur. Cependant, nous ne manquons pas de faits positifs qui l'indiquent; et comme ce n'est pas ici le lieu de les rappeler, je me bornerai à l'exposition de mon sentiment; savoir :

Que tout change sans cesse à la surface de notre globe, quoiqu'avec une lenteur extrême par rapport à nous; et que les changemens qui s'y exécutent, exposent nécessairement les races des végétaux et des animaux à en éprouver elles-mêmes qui contribuent à les diversifier sans discontinuité réelle.

Que l'on veuille examiner le chapitre VII de la 1.re partie de ma *Philosophie zoologique* (vol. 1, p. 218.) où je considère l'influence des circonstances sur les actions et les habitudes des animaux, et ensuite celle des actions et des habitudes de ces corps vivans, comme causes qui modifient leur organisation et leurs parties; on sentira probablement que j'ai été très-autorisé , non-seulement à reconnaître les causes influentes que j'y indique, mais en outre à assurer :

Que, si les formes des parties des animaux, comparées aux usages de ces parties, sont toujours parfaitement en rapport, ce qui est certain, il n'est pas vrai que ce soient les formes des parties qui en ont amené l'emploi, comme le disent les zoologistes, mais qu'il l'est, au contraire, que ce sont les besoins d'action qui ont fait naître les parties qui y sont propres, et que ce sont les usages de ces parties qui les ont développées et qui les ont mises en rapport avec leurs fonctions.

Pour que ce soient les formes des parties qui en aient amené l'emploi, il eût fallu que la nature fût sans pouvoir, qu'elle fût incapable de produire aucun acte, aucun changement dans les corps, et que les parties des différens animaux, toutes créées primitivement, ainsi qu'eux-mêmes, offrissent dès lors autant de formes que la diversité des circonstances, dans lesquelles les animaux ont à vivre, l'eût exigé; il eût fallu surtout que ces circonstances ne variassent jamais, et que les parties de chaque animal fussent toutes dans le même cas.

Rien de tout cela n'est fondé; rien n'y est conforme à l'observation des faits, aux moyens qu'a employés la nature pour faire exister ses nombreuses productions.

Aussi, je suis très-convaincu que les races, auxquelles on a donné le nom d'*espèces*, n'ont, dans leurs caractères, qu'une constance bornée ou temporaire, et qu'il n'y a aucune espèce qui soit d'une constance absolue. Sans doute, elles subsisteront les mêmes dans les lieux qu'elles habitent, tant que les circonstances qui les concernent ne changeront pas, et ne les forceront pas à changer leurs habitudes.

Si les *espèces* avaient une constance réellement absolue, il n'y aurait point de variétés; cela est certain et susceptible de démonstration. Or, les naturalistes n'ont pu s'empêcher d'en reconnaître.

Que l'on parcoure lentement la surface du globe, sur-tout dans une direction sud et nord, en faisant, de distance en distance, des stations pour avoir le temps d'observer les objets; on verra constamment les *espèces* varier peu-à-peu et de plus en plus à mesure qu'on s'éloignera du point de départ, et suivre en quelque sorte les variations des lieux eux-mêmes, de l'exposition des sites, etc., etc; quelquefois même on verra des variétés produites, non par des habitudes exigées par les circonstances, mais par celles qui ont pu être contractées, soit accidentellement, soit autrement. Ainsi, l'homme, étant assujéti aux lois de la nature par son organisation, offre lui-même des variétés remarquables dans son espèce, et parmi elles il s'en trouve qui paraissent dues aux dernières causes citées. Voyez ma *Philosophie zoologique*, vol. 1, chap. 3, p. 53.

Enfin, la quatrième des lois qu'emploie la nature pour composer et compliquer de plus en plus l'organisation, est la suivante;

4.ᵉ *loi* : *Tout ce qui a été acquis, tracé ou changé dans l'organisation des individus pendant le cours de leur vie, est conservé par la génération, et transmis aux nouveaux individus qui proviennent de ceux qui ont éprouvé ces changemens.*

Cette loi, sans laquelle la nature n'eût jamais pu diversifier les animaux, comme elle l'a fait, et établir parmi eux une progression dans la composition de leur organisation et dans leurs facultés, est exprimée ainsi dans ma *Philosophie zoologique* (vol. I. p. 235).

» Tout ce que la nature a fait acquérir ou perdre aux individus par l'influence des circonstances dans lesquelles leur race se trouve depuis long-temps exposée, et, par conséquent, par l'influence de l'emploi prédominant de tel organe, ou par celle d'un défaut constant d'usage de telle partie, elle le conserve, par la génération, aux nouveaux individus qui en proviennent, pourvu que les changemens acquis soient communs aux deux sexes, ou à ceux qui ont produit ces nouveaux individus ».

Cette expression de la même loi offre quelques détails qu'il vaut mieux réserver pour ses développe_ mens et son application, quoiqu'ils soient à peine nécessaires.

En effet, cette loi de la nature qui fait transmettre aux nouveaux individus, tout ce qui a été acquis dans l'organisation, pendant la vie de ceux qui les ont produits, est si vraie, si frappante, tellement attestée par les faits, qu'il n'est aucun observateur qui n'ait pu se convaincre de sa réalité.

Ainsi, par elle, tout ce qui a été tracé, acquis ou changé dans l'organisation, par des habitudes nouvelles et conservées; certains penchans irrésistibles qui résultent de ces habitudes; des vices de conformation, et même des dispositions à certaines maladies; tout cela se trouve transmis, par la génération ou la reproduction, aux nouveaux individus qui proviennent de ceux qui ont éprouvé ces changemens, et se propage de générations en générations dans tous ceux qui se succèdent, et qui sont soumis aux mêmes circonstances, sans qu'ils aient été obligés de l'acquérir par la voie qui l'a créé.

A la verité, dans les fécondations sexuelles, des mélanges entre des individus qui n'ont pas également subi les mêmes modifications dans leur organisation, semblent offrir quelqu'exception aux produits de cette loi; puisque ceux de ces individus qui ont éprouvé des changemens quelconques, ne les transmettent pas toujours, ou ne les communiquent que partiellement à ceux qu'ils produisent.

Mais il est facile de sentir qu'il n'y a là aucune exception réelle; la loi elle-même ne pouvant avoir qu'une application partielle ou imparfaite dans ces circonstances.

Par les quatre lois que je viens d'indiquer, tous les faits d'organisation me paraissent s'expliquer facilement; la progression dans la composition de l'organisation des animaux et dans leurs facultés, me semble facile à concevoir; enfin, les moyens qu'a employés la nature pour diversifier les animaux, et les amener tous à l'état où nous les voyons, deviennent aisément déterminables.

Je puis rendre, en quelque sorte, ces moyens plus sensibles, en en citant au moins un exemple parmi ceux qu'a employés la nature pour exécuter, dans les animaux, une composition croissante de leur organisation, et un accroissement progressif dans le nombre et le perfectionnement de leurs facultés.

Mais, avant cette citation, je dirai qu'en comparant partout les faits généraux, l'on reconnaîtra que, dans l'un et l'autre règne des corps vivans (les végétaux et les animaux), la nature partant de l'organisation la plus simple, de celle qui est seulement nécessaire à l'existence de la vie la plus réduite, a ensuite exécuté différens changemens progressifs dans l'organisation, à raison des moyens que l'état des êtres sur lesquels elle opérait, lui permettait d'employer.

Ainsi, l'on verra que, dans les végétaux, réduite

à très-peu de moyens, par le défaut d'irritabilité des
parties, la nature n'a pu que modifier de plus en plus
le tissu cellulaire de ces corps vivans, et le varier de
toutes manières à l'intérieur ; mais sans jamais parvenir à en transformer aucune portion en organe intérieur particulier, capable de donner au végétal une
seule faculté étrangère à celles qui sont communes à
tous les corps vivans, et sans même pouvoir établir,
dans les différens végétaux, une accélération graduelle du mouvement de leurs fluides, en un mot,
un accroissement notable d'énergie vitale.

Dans les *animaux*, au contraire, l'on remarquera
que la nature, trouvant dans la contractilité des
parties souples de ces êtres, de nombreux moyens,
a non-seulement modifié progressivement le tissu
cellulaire, en accélérant de plus en plus le mouvement des fluides ; mais, qu'elle a aussi composé progressivement l'organisation, en créant, l'un après
l'autre, différens organes intérieurs particuliers, les
modifiant selon le besoin de tous les cas, les cumulant de plus en plus dans chaque organisation
plus avancée, et amenant ainsi, dans différens animaux, diverses facultés particulières, graduellement
plus nombreuses et plus éminentes.

Pour donner un exemple qui puisse montrer qu'il
ne s'agit point, à cet égard, d'une simple opinion,
mais de l'existence d'un ordre de choses que l'ob-

servation atteste, je me bornerai à la citation suivante.

Exemple : Accélération progressive du mouvement des fluides dans les animaux, depuis les plus
imparfaits, jusques aux plus parfaits.

On ne saurait douter que, dans les animaux les
plus imparfaits, tels que les *infusoires* et les *polypes*,
la vie ne soit dans sa plus faible énergie, à l'égard
des mouvemens intérieurs qui la constituent; et que
les fluides propres qui sont mis en mouvement dans
le frêle tissu cellulaire de ces animaux, ne s'y dé-
placent qu'avec une lenteur extrême, qui les rend
incapables de s'y frayer des canaux. Aussi, leur tissu
cellulaire n'en offre-t-il aucun. Dans ces animaux,
de faibles mouvemens vitaux suffisent seulement à
leur transpiration, aux absorptions des matières dont
ils se nourrissent, et à l'imbibition lente de ces matières fluides.

Dans les *radiaires mollasses* qui viennent ensuite,
la nature ajoute un nouveau moyen pour accélérer
un peu plus le mouvement des fluides propres de
ces corps. Elle accroît l'étendue des organes de la
digestion, en ramifiant singulièrement le canal alimentaire ; elle perfectionne un peu plus le fluide
nourricier par l'influence d'un système respiratoire
nouvellement établi ; et, à l'aide d'un mouvement
constant et réglé, que les excitations du dehors produisent dans tout le corps de l'animal, elle hâte

davantage le déplacement des fluides intérieurs.

Parvenue à former les *radiaires échinodermes*, où les mouvemens isochrones du corps de l'animal ne peuvent plus s'exécuter, la nature s'est trouvée en état de faire usage d'un autre moyen plus puissant et plus indépendant ; et c'est là, en effet, qu'elle a commencé l'emploi du *mouvement musculaire* qui remplit à-la-fois deux objets : celui de mouvoir des parties dont l'animal a besoin de se servir, et celui de contribuer à l'activité des mouvemens vitaux.

L'emploi du mouvement musculaire, pour activer les mouvemens de la vie animale, commencé dans les *radiaires échinodermes*, s'est accru dans les *insectes*, en qui, d'ailleurs, l'énergie vitale fut augmentée par la respiration de l'air. Ainsi, l'emploi de ce mouvement et l'auxiliaire de la respiration de l'air purent suffire aux *insectes* et à la plupart des *arachnides*.

Mais, les *crustacés*, ne respirant en général que l'eau, eurent besoin d'un nouveau moyen plus puissant pour l'accélération de leurs fluides. Pour cela la nature joignit à l'action musculaire, l'établissement d'un système spécial pour la *circulation* ; système commencé dans les dernières *arachnides*, et qui a éminemment accéléré le mouvement des fluides.

Cette accélération du mouvement des fluides, à l'aide d'un système spécial pour la *circulation*, s'accrut même encore par la suite, à mesure que le *cœur* parvint à acquérir des augmentations ; que l'organe respiratoire, resserré dans un lieu particulier, fut transformé en *poumon* qui ne saurait respirer que l'air ; enfin, elle s'accrut à mesure que l'influence nerveuse reçut elle-même de l'accroissement et put donner aux organes plus de force d'action.

C'est ainsi que la nature, en commençant la production des animaux par les plus imparfaits, a su accélérer progressivement le mouvement des fluides et accroître l'énergie vitale, en employant différens moyens appropriés aux cas particuliers.

Je pourrais multiplier des exemples qui prouvent que chaque système d'organes particulier fut, dans son origine, fort imparfait, peu énergique, et qu'il reçut ensuite des développemens et des perfectionnemens graduels, à mesure que l'organisation plus composée les rendait nécessaires.

En effet, si je considérais les moyens variés et progressivement plus perfectionnés qu'emploie la nature pour la *reproduction* et la *multiplication* des individus, afin d'assurer la conservation des espèces ou des races obtenues, je montrerais :

Que ces moyens, réduits, dans les animaux les plus imparfaits, à une simple scission du corps, amènent, en resserrant cette scission dans des points particuliers, la gemmation des individus ; que cette gemmation d'abord externe, devient ensuite interne, et prépare la formation des ovaires ; qu'alors , des organes fécondateurs et des ovules contenant un embryon susceptible d'être fécondé , ont pu être établis ; que le système spécial pour la reproduction étant formé, il a donné lieu d'abord à la génération des ovipares et des ovo-vivipares ; et que ce système , ensuite, est parvenu à amener la plus perfectionnée des générations, celle des vrais vivipares, qui donne la vie active à l'embryon dans l'instant même qu'il est fécondé.

Si je considérais , après cela , le système spécial de la *respiration* , système important et devenu nécessaire lorsque l'organisation animale perdit sa première simplicité , je montrerais :

Que ce système n'a commencé que par des *trachées aquifères* qui fournissent la plus faible des influences respiratoires ; qu'ensuite, il fut changé en *trachées aérifères*, un peu plus puissantes en influence que les premières, l'oxigène qui fournit cette influence se dégageant plus aisément de l'air que de l'eau ; que, néanmoins , dans les uns et les autres des animaux qui respirent par des trachées, le fluide respiré allant lui-même par-tout au-devant du fluide nourricier, ne peut, par la lenteur de son introduction et de son mouvement, fournir encore qu'une influence bien faible ; qu'ensuite, dès que la circulation fut établie, les trachées respiratoires furent changées en *branchies locales*, qui ne sont plus puissantes en influence respiratoire, que parce que le sang alors circulant, vient lui-même rapidement chercher les réparations dont il a besoin; qu'enfin, peu après l'établissement du squelette, les branchies elles - mêmes furent définitivement changées en *poumon*, organe respiratoire le plus puissant de tous, puisque le sang qui vient rapidement y recevoir ses réparations, les obtient de l'air qui les fournit plus aisément. Il y a donc encore ici un accroissement notable de puissance, dans les modes variés du système respiratoire.

Enfin, si je considérais ceux des systèmes d'organes spéciaux qui donnent les facultés les plus admirables, telles que celle de *sentir*, et ensuite celle de se former des *idées* conservables, et même, à l'aide de ces idées, de s'en former d'autres qui caractérisent l'*intelligence* dans un degré quelconque, je montrerais encore, dans les animaux, une progression partout en harmonie avec les autres progressions déjà citées.

Je montrerais, effectivement, que les animaux les plus simples en organisation, et par conséquent les plus imparfaits, sont réduits à ne posséder que l'*irritabilité*, qui néanmoins suffit à leurs besoins; qu'ensuite, lorsque l'organisation fut assez avancée dans sa composition pour en fournir les moyens, la nature, trouvant le système nerveux ébauché pour le mouvement musculaire, le composa davantage, et le divisa en deux systèmes particuliers, l'un pour effectuer les mouvemens des muscles, et l'autre pour exécuter les sensations; qu'alors, des sens furent établis, la faculté de sentir eut lieu, et les individus furent doués d'un sentiment intérieur qui provoqua leurs actions dans leurs différens besoins; que l'organisation ensuite, plus avancée encore en complication, mit la nature à portée de partager le système nerveux en trois systèmes particuliers; l'un pour le mouvement musculaire, qui fut lui-même sousdivisé en deux (celui à la disposition de l'individu et celui qui ne l'est point), l'autre pour le sentiment, et le troisième pour activer les fonctions des autres organes; qu'enfin, l'organisation étant parvenue à une haute complication d'organes divers, la nature fut en état de diviser le système nerveux en quatre principaux systèmes particuliers ; savoir : le premier, le système de nerfs employé à l'excitation musculaire; le deuxième, celui qui sert à produire les sensations; le troisième, celui destiné à donner des forces d'action aux divers organes intérieurs pour exécuter leurs fonctions; le quatrième enfin, celui par lequel l'attention se produit et transforme alors les sensations en *idées* conservables ; celui, même, par lequel des idées acquises et comparées servent à en former d'autres que les sensations ne peuvent faire naître directement.

A raison de son exercice et des besoins, ce quatrième système de nerfs se complique et se sous-divise encore, dans *l'homme*, en divers systèmes particuliers qui effectuent différentes sortes d'opérations intellectuelles.

Qu'importe que les différens systèmes de nerfs particuliers que je viens de citer, ne soient pas susceptibles d'être distingués les uns des autres anatomiquement, si les résultats de leurs fonctions les distinguent constamment, et constatent leur indépendance.

Quoiqu'indépendans, en effet, à l'égard de leurs fonctions propres, les systèmes de nerfs dont il s'agit, ont ensemble une si grande connexion, que lorsqu'une forte émotion du sentiment intérieur survient, elle trouble et suspend même leurs fonctions, comme cela arrive dans l'évanouissement, la syncope, etc.

Nous pouvons donc regarder comme un fait certain que le *système nerveux*, pris dans sa généralité, a été, comme tous les autres systèmes d'organes spéciaux, d'abord très-simple et réduit à peu de fonctions ; qu'ensuite, il a été composé, sur-composé même après ; enfin, qu'il a été progressivement propre à diverses fonctions, de plus en plus éminentes, et pour nous admirables.

J'ai supprimé les détails qui concernent les applications, parce qu'on y suppléera facilement par les observations connues à cet égard, et qu'il serait superflu de donner une trop grande extension à cette partie.

Ainsi, l'on a vu par ce qui précède :

1.º Que la nature a augmenté progressivement le *mouvement des fluides* dans le corps animal, à mesure que l'organisation de ce corps se composait davantage ; et, qu'après avoir employé les moyens les plus simples pour les premières accélérations de ce mouvement, elle a créé exprès un système d'organes particulier pour accroître encore plus cette accélération, lorsqu'elle fut devenue nécessaire ;

2.º Qu'elle a suivi une marche semblable à l'égard de la *reproduction* des individus, afin de conserver les espèces obtenues ; puisqu'après s'être servie des moyens les plus simples, tels que la reproduction par des divisions de parties, elle créa ensuite des organes spéciaux fécondateurs, qui donnèrent lieu à la génération des *ovipares*, enfin, à celle des vrais *vivipares* ;

3.º Qu'il en a été de même à l'égard de la faculté de *sentir* ; faculté que la nature ne put donner aux animaux les plus imparfaits, parce que le phénomène du *sentiment* exige, pour se produire, un système d'organes déjà suffisamment composé ; système que ces animaux ne pouvaient avoir, mais aussi qui ne leur était pas nécessaire, leurs besoins, très-bornés, étant toujours faciles à satisfaire ; tandis que, dans des animaux à organisation plus composée et qui, dès lors, eurent plus de besoins, elle put créer et perfectionner graduellement le seul système d'organes qui pouvait produire le phénomène admirable dont il s'agit.

4.° Enfin, que des actes d'intelligence étant les seuls qui permissent de varier les actions, et ne pouvant devenir nécessaires qu'aux animaux les plus parfaits, la nature a su leur en donner la faculté dans un degré quelconque, en instituant en eux un organe spécial pour cette faculté, c'est-à-dire, en ajoutant à leur cerveau deux hémisphères qui furent successivement plus développés et plus volumineux dans ceux de ces animaux qui furent les plus perfectionnés.

Que d'applications je pourrais faire pour montrer le fondement de tout ce que je viens d'exposer! que de faits bien connus je pourrais rassembler pour accroître les preuves de ce fondement! Mais, renvoyant mes lecteurs à ma *Philosophie zoologique* où j'en ai présenté un grand nombre qui m'ont paru décisifs, je me hâte de conclure de ce qui précède :

Que la *nature* possède dans ses propres moyens, tout ce qui lui est nécessaire, non seulement pour former des corps vivans, tels que les *végétaux* et les *animaux* ; mais, en outre, pour produire, dans ces derniers, des organes spéciaux, les développer, les varier, les multiplier progressivement, et à la fin, les cumuler en quelque sorte dans les organisations animales les plus perfectionnées ; ce qui lui a permis de douer les différens animaux de facultés graduellement plus nombreuses et plus éminentes.

Me bornant à l'exposition de ce tableau, frappant de ressemblance avec tout ce que l'on observe, je vais passer à un autre sujet qu'il s'agit d'éclaircir et qui n'a pas moins d'importance. Je vais, effectivement, essayer de prouver que les facultés des animaux sont des phénomènes uniquement organiques, et purement physiques ; que ces phénomènes prennent leur source dans les fonctions des organes ou des systèmes d'organes qui y donnent lieu ; enfin, je montrerai que les facultés qui constituent ces phénomènes, sont dans un rapport constant avec l'état des organes qui les procurent.

QUATRIÈME PARTIE.

Des facultés observées dans les animaux, et toutes considérées comme des phéno-mènes uniquement organiques.

—

Moins nous connaissons la nature, plus les phénomènes qu'elle produit nous paraissent des mer-veilles, des faits incompréhensibles : mais, quel-qu'admirable qu'elle soit réellement, dans sa puis-sance et dans ses moyens, on doit s'attendre que le merveilleux s'évanouira successivement à nos yeux, à mesure que, par l'étude de ses lois et de la marche constante qu'elle suit dans ses opérations, nous par-viendrons à découvrir les moyens dont elle fait usage.

Sans doute, lorsque l'on considère attentivement les différens animaux, depuis les plus imparfaits jus-qu'aux plus parfaits, l'on ne saurait voir sans admi-ration, non-seulement la grande diversité qui se trouve parmi eux, ainsi que la disparité qu'ils offrent dans les systèmes d'organisations qui les distinguent; mais, en outre, on ne peut qu'être frappé d'étonnement en considérant la nature de chacune de leurs facultés, surtout de certaines d'entr'elles, et les différences en nombre, ainsi qu'en degrés d'éminence, de celles qu'on observe dans leurs diverses races. Aussi, quoique ces facultés soient parfaitement en rapport avec le mode et l'état de l'organisation qui y donne lieu, elles nous semblent malgré cela des *prodiges*. Alors, nous soulageons notre pensée à leur égard, en un mot, notre vanité lésée par l'ignorance où nous sommes de ce qui les produit réellement, en imaginant, à leur sujet, des causes métaphysiques, des attributs hors de la nature, enfin, des êtres de raison qui satisfont à tout.

On a dit, avec raison, au moins à l'égard des sciences, que l'admiration était fille de l'ignorance : or, c'est bien ici le cas d'appliquer cette vérité sentie; car, si quelque chose était en soi réellement admirable, ce serait assurément la *nature*; ce serait tout ce qu'elle est; ce serait tout ce qu'elle peut faire; mais, lorsqu'on reconnaît qu'elle-même n'est qu'un *ordre de choses*, qui n'a pu se donner l'existence, en un mot, qu'un véritable instrument; toute notre admiration et toute notre vénération doivent se reporter sur son SUBLIME AUTEUR.

Il s'agit donc de savoir quelle est la source des diverses facultés observées dans différens animaux; si ce sont des organes particuliers qui donnent ces facultés; enfin, si un même organe peut donner lieu

à des facultés différentes, ou s'il n'y a pas plutôt autant d'organes particuliers qu'on observe de facultés
distinctes.

On se persuadera probablement que, pour traiter
de pareilles questions, il faut avoir recours à des
idées métaphysiques, à des considérations vagues,
imaginaires, et sur lesquelles on ne saurait apporter
aucune preuve solide. Je crois, cependant, pouvoir
montrer que, pour arriver à la solution de ces questions, il n'y a que des faits physiques à considérer;
et qu'il s'en trouve à la portée de nos observations,
qui sont très-suffisans pour fournir les preuves dont
on peut avoir besoin.

Examinons d'abord ce principe général; savoir :
que toute faculté animale, quelle qu'elle soit, est un
phénomène purement organique; et que cette faculté
résulte des fonctions d'un organe ou d'un système
d'organes qui y donne lieu; en sorte qu'elle en est
nécessairement dépendante.

Peut-on croire que l'*animal* puisse posséder une
seule faculté qui ne soit pas un phénomène organique,
c'est-à-dire, le produit des actes d'un organe ou
d'un système d'organes capable d'exécuter ce phénomène? S'il n'est pas possible raisonnablement de
le supposer, si toute faculté est un phénomène organique, et en cela purement physique, cette considération doit fixer le point de départ de nos raisonnemens sur les animaux, et fonder la base des

conséquences que nous pourrons tirer des faits observés à leur égard.

Certes, ainsi que je l'ai dit, la puissance qui a fait les animaux, les a faits elle-même tout ce qu'ils sont, et les a doués chacun des facultés qu'on leur observe, en leur donnant une organisation propre à les produire. Or, l'observation nous autorise à reconnaître que cette puissance est la *nature*; et qu'elle-même est le produit de la volonté de l'*Être suprême*, qui l'a faite ce qu'elle est.

Il n'y a point de milieu, point de terme moyen entre les deux considérations que je vais citer; savoir :

Que la nature n'est pour rien dans l'existence des animaux, qu'elle n'a rien fait pour les diversifier, pour les amener tous à l'état où nous les voyons; ou que c'est elle, au contraire, qui les a tous produits, quoique successivement; qui les a variés, à l'aide des circonstances et de la composition graduelle qu'elle a donnée à l'organisation animale; en un mot, qui les a faits tels qu'ils sont, et les a doués des facultés qu'on observe en eux.

Je montrerai, dans la partie suivante, qu'à l'égard des deux considérations que je viens d'indiquer, l'affirmative appartient évidemment à la seconde. On l'a senti; et c'est avec raison qu'on a rangé les animaux parmi les productions de la nature, et qu'on a reconnu, au moins par une expression habituelle, que les corps vivans étaient ses productions. Or, j'oserai ajouter que tous les corps que nous pouvons observer, vivans ou non, sont aussi dans le même cas.

Ainsi, une force inaperçue (celle des choses) nous entraîne sans cesse vers le sentiment de la vérité; mais, sans cesse, aussi, des préventions et des intérêts divers, contrarient en nous cet entraînement. Que l'on juge donc de ce que ce conflit doit produire, et combien l'ascendant de la seconde cause doit l'emporter sur la première!

Admettons d'avance ce que j'essayerai de prouver plus loin; savoir : que les animaux sont véritablement et uniquement des productions de la nature; que tout ce qu'ils sont, que tout ce qu'ils possèdent, ils le tiennent d'elle; ainsi qu'elle-même tient son existence du puissant auteur de toute chose.

S'il en est ainsi, toutes les facultés animales, soit celle qui, comme l'*irritabilité*, est commune à tous les animaux et leur permet de se mouvoir par excitation; soit celle qui, comme le *sentiment*, fait apercevoir à certains d'entr'eux, ce qui les affecte ; soit, enfin, celle qui, comme l'*intelligence* dans certains degrés, donne à plusieurs le pouvoir d'exécuter différentes actions, par la pensée, et par la volonté; toutes ces facultés, dis-je, sont, sans exception, des produits de la nature, des phénomènes qu'elle sait opérer à l'aide d'organes appropriés à leur production, en un mot, des résultats du pouvoir dont elle est douée elle-même.

Dans ce cas, que peuvent être ces différentes facultés , sinon des faits naturels; des phénomènes uniquement organiques, et purement physiques; phénomènes, dont les causes, quoique le plus souvent difficiles à saisir, ne sont réellement pas hors de la portée de nos observations et de nos études ?

Que l'on parvienne ou non à connaître le mécanisme par lequel un organe ou un système d'organes produit la faculté qui en dépend; qu'importe à la question, si l'on peut se convaincre, par l'observation, que cet organe ou ce système d'organes soit le seul qui ait le pouvoir de donner cette faculté ? Si-l'on ne connaît pas positivement le mécanisme organique de la formation des *idées* et des opérations qui s'exécutent entr'elles , ni même celui du *sentiment*; connaît-on mieux le mécanisme du mouvement musculaire , celui des sécrétions , celui de la digestion, etc. ? S'ensuit-il que ces différens phénomènes observés parmi les animaux , ne soient point dus chacun à autant d'organes ou de systèmes d'organes particuliers dont le mécanisme propre soit capable de les produire? Y a-t-il , dans la nature, des phénomènes observés ou observables qui ne soient point dus à des corps ou à des relations entre des corps ?

Si l'homme pouvait cesser d'être influencé par les produits de son intérêt personnel , par son penchant à la domination en tout genre, par sa vanité, par son goût pour les idées qui le flattent et qui lui donnent toujours de la répugnance à en examiner le fondement ; son jugement en toutes choses gagnerait infiniment en rectitude , et alors la nature lui serait mieux connue ! Mais , ses penchans naturels ne le lui permettent pas ; il trouve plus satisfaisant de se faire une part à son gré, sans considérer ce qui en peut résulter pour lui. Ainsi , conservant son ignorance et ses préventions , la *nature*, qu'il ne veut pas étudier, qu'il craint même d'interroger , lui paraît un être de raison; et il ne profite , pour son instruction , de presqu'aucun des faits qu'elle lui présente de toutes parts.

Cependant, s'il est forcé de reconnaître que la *nature* agit sans cesse , et toujours selon des lois qu'elle ne peut jamais transgresser ; peut-il penser qu'il puisse y avoir quelque chose d'abstrait , quelque chose de métaphysique dans aucun de ses actes, dans une seule de ses opérations quelconques , et qu'elle ait quelque pouvoir sur des êtres non matériels ?

Assurément , une pareille idée ne saurait être admissible ; rien à cet égard n'est de son ressort. La puissance de la nature ne s'étend que sur des corps qu'elle meut, déplace , change , modifie, varie , détruit et renouvelle sans cesse; enfin , elle n'agit que sur la matière dont elle ne saurait, ni créer, ni anéantir une seule particule. On ne saurait trouver un seul motif raisonnable pour penser le contraire.

Si c'est une vérité positive, que la *nature* ne puisse agir et n'ait de pouvoir que sur des corps ; c'en est une autre , tout aussi certaine, qu'elle seule, que les corps qui constituent son domaine , et que les résultats de ses actes à leur égard, sont les seuls objets soumis à nos observations ; en sorte que, hors de ces objets, nous ne pouvons rien observer.

Qui a jamais vu ou aperçu autre chose que des corps , que leurs déplacemens, que les changemens qu'ils éprouvent, que les phénomènes qu'ils produisent ! Qui a pu connaître le mouvement et l'espace, autrement que par le déplacement des corps ! Qui a observé un seul phénomène qui n'ait pas été produit par des corps, par des relations entre différens corps , par des changemens de lieu, d'état ou de forme que des corps ont subis !

Néanmoins , telles sont les difficultés qui retardent l'aggrandissement et le perfectionnement de nos connaissances, que nous ne pouvons nous flatter d'observer tout ce que la nature produit, tous les actes qu'elle exécute , tous les corps qui existent; car, relégués à la surface d'un petit globe, qui n'est, en quelque sorte, qu'un point dans l'univers, nous n'apercevons de cet univers qu'un très-petit coin, et nous ne pouvons même examiner qu'un très-petit nombre des objets qui font partie du domaine de la *nature*.

Ce sont-là des vérités que tout le monde connaît, mais qu'il importe ici de ne pas perdre de
vue. Il n'est donc pas étonnant que nous nous lais-
sions si souvent entraîner à l'erreur, et même dominer par elle, lorsque quelqu'intérêt nous y porte ;
et que nous ayons tant de peine à saisir les opérations et la marche de la nature à l'égard de ses productions diverses.

Cependant, puisque les *animaux*, quelque nombreux qu'ils soient, font partie de ce que nous pouvons observer ; puisqu'ils sont des productions de la
nature ; peut-on douter que les facultés qu'on observe en eux ne le soient aussi ? Ces facultés sont
donc toutes des phénomènes purement organiques,
et par suite véritablement physiques ; et comme nous
pouvons les examiner, les comparer, les déterminer, les causes et le mécanisme qui donnent lieu à
ces facultés, ne sont donc pas réellement hors de la
portée de nos observations, hors de celle de notre
intelligence.

J'ai cru entrevoir les principales des causes qui
produisent l'*irritabilité* animale, quoique je n'aie
pas encore fait connaître mes aperçus à ce sujet ;
j'ai cru saisir le mécanisme du *sentiment*, ou un
mécanisme qui en approche beaucoup ; enfin, j'ai
cru distinguer, reconnaître même, celui qui donne
lieu au phénomène de la pensée, en un mot, de
ce qu'on nomme *intelligence*. (Phil. zool. vol. 2.)

Quand même je me serais trompé partout (ce qu'il est difficile de prouver , les faits déposant en faveur de mes aperçus), en serait-il moins vrai que les facultés que je viens de citer , ne soient des phénomènes tout-à-fait organiques et purement physiques , et qu'elles ne soient toutes des résultats de relations entre différentes parties d'un corps et entre diverses matières en action dans la production de ces phénomènes !

N'est-ce pas à des préventions irréfléchies , ainsi qu'aux suites de notre ignorance sur le pouvoir de la nature et sur les moyens qu'elle peut employer , que l'on doit la pensée de supposer dans le *sentiment*, et surtout dans la formation des *idées* et des différens actes qui peuvent s'exécuter entr'elles , quelque chose de métaphysique, en un mot, quelque chose qui soit étranger à la matière, ainsi qu'aux produits des relations entre différens corps !

Si beaucoup d'animaux possèdent la faculté de *sentir*; et si, en outre, il y en a parmi eux qui soient capables d'*attention*, qui puissent se former des *idées* à la suite de sensations remarquées , qui aient de la *mémoire*, des *passions*, enfin, qui puissent juger et agir par préméditation; faudra-t-il attribuer ces phénomènes que nous observons en eux , à une cause étrangère à la matière, et conséquemment étrangère à la nature qui n'agit que sur des corps, qu'avec des corps, et que par des corps !

Ne considérons donc les facultés animales, quelles qu'elles soient, que comme des phénomènes entièrement organiques; et voyons ce que les faits connus nous apprennent à leur égard.

Partout, dans le règne animal, où l'on reconnaît qu'une faculté est distincte et indépendante d'une autre, on doit être assuré que le système d'organes qui donne lieu à l'une d'elles, est différent et même indépendant de celui qui produit l'autre.

Ainsi, l'on sait que la faculté de *sentir* est très-différente de celle de se mouvoir par des muscles; et que la faculté de *penser* est aussi très-différente, soit de celle de sentir, soit de celle d'exécuter des mouvemens musculaires. Il est même bien connu que ces trois facultés sont indépendantes les unes des autres.

Qui ne sait, en effet, qu'on peut se mouvoir sans qu'il en résulte des sensations; que l'on peut sentir sans qu'il s'ensuive des mouvemens; et que l'on peut penser, réfléchir, juger, sans éprouver des sensations et sans faire des mouvemens? Ces trois facultés sont donc indépendantes entr'elles dans les êtres qui les possèdent; et certes, les systèmes d'organes qui les donnent, doivent être aussi indépendans entr'eux.

Cependant, les trois facultés que je viens de citer ne sauraient exister sans nerfs. Le système nerveux, qui tend comme tous les autres à se compliquer graduellement, peut donc se trouver composé lui-même de trois systèmes de nerfs , tout-à-fait particuliers, puisque chacun d'eux produit une faculté indépendante de celles des autres.

La partie du système nerveux qui donne lieu aux différens actes de l'intelligence est elle-même composée de différens systèmes particuliers; puisque l'on sait que dans certaines démences invétérées, le malade pense et raisonne assez bien sur beaucoup d'objets différens, tandis que, sur certains sujets qui l'ont trop affecté et qui ont altéré son organe, il n'a plus de mesure et n'offre plus que les symptômes d'une folie constante. C'est d'après la connaissance de ce fait observé et bien constaté depuis, que *Cervantes* a peint Dom Quichotte entièrement fou sur le seul sujet de la chevalerie errante. Il n'a fait qu'une fiction, mais il a pris son modèle dans la nature.

Enfin, si, dans certaines folies permanentes de cette sorte, l'organe se trouve altéré suffisamment pour être réellement désorganisé, dans d'autres qui ne sont que passagères, il ne l'est pas assez pour être hors d'état de pouvoir se rétablir. De là , cette deuxième sorte de folie que constituent nos grandes passions; folies qui ne sont pas toujours irrémédiables, et dont certaines d'entr'elles se guérissent avec le temps.

Il suit de ces considérations : 1.º Qu'il y a toujours

un rapport parfait entre l'état de l'organe qui donne une faculté et celui de la faculté elle-même (1); 2.º que toutes celles que l'observation nous a montré particulières et indépendantes, sont nécessairement dues à autant de systèmes d'organes particuliers, seuls capables de les produire.

Ainsi, dans les animaux qui ont le système nerveux le plus simple, comme des filets nerveux, sans cerveau et sans moëlle longitudinale, le phénomène du *sentiment* ne saurait encore se produire; et, en effet, on ne voit encore à l'extérieur des animaux qui sont dans ce cas, aucun sens particulier, aucun organe pour la sensation. Cependant, puisque, dans ces animaux, l'on aperçoit des muscles et des nerfs pour les mettre en action, le mouvement musculaire est donc une faculté dont ils jouissent, quoique le sentiment soit encore nul pour eux.

Dans les animaux d'un ordre plus relevé, c'est-à-dire, plus avancés dans la composition de leur organisation, le système nerveux offre non-seulement des nerfs, mais encore un cerveau; et presque toujours, en outre, une moëlle longitudinale noueuse.

---

(1) On ne doit pas s'étonner si, à mesure que nous avançons en âge, nos goûts et nos penchans changent, quoiqu'insensiblement; car nos organes subissant eux-mêmes des changemens réels dans leur état, nous sentons alors très-différemment : cela est bien connu.

Ici, l'on est autorisé à admettre l'existence de la faculté de *sentir*, puisque l'on trouve un centre de rapport pour les nerfs des sensations, et que déjà l'on aperçoit effectivement un ou plusieurs sens particuliers et très-distincts.

Cependant, les animaux dont je viens de parler, ont encore des muscles ; ils jouissent donc à-la-fois du mouvement musculaire et de la faculté de sentir. Mais nous avons vu que le mouvement musculaire et le sentiment étaient deux facultés indépendantes ; parmi les nerfs des animaux en question, il y en a donc qui ne servent qu'aux sensations, et d'autres qui ne sont employés qu'à l'excitation musculaire. Sans doute, les uns et les autres ne nous paraissent que des nerfs ; ce sont, néanmoins, deux sortes d'organes particuliers ; puisque, outre qu'ils donnent lieu à deux facultés très-distinctes, ils agissent de deux manières différentes ; les nerfs des sensations agissant du dehors vers un centre intérieur, tandis que ceux qui servent au mouvement agissent d'un ou plusieurs centres intérieurs, vers les muscles qui doivent se mouvoir. Ainsi, lorsqu'on observe, dans un animal, plusieurs facultés différentes, on peut être assuré qu'il possède plusieurs sortes d'organes particuliers pour les produire.

Enfin, dans les animaux de l'ordre le plus relevé, c'est-à-dire, dans ceux dont le plan d'organisation est le plus composé et avance le plus vers son perfectionnement, le système nerveux offre non-seulement des nerfs, une moëlle épinière et un cerveau ; mais ce cerveau lui-même est plus composé que dans les animaux de l'ordre précédent ; car il est graduellement plus volumineux, et sa masse semble formée d'appendices sur-ajoutés, réunis et toujours doubles. En outre, dans les animaux dont il s'agit, l'on voit toujours des muscles, un centre de rapport pour les sensations, un cerveau très-augmenté, et l'on remarque que ces animaux peuvent exécuter des opérations entre leurs idées. Ils possèdent donc trois facultés particulières et indépendantes ; savoir : le *mouvement musculaire*, le *sentiment*, et l'*intelligence* dans un degré quelconque.

Il est donc évident, d'après la citation de ces trois faits, que ceux des animaux en qui l'on observe différentes facultés, possèdent, en effet, autant d'organes particuliers pour la production de chacune de ces facultés ; puisque ces dernières sont des phénomènes organiques, et que l'on n'a pas un seul exemple qui prouve qu'un organe puisse, lui seul, produire différentes sortes de facultés.

Pour achever de faire voir que chaque faculté distincte provient d'un système d'organes particulier qui la donne, je vais montrer, par la citation d'un exemple, que ce que nous prenons souvent pour un seul système d'organes, se trouve, dans certains animaux, composé lui-même de plusieurs systèmes particuliers qui font partie du système général, et qui, néan-moins, sont indépendans les uns des autres.

Dans les *insectes*, l'on trouve généralement un système nerveux; l'on en observe un, pareillement, dans tous les *mammifères*. Mais, le système nerveux des premiers est sans doute bien moins composé que celui des seconds ; et si l'on a trouvé des nerfs et quelques ganglions dans certaines *radiaires échino-dermes,* il n'en est pas moins nullement douteux que le système nerveux de ces dernières ne soit inférieur en composition et en facultés à celui des *insectes*.

Effectivement, j'ai fait voir que les nerfs qui ser-vent à l'excitation des mouvemens musculaires, ainsi que ceux qui sont employés à favoriser les diverses fonctions des viscères, ne sont et ne peuvent être ceux qui servent à la production du sentiment ; puisqu'on peut éprouver une sensation sans qu'il en résulte un mouvement musculaire ; et que l'on peut faire entrer différens muscles en action, sans qu'il en résulte aucune sensation pour l'individu. Ces faits bien connus sont décisifs, et méritent d'être consi-dérés. Ils montrent déjà qu'il y a des facultés indé-pendantes, et que les systèmes d'organes qui les donnent, le sont pareillement.

D'ailleurs, comme il n'est plus possible de dou-ter que l'influence nerveuse ne s'exécute autrement qu'à l'aide d'un fluide subtil mis subitement en mou-vement, et auquel on a donné le nom de *fluide ner-*

veux (1); il est évident que, dans toute sensation, le fluide nerveux se meut du point affecté vers un centre de rapport; tandis que, dans toute influence qui met un muscle en action, ou qui anime les organes dans l'exécution de leurs fonctions, ce même fluide nerveux, alors excitateur, se meut dans un sens contraire; particularité qui en annonce déjà une dans la nature même de l'organe qui n'a qu'une seule manière d'agir.

Le *sentiment* et le *mouvement musculaire* sont donc deux phénomènes distincts et très-particuliers, puisque, outre qu'ils sont très-différens, leurs causes

----

(1) « Jamais, ai-je entendu dire, je n'admettrai l'existence d'un fluide que je n'ai point vu, et que je sais que personne n'est parvenu à voir. A la vérité, les phénomènes cités à l'égard des animaux, se passent comme si le fluide dont il s'agit existait, et y donnait lieu; mais cela ne suffit pas pour nous faire reconnaître son existence. »

Que de vérités importantes auxquelles nous pouvons parvenir par une multitude d'inductions qui les attestent, et qu'il faudrait rejeter, si l'on en exigeait des preuves directes que trop souvent la nature a mises hors de notre pouvoir ! Les physiciens ne reconnaissent-ils pas l'existence du *fluide magnétique* ? et s'ils refusaient de l'admettre, parce qu'ils ne l'ont jamais vu, que penser des phénomènes de l'*aimant*, de ceux de la boussole, etc. ? Connaît-on ce fluide autrement que par ses effets ? Et n'en connaît-on pas bien d'autres que cependant l'on n'a jamais pu voir ?

ne sont point les mêmes; que les nerfs qui y donnent lieu ne le sont point non plus; que, dans
chacun de ces phénomènes, ils agissent d'une manière différente; et qu'enfin, ces mêmes phénomènes, dans leur production, sont réellement indépendans l'un de l'autre; ce que *Haller* a démontré.

A la vérité, les deux systèmes d'organes qui donnent lieu aux deux facultés dont il s'agit, semblent
tenir l'un à l'autre par ce point commun; savoir:
que, sans l'influence nerveuse, leur puissance, de
part et d'autre, paraîtrait absolument nulle. Mais le
point commun dont je viens de parler, n'a rien de
réel; car, le système nerveux se composant lui-même
de différens systèmes particuliers, à mesure qu'il fait
partie d'organisations plus compliquées, possède
alors différentes sortes de puissances très-distinctes,
dont l'une ne saurait suppléer à l'autre; chacun de
ces systèmes particuliers ne pouvant produire que la
faculté qui lui est propre. Par exemple, la partie
d'un système nerveux composé, qui produit le phénomène du *sentiment*, n'a rien de commun avec
celle du même système qui excite le *mouvement musculaire*, soit dans les muscles soumis à la volonté,
soit dans les muscles qui en sont indépendans; les
uns et les autres étant même particuliers pour ces
deux sortes de fonctions. En outre, la partie d'un
système nerveux composé, qui fournit des forces
d'action aux viscères, aux organes sécréteurs, etc.

n'est pas non plus la même que celle qui produit le *sentiment*, ni la même que celle qui anime ou excite le *mouvement musculaire*; comme celle qui donne lieu à l'attention, à la formation des idées, et à diverses opérations entr'elles, n'est pas encore la même qu'aucune des autres, c'est-à-dire, est exclusivement particulière à ces fonctions.

En vain imaginera-t-on une multitude d'hypothèses pour expliquer ces différens faits d'organisation; jamais nos idées n'offriront rien de clair, rien de satisfaisant, rien, en un mot, qui soit conforme à la marche de la nature, tant qu'on ne reconnaîtra pas le fondement de ce que je viens d'exposer.

J'ajouterai que le *sentiment* serait absolument nul sans la portion d'un système nerveux composé qui y donne lieu; tandis qu'il n'en est pas du tout de même de l'*irritabilité musculaire*; car elle est indépendante de toute influence nerveuse, quoique celle-ci lui donne des forces d'action, et même puisse exciter les mouvemens de certains muscles, tels que ceux assujétis à la volonté.

D'après l'attention que j'ai donnée aux faits d'organisation qui concernent les animaux, j'ai reconnu que l'*irritabilité* était, en général, le propre de leurs parties molles. J'ai ensuite remarqué que, dans les plus imparfaits des animaux, tels que les *infusoires* et les *polypes*, toutes les parties concrètes de ces corps vivans étaient à-peu-près également *irritables*, et l'étaient éminemment. Mais lorsque, dans des animaux moins imparfaits, la nature fut parvenue à former des fibres musculaires, alors j'ai conçu que l'*irritabilité* des parties offrait des différences dans son intensité, et que les fibres musculaires étaient plus fortement irritables que les autres parties molles. Ainsi, dans les animaux les plus parfaits, le tissu cellulaire, quoiqu'irritable encore, l'est moins que les viscères et surtout que le canal intestinal, et ce dernier lui-même l'est moins encore que les muscles quels qu'ils soient.

Je remarquai ensuite que, dès que les fibres musculaires furent établies dans les animaux, des nerfs alors devinrent distincts; et que, selon l'état d'avancement de l'organisation, un système nerveux plus ou moins composé était déterminable.

Sans doute, le système nerveux existant anime les fonctions des organes, et leur fournit des forces d'action ; et les mouvemens musculaires, participant eux-mêmes à cet avantage, sont moins susceptibles d'épuisement dans leur source.

L'*irritabilité musculaire* n'en est pas moins indépendante, par sa nature, de l'influence nerveuse, quoique celle-ci augmente et maintienne sa puissance. On sait que le cœur conserve plus ou moins long-temps, selon les diverses races d'animaux, la faculté de se mouvoir lorsqu'on l'irrite après l'avoir arraché du corps. J'ai vu le cœur d'une grenouille conserver cette faculté, 24 heures après en avoir été séparé. Ainsi, le cœur ne tient point des nerfs son *irritabilité*; mais il en reçoit diverses modifications dans ses fonctions, qui sont plus ou moins favorables à leur exécution.

En effet, comme dans une organisation composée, tous les organes ou tous les systèmes d'organes particuliers, sont liés à l'organisation générale de l'individu, et en sont tous par conséquent véritablement dépendans; on doit reconnaître que le cœur, quoique doué d'une irritabilité indépendante, n'en est pas moins assujéti, dans ses fonctions, à divers produits de la puissance nerveuse; produits qui accroissent et maintiennent ses forces d'action, et qui quelquefois en troublent les effets.

Qui ne sait combien les passions agissent sur le cœur par la voie des nerfs, et que, selon celle de ces passions qui agit, l'influence qu'il en reçoit trouble singulièrement alors ses fonctions ! Les nerfs qui arrivent au cœur, n'y sont donc point sans objet, sans usage (ce qui serait contraire au plan de la nature), quoique l'*irritabilité* de cet organe soit en elle-même indépendante de leur puissance; ce que *Haller* ne me paraît pas avoir suffisamment saisi.

Depuis, l'on a prétendu, d'après M. *Le Gallois*, que le cœur ne recevait des nerfs que de la moëlle épinière; et par-là, on expliquait pourquoi il con-

tinue de battre après la décapitation ou après l'ex-
cision de la moëlle épinière sous l'occiput.

A cela je répondrai que cette continuité d'action
du cœur, après la décapitation, aurait bientôt un
terme, quand même la respiration pourrait continuer; parce que le cœur est lié à l'organisation générale de l'individu, et qu'il est nécessairement dépendant de sa conservation.

Si je ne craignais de m'écarter de l'objet que j'ai
ici en vue, j'ajouterais ensuite que, si le cœur ne
recevait des nerfs que de la moëlle épinière, et si
ceux de la huitième paire ne lui envoyaient aucun fi-
let, il ne serait point soumis à l'empire des passions.
Mais, laissant de côté tout ce que j'aurais à dire à
cet égard, je dois, avant tout, montrer que l'on
s'est trompé dans les conséquences qu'on a tirées des
belles expériences de M. *Le Gallois*.

Il est reconnu que l'*irritabilité* ne peut être mise
en action que lorsqu'un *stimulus* quelconque vient
exciter cette action. Mais, on serait dans l'erreur si,
observant que les muscles soumis à la volonté agissent ordinairement par le *stimulus* que leur fournit
l'influence nerveuse, l'on se persuadait que ces muscles ne peuvent entrer en contraction que par ce
stimulus. Il est facile de prouver, par l'expérience,
que toute autre cause irritante peut aussi exciter leurs
mouvemens.

D'ailleurs, quoique ces muscles agissent par la volonté qui dirige sur eux l'influence nerveuse, ils peuvent encore agir par la même influence, sans la participation de cette volonté; et j'en ai observé mille exemples dans les émotions subites du *sentiment intérieur*, lequel dirige pareillement l'influence des nerfs qui les mettent en action.

Voilà ce qu'il importe de reconnaître, parce que les faits attentivement suivis, l'attestent d'une manière évidente; et ce qui montre, en outre, combien l'ordre de choses qui concerne les mouvemens musculaires est distinct de celui qui donne lieu aux sensations.

On a reconnu plusieurs de ces vérités; et cependant on confond encore tous les jours les deux systèmes d'organes ci-dessus mentionnés, en prenant les effets de l'un pour des produits de ceux de l'autre.

Ainsi, lorsqu'on a mutilé des animaux vivans, dans l'intention de savoir à quelle époque la *sensibilité* s'éteignait dans certaines de leurs parties, on a cru pouvoir conclure que le sentiment existait encore, lorsqu'à une irritation quelconque, ces parties faisaient des mouvemens !

C'est, en effet, ce qu'on a vu dans plusieurs des conséquences que M. *Le Gallois* a tirées de ses expériences sur les animaux.

Sans doute, les nombreuses et belles expériences de M. *Le Gallois*, sur des mammifères, nous ont appris plusieurs faits importans que nous ignorions;

mais il me paraît s'être trompé, lorsqu'il nous dit qu'après la section de la moëlle épinière sous l'occiput, la *sensibilité* existe encore dans les parties de l'animal, parce qu'on les voit encore se mouvoir.

J'ai montré que la faculté de se mouvoir par des muscles, et celle de pouvoir éprouver des sensations, ne sont pas encore les seules qu'un animal obtienne d'un *système nerveux* compliqué, et complet dans toutes les parties qui peuvent entrer dans sa composition. Car, lorsque ce système offre un cerveau muni de tous ses appendices, et surtout d'hémisphères volumineux, il donne alors à l'animal, outre la faculté de sentir, celle de pouvoir se former des idées, de comparer les objets qui fixent son attention, de juger, en un mot, d'avoir une volonté, de la mémoire, et de pouvoir varier volontairement plusieurs de ses actions.

La faculté d'avoir de l'attention, de se former des idées et d'exécuter des actes d'intelligence, est donc distincte de celle de sentir, comme le *sentiment* l'est lui-même de la faculté de se mouvoir, soit par l'excitation nerveuse sur les muscles, soit par des excitations étrangères sur des parties irritables. Ces différentes facultés sont des phénomènes organiques qui résultent chacun d'organes particuliers propres à les produire. Ces faits zoologiques sont aussi positifs que l'est celui de la faculté de voir, lorsqu'on possède l'organe de la vue.

Voici maintenant le point essentiel de la question : il s'agit de savoir si, à mesure qu'un *système d'organes* se dégrade, c'est-à-dire, se simplifie en perdant, l'un après l'autre, les systèmes particuliers qui entraient dans sa plus grande complication, les différentes facultés qu'il donnait à-la-fois à l'animal, ne se perdent pas aussi, l'une après l'autre, jusqu'à ce que le système, devenu lui-même très-simple, finisse par disparaître, ainsi que la faculté qu'il produisait encore dans sa plus grande simplicité.

On est autorisé à penser, à reconnaître même, que l'appareil nerveux qui donne lieu à la formation des idées conservables et à différens actes d'intelligence, réside dans des masses médullaires, composées de faisceaux nerveux; masses qui sont des accessoires du cerveau, et qui augmentent son volume proportionnellement à leur développement; puisque ceux des animaux les plus parfaits, en qui l'intelligence est le plus développée, ont effectivement, par ces accessoires, la masse cérébrale la plus volumineuse, relativement à leur propre volume; tandis qu'à mesure que l'intelligence s'obscurcit davantage, dans les animaux qui viennent ensuite, le volume de la masse cérébrale diminue dans les mêmes proportions. Or, peut-on douter, qu'à mesure que l'organe cérébral se dégrade, ce ne soient d'abord ses parties accessoires ou surajoutées qui subissent les atténuations observées, et qu'à la fin, ce ne soient

elles qui se trouvent anéanties les premières, long-
tems même avant que le cerveau proprement dit,
cesse à son tour d'exister ?

Maintenant, s'il est vrai que l'appareil nerveux,
propre aux facultés d'intelligence, soit constitué par
les organes accessoires dont je viens de parler,
l'anéantissement complet de ces organes n'entraîne-
rait-il pas celui des facultés qu'ils donnaient à l'animal? et comme il est reconnu que tous les *animaux
vertébrés* sont formés sur un plan commun, quoique
très-diversifié dans ses développemens et ses modifications, selon les races, n'est-il pas probable que
c'est avec les *vertébrés* que se terminent entièrement
les facultés d'intelligence, ainsi que les organes particuliers qui les donnent ?

Après la perte de ses parties accessoires, de ses
hémisphères, jusqu'à un certain point séparables,
et qui ont un si grand volume dans les plus intelligens des animaux, le cerveau réduit, se montre,
néanmoins, depuis les *mollusques* jusqu'aux *insectes*
inclusivement, comme étant une partie essentielle
de l'appareil nerveux propre à la production du
sentiment ; puisqu'il fournit encore à l'existence de
sens particuliers, c'est-à-dire, qu'il produit des organes très-distincts pour les sensations. Il forme,
effectivement, avec les nerfs qui en partent ou qui y
aboutissent, un appareil qui est assez compliqué pour

effectuer la formation du phénomène organique du *sentiment*.

Mais, lorsque la dégradation du système nerveux se trouve tellement avancée qu'il n'y a plus de cerveau, plus de sens particuliers; qui ne sent que l'appareil propre au *sentiment* n'existant plus, les facultés qui en résultaient pour l'animal ont pareillement cessé d'exister; quoique l'on puisse retrouver encore quelques traces de nerfs dans les animaux de cette cathégorie en qui des vestiges de muscles existent encore !

Assurément on peut taxer tout ceci d'opinion : mais, dans ce cas, que l'on se garde bien d'observer comparativement les animaux; car cette opinion prétendue se changerait alors en fait positif.

Relativement aux efforts qui ont été faits pour s'autoriser à étendre jusques dans les *végétaux* la faculté de sentir, je citerai la considération suivante qui se trouve dans l'article *animal* du Dict. des sciences naturelles.

« Il s'agit de savoir, dit le célèbre auteur de cet article, s'il n'y a point des êtres sensibles qui ne se meuvent pas; car il est clair que le mouvement n'est pas une conséquence nécessaire de la sensibilité. »

Non certainement, il n'y a point d'êtres sensibles qui ne se meuvent pas; et ce ne devrait pas être une question pour le savant qui l'agite, mais tout au plus pour ceux qui ne connaissent rien à l'organisation, ainsi qu'aux phénomènes qu'elle peut produire.

Sans doute, le mouvement est indépendant de la sensibilité : en sorte qu'il existe des êtres (mais seulement dans le règne animal) qui jouissent de la faculté de se mouvoir, et qui, néanmoins, sont privés de celle de sentir. C'est, en effet, le cas des *radiaires*, des vrais *polypes*, et des *infusoires*. Mais, il est facile de démontrer qu'il n'existe aucun être jouissant de la sensibilité qui ne puisse se mouvoir; en sorte que la sensibilité est réellement une conséquence du mouvement, quoique le mouvement n'en soit pas une de la sensibilité : voici comme je le prouverai.

Assurément, il n'y a que des nerfs qui soient les vrais organes du *sentiment*, et tout animal qui n'a point de nerfs ne saurait sentir; cela est certain.

Mais un fait, que connaît sans doute le savant auteur cité, c'est que tout animal qui a des nerfs a aussi des muscles. Ce serait en vain que l'on voudrait trouver des muscles dans un animal qui n'a point de nerfs, ou des nerfs dans celui qui n'a point de muscles : aucune observation constatée ne contredit ce fait.

Or, s'il est vrai que tout animal qui a des nerfs ait aussi des muscles, il est donc vrai pareillement que tout animal qui jouit du *sentiment*, jouit aussi de la faculté de se mouvoir, puisqu'il a des muscles.

Dans l'état de nos connaissances, on ne peut donc pas mettre en question, s'il existe des êtres sensibles qui ne se meuvent pas.

Ces pensées, émises avant d'avoir été approfondies, prouvent seulement qu'on n'a fait aucun effort pour s'assurer si les facultés et les organes qui les donnent avaient ou non des limites.

En observant attentivement ce qui a lieu dans les animaux, je ne crois pas me tromper lorsque je reconnais que différens êtres, parmi eux, possèdent des facultés qui ne sont pas communes à tous ceux du même règne. Ces facultés ont donc des limites, quoique souvent insensibles, et sans doute, les organes qui les donnent en ont pareillement, puisque l'observation atteste que par-tout, dans l'animal, chaque faculté est parfaitement en rapport avec l'état de l'organe qui y donne lieu.

C'est en apercevant le fondement de ces considérations, que j'ai reconnu que les facultés d'*intelligence* dans différens degrés, étaient un ordre de phénomènes organiques, tous en rapport avec l'état de l'organe qui les produit, et que ces facultés avaient une limite ainsi que l'organe; qu'il en était de même de la faculté de *sentir*, dont les actes ne consistent que dans l'exécution de sensations particulières, qui s'opèrent par l'intermède d'un ensemble de parties dans le système nerveux, sans affecter celles du même système, qui servent à l'intelligence; qu'il en

Tome I. 16

était encore de même du *sentiment intérieur*, faculté obscure, quoique puissante, qui n'a rien de commun avec celle d'éprouver des sensations, ni avec celle de penser, ou de combiner des idées, et qui tient probablement aux actes d'un ensemble de parties dans le système nerveux, c'est-à-dire, aux émotions qui peuvent être produites dans cet ensemble.

Qu'importe qu'il nous soit difficile, quelquefois même impossible, de distinguer, dans un système d'organes général, tous les systèmes d'organes particuliers dont la nature est parvenue à le composer; s'il n'en est pas moins certain que ces systèmes d'organes particuliers existent, puisque les facultés particulières qu'ils donnent sont reconnaissables, distinctes, et se montrent indépendantes ?

J'ai déjà parlé (au commencement de cette Introduction, p. 17 et 18) du *sentiment intérieur* dont sont doués tous les animaux qui jouissent de la faculté de sentir; de ce sentiment intime qui, par les émotions qu'il peut éprouver subitement dans chaque besoin ressenti, fait agir immédiatement l'individu, sans l'intervention de la pensée, du jugement et de la volonté de celui même qui possède ces facultés; et j'ai dit que je manquais d'expression propre à désigner ce sentiment (1).

___

(1) Par des causes, dont plusieurs sont déjà connues, les fluides de nos principaux systèmes d'organes, surtout

A la vérité, on le désigne quelquefois sous la dénomination de *conscience*. Cette dénomination, néanmoins, ne le caractérise point suffisamment : elle
n'indique point que ce sentiment obscur, mais général, ne résulte pas directement d'une impression
sur aucun de nos sens; qu'il n'a rien de commun,
soit avec le *sentiment* proprement dit, soit avec
l'*intelligence*; et qu'il offre une véritable puissance
qui fait agir l'individu sans la nécessité d'une préméditation. Enfin, cette dénomination semble permettre la supposition du concours de la pensée et
du jugement dans les actions que ce sentiment ému
fait subitement produire ; ce qui n'est pas vrai. L'ob-

ceux du système sanguin, sont sujets à se porter, avec plus
ou moins d'abondance, tantôt vers l'extrémité antérieure du
corps, tantôt vers l'inférieure, et tantôt vers tous les points
de sa surface externe. Ainsi, quoique renfermés dans des
canaux particuliers ou dans des masses appropriées dont
ils ne peuvent franchir les limites latérales, les fluides de
plusieurs de nos systèmes d'organes jouissent, par les com-
munications qui existent entr'eux, d'une relation générale
qui les met dans le cas de recevoir des impulsions ou des
excitations pareillement générales, d'où résultent, dans le
système sanguin, les affluences particulières et connues dont
je viens de parler, et dans le système nerveux, les ébranle-
mens généraux, en un mot, les émotions du *sentiment intérieur* qui sont si remarquables par leur puissance sur nos
organes.

servation des faits atteste même que, parmi les animaux qui possèdent ce *sentiment intérieur* et qui jouissent de certains degrés d'intelligence, la plupart, néanmoins, ne le maîtrisent jamais.

On le désigne aussi très-souvent et très-improprement comme un sentiment qu'on rapporte au *cœur*; et alors on distingue, parmi nos actions, toutes celles qui viennent de l'*esprit*, de celles qui sont les produits du *cœur*; en sorte que, sous ce point de vue, l'esprit et le cœur seraient les sources de toutes les actions humaines.

Mais, tout cela est erroné. Le cœur n'est qu'un muscle employé à l'accélération du mouvement de nos fluides; il n'est propre qu'à concourir à la circulation de notre sang; et au lieu d'être la cause ou la source de notre *sentiment intérieur*, il est lui-même assujéti à en subir les effets.

Ce qui fut cause de cette distinction de l'esprit et du cœur, c'est que nous sentons très-bien que nos pensées, nos méditations sont des phénomènes qui s'exécutent dans la tête; et que nous sentons encore, au contraire, que les penchans et les passions qui nous entraînent, que les émotions que nous éprouvons dans certaines circonstances et qui vont quelquefois jusqu'à nous faire perdre l'usage des sens, sont des impressions que nous ressentons dans tout notre être, et non un phénomène qui s'exécute uniquement dans la tête, comme la pensée. Or, comme les constrictions nerveuses ou les troubles qui se produisent dans le système nerveux, à la suite des émotions que l'on éprouve, retardent ou accélèrent alors les battemens du cœur, on a attribué trop précipitamment au cœur même, ce qui n'est réellement que le produit du *sentiment intérieur* ému.

Il n'y a guère que l'homme et quelques animaux des plus parfaits, qui, dans les instans de calme intérieur, se trouvant affectés par quelqu'intérêt qui se change aussitôt en besoin, parviennent alors à maîtriser assez leur *sentiment intérieur* ému, pour laisser à leur pensée le tems de juger et de choisir l'action à exécuter. Aussi, ce sont les seuls êtres qui puissent agir volontairement; et néanmoins, ils n'en sont pas toujours les maîtres.

Ainsi, des actes de volonté ne peuvent être opérés que par l'homme, et par ceux des animaux qui ont la faculté d'exécuter des opérations entre leurs idées, de comparer des objets, de juger, de choisir, de vouloir ou ne pas vouloir, et, par-là, de varier leurs actions. Or, j'ai déjà montré que ce ne pouvait être que parmi les vertébrés que se trouvent les animaux qui jouissent de pareilles facultés; parce que leur cerveau, formé sur un plan commun, est plus ou moins complétement muni des organes particuliers qui les donnent. De là vient, que c'est principalement dans les *mammifères* et ensuite dans les *oiseaux*, que ces mêmes facultés, quoique rarement exercées, acquièrent quelqu'éminence.

Quant aux *animaux sans vertèbres*, j'ai fait voir que tous devaient être privés d'intelligence ; mais, j'ai montré que les uns jouissaient de la faculté de sentir et possédaient ce *sentiment intérieur* qui a le pouvoir de faire agir, tandis que les autres étaient tout-à-fait dépourvus de ces facultés.

Or, les faits connus qui concernent les premiers (ceux qui jouissent du sentiment), constatent qu'ils n'ont que des *habitudes*; qu'ils n'agissent que par des émotions de leur sentiment intérieur, sans jamais le maîtriser ; que, ne pouvant exécuter aucun acte d'intelligence, ils ne sauraient choisir, vouloir ou ne pas vouloir, et varier eux-mêmes leurs actions ; que leurs mouvemens sont tous entraînés et dépendans; enfin, qu'ils n'obtiennent de leurs sensations, que la perception des objets dont les traces dans leur organe sont plus ou moins conservables.

Si les *habitudes*, dans les animaux qui ne peuvent varier eux-mêmes leurs actions, ont le pouvoir de les entraîner à agir constamment de la même manière dans les mêmes circonstances, on peut assurer, d'après l'observation, qu'elles ont encore un grand pouvoir sur les animaux intelligens; car, quoique ceux-ci puissent varier leurs actions, on remarque qu'ils ne les varient, néanmoins, que lorsqu'ils s'y trouvent en quelque sorte contraints ; et que leurs habitudes, le plus souvent, les entraînent encore.

A quoi donc tient ce grand pouvoir des *habitudes*, pouvoir qui se fait si fortement ressentir à l'égard des animaux intelligens, et qui exerce sur l'homme même un si grand empire ! Je crois pouvoir jeter quelque jour sur cette question importante, en exposant les considérations suivantes.

Pouvoir des habitudes : Toute action, soit de l'homme, soit des animaux, résulte essentiellement de mouvemens intérieurs, c'est-à-dire, de mouvemens et de déplacemens de fluides subtils internes qui l'excitent et la produisent. Par *fluides subtils*, j'entends parler des différentes modifications du *fluide nerveux* ; car ce fluide seul a dans ses mouvemens et ses déplacemens la célérité nécessaire aux effets produits. Maintenant je dis que, non-seulement les actions constituées par les mouvemens des parties externes du corps sont produites par des mouvemens et des déplacemens de fluides subtils internes, mais même que les actions intérieures, telles que l'attention, les comparaisons, les jugemens, en un mot, les pensées, et telles encore que celles qui résultent des émotions du *sentiment intérieur*, sont aussi dans le même cas. Certainement, toutes les opérations de l'intelligence, ainsi que les mouvemens visibles des parties du corps, sont des actions ; car leur exécution très-prolongée entraîne effectivement des fatigues et des besoins de réparation pour les forces épuisées. Or, je le répète, aucune de ces actions ne s'exécute qu'à la suite de mouvemens et de déplacemens des *fluides subtils* internes qui y donnent lieu.

Par la connaissance de cette grande vérité, sans laquelle il serait absolument impossible d'apercevoir les causes et les sources des actions, soit de l'homme, soit des animaux sensibles, on conçoit clairement :

1.º Que, dans toute action souvent répétée, et surtout qui devient habituelle, les fluides subtils qui la produisent, se frayent et aggrandissent progressivement, par les répétitions des déplacemens particuliers qu'ils subissent, les routes qu'ils ont à franchir, et les rendent de plus en plus faciles; en sorte que l'action elle-même, de difficile qu'elle pouvait être dans son origine, acquiert graduellement moins de difficulté dans son exécution; toutes les parties même du corps qui ont à y concourir, s'y assujétissent peu-à-peu, et à la fin l'exécutent avec la plus grande facilité;

2.º Qu'une action, devenue tout-à-fait habituelle, ayant modifié l'organisation intérieure de l'individu pour la facilité de son exécution, lui plaît alors tellement qu'elle devient un besoin pour lui; et que ce besoin finit par se changer en un penchant qu'il ne peut surmonter, s'il n'est que *sensible*, et qu'il surmonte avec difficulté, s'il est *intelligent*.

Si l'on prend la peine de considérer ce que je viens

d'exposer, d'abord il sera aisé de concevoir pourquoi l'exercice développe proportionnellement les facultés; pourquoi l'habitude de donner de l'attention aux objets et d'exercer son jugement, sa pensée, agrandit si fortement notre intelligence; pourquoi tel artiste qui s'est tant appliqué à l'exercice de son art, y a acquis des talens dont sont entièrement privés tous ceux qui ne se sont point occupés des mêmes objets.

Enfin, en considérant encore les vérités exposées ci-dessus, l'on reconnaîtra facilement la source du grand pouvoir qu'ont les *habitudes* sur les animaux, et qu'elles ont même sur nous; certes, aucun sujet ne saurait être plus intéressant à étudier, à méditer.

Me bornant à ce simple exposé de principes qu'on ne saurait contester raisonnablement, je reviens à mon sujet.

Nous avons vu qu'en nous dirigeant du plus composé vers le plus simple, dans la série des animaux, chaque système d'organes particulier se dégradait et s'anéantissait à un terme quelconque de la série; ce que M. *Cuvier* reconnaît lui-même, lorsqu'il dit : « On a aujourd'hui, sur les diverses dégradations du système nerveux dans le règne animal, et sur leur correspondance avec les divers degrés d'intelligence, des notions aussi complètes que pour le système sanguin (1) ». Et ailleurs il dit : « En effet, si on par-

____

(1) Rapport sur les progrès des sciences naturelles, depuis 1789, p. 164.

court successivement les différentes familles, il n'est pas un organe que l'on ne voie se simplifier par degrés, perdre son énergie, et finir par disparaître tout-à-fait en se confondant dans la masse (1) ».

Il s'ensuit donc que les facultés se dégradent et finissent chacune par être anéanties à un terme quelconque de la série des animaux, comme les organes qui les produisent; qu'elles sont partout proportionnelles au perfectionnement et à l'état des organes; et qu'il ne reste aux animaux, qui terminent cette série, que les facultés propres à tous les corps vivans, ainsi que celle qui constitue leur nature animale. Il s'ensuit encore qu'il n'est pas vrai, et qu'il ne peut l'être, que tous les animaux soient doués de la faculté de *sentir*, ce que je crois avoir suffisamment établi. Ainsi, je ne reviendrai plus sur cet objet, parce qu'il n'a pas besoin de nouvelles preuves.

Mais, une vérité tout aussi solide, et qui en résulte encore clairement, c'est que les animaux très-imparfaits qui ne jouissent point de la faculté de sentir, sont nécessairement dépourvus de cet appareil nerveux qui donne lieu aux *sensations* et au *sentiment intérieur*; appareil qui doit être assez compliqué et assez étendu pour que son ensemble, agité par quelqu'affection sur les sens, ou par quelqu'émotion intérieure, puisse faire participer l'être entier à ces affec-

____

(1) Dictionnaire des Sciences naturelles, vol. 2, p. 167.

tions ou à ces émotions; appareil, enfin, qui constitue dans l'individu qui le possède, une puissance qui peut le faire agir.

Ainsi, ces animaux sont réellement privés de cette *conscience*, de ce sentiment intime d'existence, dont jouissent ceux qui, doués de l'appareil dont je viens de parler, peuvent éprouver des sensations, et être agités par des émotions intérieures. Or, les animaux très-imparfaits dont il s'agit, ne possédant nullement le *sentiment intérieur* en question, ne sauraient avoir ou faire naître en eux la cause excitatrice de leurs mouvemens. Elle leur vient donc évidemment du dehors, et dès lors elle n'est assurément pas à leur disposition; aussi aucun de leurs besoins n'exige qu'elle le soit; ce que j'ai déjà fait voir. Tout ce qu'il leur faut se trouve à leur portée; ce ne sont des animaux que parce qu'ils sont irritables.

Je terminerai cette partie par une remarque importante et relative aux besoins des différens animaux; besoins qui ne sont nulle part, ni au-dessus, ni au-dessous des facultés qui peuvent y satisfaire.

On observe que, depuis les animaux les plus imparfaits, tels que les premiers des *infusoires*, jusqu'aux *mammifères* les plus perfectionnés, les besoins, pour chacun d'eux, s'accroissent avec la composition progressive de leur organisation; et que les facultés nécessaires pour satisfaire partout à ces besoins, s'accroissent aussi partout dans la même proportion. Il en résulte que, dans les plus simples et les plus imparfaits des animaux, la réduction des besoins et des facultés se trouve réellement à son *minimum*, tandis que, dans les plus perfectionnés des *mammifères*, les besoins et les facultés sont à leur *maximum* de complication et d'éminence; et comme chaque faculté distincte est le produit d'un système d'organes particulier qui y donne lieu, c'est donc une vérité incontestable qu'il y a toujours partout un rapport parfait entre les besoins, les facultés d'y satisfaire, et les organes qui donnent ces facultés.

Ainsi, les facultés qu'on observe dans différens animaux, sont uniquement organiques; elles ont des limites comme les organes qui les produisent; sont toujours dans un rapport parfait avec l'état des organes qui les font exister; et leur nombre, ainsi que leur éminence, sont aussi parfaitement en rapport avec ceux des besoins.

Il est si vrai que, dans l'étendue de l'échelle animale, les facultés croissent en nombre et en éminence comme les organes qui les donnent, que si, à l'une des extrémités de l'échelle, l'on voit des animaux dépourvus de toute faculté particulière, l'autre extrémité, au contraire, offre, dans les animaux qui s'y trouvent, une réunion au *maximum* des facultés dont la nature ait pu douer ces êtres.

Plus, en effet, l'on examine ceux des animaux qui possèdent des facultés d'intelligence, plus on les admire, plus même on se sent porté à les aimer. Qui ne connaît l'intelligence du *chien*, son attachement pour son maître, sa fidélité, sa reconnaissance pour les bons traitemens, sa jalousie dans certaines circonstances, son extrême perspicacité à juger, dans vos yeux, si vous êtes content ou fâché, de bonne ou de mauvaise humeur, son inquiétude et sa sensibilité lorsqu'il vous voit souffrir, etc. !

Les *chiens*, néanmoins, ne sont pas les plus intelligens des animaux; d'autres, et surtout les *singes*, le sont encore davantage, les surpassent en vivacité de jugement, en finesse, en ruses, en adresse, etc.; aussi, sont-ils, en général, plus méchans, plus difficiles à soumettre et à asservir.

Il y a donc des degrés dans l'intelligence, dans le sentiment, etc., parce qu'il s'en trouve nécessairement dans tout ce qu'a fait la nature.

Si, dans la série des animaux, les limites précises des facultés particulières que l'on observe dans différens êtres de cette série, ne sont pas encore définitivement déterminées, on n'en est pas moins fondé à reconnaître que ces limites existent; car, tous les animaux ne possèdent point les mêmes facultés; ainsi, il y a un point dans l'échelle animale où chacune d'elles commence.

Il en est de même des systèmes d'organes particuliers qui donnent lieu à ces facultés; si l'on ne connaît pas encore partout le point précis de l'échelle

animale où chacun d'eux commence, on doit, néanmoins, être assuré que chaque système d'organes particulier a réellement dans l'échelle un point d'origine,
c'est-à-dire, de première ébauche; il y a même quelques-uns de ces systèmes dont le commencement
paraît assez bien déterminé.

Ainsi, le système d'organes particulier qui effectue la digestion, paraît ne commencer qu'avec les *polypes* ; celui qui sert à la respiration ne commence à
exister que dans les *radiaires* ; celui qui donne lieu
au mouvement musculaire n'offre son origine, avec
quelques vestiges de nerfs, que dans les *radiaires
échinodermes* ; celui de la fécondation sexuelle paraît offrir sa première ébauche vers la fin des *vers*,
et se montre ensuite parfaitement distinct dans les
insectes et les animaux des classes suivantes ; celui qui
est assez compliqué pour produire le phénomène du
sentiment, ne commence à se manifester clairement
que dans les *insectes* ; celui qui effectue une véritable
circulation paraît ne commencer réellement que dans
les *arachnides*; enfin, celui qui donne lieu à la formation des idées, et aux opérations qui s'exécutent
entre ces idées, paraissant n'appartenir qu'au plan des
animaux vertébrés, ne commence très-probablement
qu'avec les *poissons*.

Qu'il y ait quelques rectifications à faire dans ces
déterminations, il n'en est pas moins vrai que ces
mêmes rectifications ne peuvent altérer nulle part le

principe des points particuliers de l'échelle animale où commence chaque système d'organes, ainsi que les facultés ou les avantages qu'il donne aux animaux qui le possèdent.

Partout même où une limite quelconque ne peut être positivement fixée, l'arbitraire de l'opinion fait bientôt varier le sentiment à son égard.

Par exemple, M. *Le Gallois*, d'après différentes expériences qu'il a faites sur des mammifères mutilés pendant leur vie, prétend que le principe du senti- ment existe seulement dans la moëlle épinière, et non dans la base du cerveau ; il prétend même qu'il y a autant de centres de sensation bien distincts, qu'on a fait de segmens à cette moëlle, ou qu'il y a de por- tions de cette moëlle qui envoient des nerfs au tronc. Ainsi, au lieu d'une unité de foyer pour le sentiment, il y en aurait un grand nombre, selon cet auteur.

Mais, doit-on toujours regarder comme positives les conséquences qu'un observateur a tirées des faits qu'il a découverts ; et ne convient-il pas d'examiner auparavant, soit sa manière de raisonner, soit les bases mêmes sur lesquelles il se fonde ?

D'une part, je vois que M. *Le Gallois* juge pres- que toujours de la *sensibilité* par des mouvemens ex- cités qu'il aperçoit ; en sorte qu'il prend des effets de *l'irritabilité* pour des témoignages de sensations éprouvées ; et de l'autre part, je remarque qu'il ne distingue point, parmi les puissances nerveuses, celle qui vivifie les organes, et qui leur fournit des forces d'action, de celle, très-différente, qui sert uniquement au phénomène des sensations; comme il aurait dû distinguer aussi, s'il s'en était occupé, celle encore très-différente des autres, qui donne lieu à la formation des idées, et aux opérations qu'elles exécutent.

Il est possible qu'il y ait réellement, comme le dit M. *Le Gallois*, plusieurs centres particuliers de sensations dans les animaux qui jouissent de la faculté de sentir; mais alors, au lieu d'un seul appareil d'organes pour la production de ce phénomène physique, il y en aurait plusieurs; enfin, la nature aurait employé sans nécessité une complication de moyens; car on peut prouver qu'un seul foyer pour la sensation peut satisfaire à tous les faits connus, relatifs à la sensibilité.

Cependant, jusqu'à ce que des expériences plus décisives à cet égard que celles qu'a publiées cet auteur, nous autorisent à prononcer définitivement sur ce sujet, je crois devoir conserver l'opinion plus vraisemblable de l'existence d'un seul foyer pour la production du sentiment.

Cela ne m'empêche pas de reconnaître que les nerfs qui partent de la moëlle épinière ne soient particulièrement ceux qui fournissent au *cœur*, indépendamment de son irritabilité, le principe de ses forces et qui en fournissent aussi à d'autres parties du tronc;

enfin, de croire, d'après ce savant, que les nerfs du même ordre qui viennent animer les organes de la respiration, naissent de la moëlle allongée.

Lorsque les observateurs de la nature se multiplieront davantage; que les *zoologistes* ne se borneront plus à l'art des distinctions, à l'étude des particularités de forme, à la composition arbitraire de genres toujours variables, à l'extension d'une nomenclature jamais fixée; et qu'au contraire, ils s'occuperont d'étudier la nature, ses lois, ses moyens, et les rapports qu'elle a établis entre les systèmes d'organes particuliers et les facultés qu'ils donnent aux animaux qui les possèdent; alors, les doutes, les incertitudes que nous avons encore sur les points de l'échelle animale où commence chacune des facultés dont il s'agit, et sur l'unité de foyer et de siége de chaque système d'organes, se dissiperont successivement; alors, enfin, les points essentiels de la *Philosophie zoologique* s'éclairciront de plus en plus, et la science obtiendra l'importance qu'elle peut avoir.

En attendant, je crois avoir montré que les facultés animales, de quelque éminence qu'elles soient, sont toutes des phénomènes purement physiques; que ces phénomènes sont les résultats des fonctions qu'exécutent les organes ou les appareils d'organes qui peuvent les produire; qu'il n'y a rien de métaphysique, rien qui soit étranger à la matière, dans chacun d'eux; et qu'il ne s'agit à leur égard, que de relations entre différentes parties du corps animal et entre différentes substances qui se meuvent, agissent, réagissent et acquièrent alors le pouvoir de produire le phénomène observé.

S'il en était autrement, jamais nous n'eussions eu connaissance de ces phénomènes ; car chacun d'eux est un fait que nous avons observé, et nous savons positivement que la nature seule nous présente des faits, et que ce n'est qu'à l'aide de nos sens que nous avons pu connaître un petit nombre de ceux qu'elle nous offre.

Je crois avoir ensuite prouvé, qu'outre les facultés qui sont communes à tous les corps vivans, les animaux offrent, parmi eux, différentes sortes de facultés qui sont particulières à certains d'entr'eux : elles ont donc des limites, ainsi que les organes qui les donnent.

Maintenant, il est indispensable de montrer que les *penchans* des animaux sensibles, que ceux même de l'homme, ainsi que ses *passions*, sont encore des phénomènes de l'organisation, des produits naturels et nécessaires du *sentiment intérieur* de ces êtres. Pour cela, je vais essayer de remonter à la source de ces *penchans*, et je tâcherai d'analyser les principaux produits de cette source.

CINQUIÈME PARTIE.

Des penchans, soit des animaux sensibles, soit de l'homme même, considérés dans leur source, et comme phénomènes de l'organisation.

DANS ce qui appartient à la nature, tout est lié, tout est dépendant, tout est le résultat d'un plan commun, constamment suivi, mais infiniment varié dans ses parties et dans ses détails. L'*homme* lui-même tient, au moins par un côté de son être, à ce plan général, toujours en exécution. Il est donc nécessaire, pour ne rien omettre de ce qui est le produit de l'organisation animée par la vie, de considérer ici séparément, quelle est la source des *penchans* et même des *passions* dans les êtres sensibles en qui nous observons ces phénomènes naturels.

Ainsi, comme on pourrait d'abord le penser, le sujet de cette cinquième partie n'est nullement étranger au but que je me suis proposé dans cette Introduction ; savoir : celui d'indiquer les faits et les phénomènes qui sont le produit de l'organisation et de la vie. Et dans cette partie, je dois considérer particulièrement les *penchans* des êtres sensibles, parce que ce sont des phénomènes d'organisation, des produits du sentiment intérieur de ces êtres.

Ayant été autorisé à dire que nous n'obtenons aucune connaissance positive que dans la nature, parce que nous n'en pouvons acquérir de telles que par l'observation, et que, hors de la nature, nous ne pouvons rien observer, rien étudier, rien connaître de certain ; il s'ensuit que tout ce que nous connaissons positivement lui appartient et en fait essentiellement partie.

Cela posé, je dirai, sans craindre de me tromper, que la nature ne nous offre d'observable que des *corps*; que du mouvement entre des *corps* ou leurs parties ; que des changemens dans les *corps* ou parmi eux ; que les propriétés des *corps* ; que des phénomènes opérés par les *corps* et surtout par certains d'entr'eux; enfin, que des lois immuables qui régissent partout les mouvemens, les changemens, et les phénomènes que nous présentent les *corps*.

Voilà, selon moi, le seul champ qui soit ouvert à nos observations, à nos recherches, à nos études; voilà, par suite, la seule source où nous puissions puiser des connaissances réelles, des vérités utiles.

S'il en est ainsi, les phénomènes que nous observons, de quelque genre qu'ils soient, sont produits par la nature, ont leur cause en elle seule, et sont tous, sans exception, assujétis à ses lois. Or, nous efforcer de remonter, par l'observation et l'étude, jusqu'à la connaissance des causes et des lois qui produisent les phénomènes que nous observons, en nous attachant particulièrement à ceux de ces phénomènes qui peuvent nous intéresser directement, est donc ce qu'il y a de plus important pour nous.

Parmi les phénomènes nombreux et divers que nous pouvons observer, il en est qui doivent nous intéresser particulièrement, parce qu'ils tiennent de plus près à notre manière d'être, à notre constitution organique; et parce qu'en effet, ils ressemblent beaucoup à ceux de même sorte qui se produisent en nous et que nous tenons aussi de la nature par la même voie. Les phénomènes dont il s'agit, sont les *penchans* des animaux sensibles, les *passions* mêmes qu'on observe parmi ceux qui sont intelligens dans certains degrés. Puisque ces phénomènes sont des faits observés, ils appartiennent à la nature; et ils sont, effectivement, les produits de ses lois, en un mot, du pouvoir qu'elle tient de son *suprême auteur*. Aussi, nous pouvons facilement remonter jusqu'à la véritable source où ces phénomènes puisent leur origine et leur exaltation.

Déjà, je puis dire avec assurance que les *penchans* des animaux sensibles, et que ceux plus remarquables encore des animaux intelligens, sont des produits immédiats du *sentiment intérieur* de ces êtres.

Or, le sentiment intérieur dont il s'agit, étant évidemment une dépendance essentielle du système organique des sensations, les penchans observés dans les êtres doués de ce sentiment intérieur, sont donc de véritables produits de l'organisation de ces êtres.

Ainsi, l'ignorance de ces vérités positives pourrait seule faire regarder comme étrangers à mon sujet, les objets dont je vais m'occuper.

Laissant à l'écart ce que l'*homme* peut tenir d'une source supérieure, et ne voulant considérer en lui que ce qu'il doit à la *nature*, il me paraît que ses penchans généraux, qui influent si puissamment sur ses actions diverses, sont aussi de véritables produits de son organisation, c'est-à-dire, du sentiment intérieur dont il est doué; sentiment qui l'entraîne à son insu, dans un grand nombre de ses actions. Il me semble, en outre, que ses passions, qui ne sont que des exaltations de ceux de ses penchans naturels auxquels il s'est imprudemment abandonné, tiennent, d'une part, à la nature, et de l'autre, à la faible culture de sa raison, qui alors lui fait méconnaître ses véritables intérêts.

Si je suis fondé dans cette opinion, il sera possible de remonter à la source des penchans et des passions de l'*homme*, et de prévoir, dans chaque cas considéré, le fond principal des actions qu'il doit exécuter : il suffira pour cet objet de faire une analyse exacte de ses penchans divers.

Mais, pour parvenir à montrer l'existence d'un

ordre de choses, qui ne paraît pas avoir encore attiré notre attention, je ne dois pas anticiper les considérations propres à le faire connaître. Ainsi, remarquant que la source des penchans de l'*homme* est tout-à-fait la même que celle des penchans des *animaux sensibles*, je vais d'abord déterminer cette source, ainsi que ses produits, dans les animaux en question ; je montrerai ensuite qu'elle se retrouve dans l'homme, et qu'en lui ses résultats sont plus éminemment prononcés, et infiniment plus sous-divisés.

§ I. *Source des penchans et des actions des animaux sensibles.*

Par une loi de la nature, tous les êtres sensibles et qui, conséquemment, jouissent de ce sentiment intérieur et obscur qu'on a nommé *sentiment d'existence*, tendent sans cesse à se conserver, et par là sont irrésistiblement assujétis à un penchant éminent qui est la source première de toutes leurs actions ; je le nomme :

Penchant à la conservation.

Ici, je me propose de montrer que c'est uniquement à ce penchant général qu'il faut rapporter la source de toute action quelconque de ceux des animaux qui jouissent de la faculté de sentir.

Pour atteindre mon but, je dois rappeler la hiérarchie des facultés des animaux sensibles, afin de retrouver dans chaque cas considéré, ce que le penchant cité peut produire.

Les observations déjà exposées nous obligent à reconnaître que, parmi les animaux dont je parle:

1.º Les uns sont bornés au *sentiment*, et ne possèdent l'intelligence dans aucun degré quelconque;

2.º Les autres, plus perfectionnés, jouissent à-la-fois de la faculté de *sentir*, et de celle d'exécuter des actes d'*intelligence* dans différens degrés.

Les uns et les autres, jouissant du sentiment, peuvent donc éprouver la *douleur* : or, il est facile de faire voir que, dans ses différens degrés, la douleur est pour eux un *mal-être* qu'ils doivent fuir, et que la nécessité de fuir ce mal-être est la cause réelle qui donne naissance au penchant en question.

En effet, pour tout individu qui jouit de la faculté de sentir, la souffrance, dans sa plus faible intensité, soit vague, soit particulière, produit ce qu'on nomme le *mal-être*; et ce n'est que lorsque l'affection éprouvée est vive ou jusqu'à un certain point exaltée, qu'elle reçoit le nom de *douleur*.

Ainsi, puisque, depuis le plus faible degré de la douleur, jusqu'à celui où elle est la plus vive, le *mal-être* existe toujours pour l'individu qui en est affecté; que ce *mal-être* lèse ou compromet en quelque chose l'intégrité de sa conservation, tandis que le *bien-être* seul la favorise ; l'individu sensible doit donc tendre sans cesse à se soustraire au mal-être, et à se procurer le bien-être ; enfin, le penchant à la conservation, qui est naturel dans tout individu doué du sentiment de son existence, reçoit donc nécessairement de cette tendance toute l'énergie qu'on lui observe : cela me paraît incontestable.

J'avais d'abord pensé que le *penchant à la propagation* auquel tous les êtres sensibles paraissent assujétis, était aussi un penchant isolé, comme celui à la conservation, et qu'il constituait la source d'un autre ordre de penchans particuliers. Mais, depuis, ayant remarqué que ce penchant est temporaire dans les individus, et qu'il est lui-même un produit de celui à la conservation, j'ai cessé de le considérer séparément, et je ne le mentionnerai que dans l'analyse des détails.

En effet, à un certain terme du développement d'un individu, l'organisation, graduellement préparée pour cet objet, amène en lui, par des excitations intérieures, provoquées en général par d'autres externes, le besoin d'exécuter les actes qui peuvent pourvoir à sa reproduction et par suite, à la propagation de son espèce. Ce besoin produit dans cet individu un *mal-être* obscur, mais réel, qui l'agite ; enfin, en y satisfaisant, il éprouve un bien-être éminent qui l'y entraîne. Le penchant dont il s'agit est donc un véritable produit de celui à la conservation.

Maintenant, pour éclaircir le sujet intéressant que je traite, je rappellerai ce que j'ai déjà établi ; savoir : qu'il y a différens degrés dans la composition de l'organisation des animaux, ainsi que dans le nombre et l'éminence de leurs facultés ; et qu'il existe à l'égard de ces facultés, une véritable hiérarchie. Cela étant, je dis qu'il est facile de concevoir :

1.º Que les animaux assez imparfaits pour ne pas posséder la faculté de *sentir*, n'ont aucun penchant en eux-mêmes, soit à la conservation, soit à la propagation, et que la nature les conserve, les multiplie et les fait agir par des causes qui ne sont point en eux ;

2.º Que les animaux qui sont bornés à ne posséder que le *sentiment*, sans avoir aucune faculté d'intelligence, sont réduits à fuir la douleur sans la craindre, et n'agissent alors que pour se soustraire au mal-être lorsqu'ils l'éprouvent ;

3.º Que les animaux qui jouissent à-la-fois de la faculté de sentir, et de celle de former des actes *d'intelligence*, non-seulement fuient la douleur et le mal-être, mais, en outre, qu'ils les craignent ;

4.º Que l'*homme*, considéré seulement dans les phénomènes que l'organisation produit en lui, nonseulement fuit et craint la douleur, ainsi que le mal-être, mais, en outre, qu'il redoute la *mort* ; parce qu'il est très-probable qu'il est le seul être intelligent qui l'ait remarquée, et qui, conséquemment, la connaisse.

Les choses me paraissant être ainsi, voici les distinctions que je crois pouvoir établir à l'égard de la source des actions des différens animaux, et de celle des penchans observés dans un grand nombre de ces êtres.

Animaux apathiques.

Dans les *animaux apathiques*, c'est-à-dire, dans les animaux qui ne jouissent point du sentiment, il n'y a aucun penchant réel, pas même celui à la conservation.

Tout penchant est nécessairement le produit d'un *sentiment intérieur*. Or, ne jouissant point de ce sentiment, aucun penchant ne saurait se manifester en eux.

Ces animaux possèdent seulement la vie animale, ainsi que des habitudes de mouvemens et d'actions qu'ils tiennent d'excitations extérieures. Enfin, les habitudes, les mouvemens et les actions ne sont variés, dans ces différens animaux, que parce que les fluides étrangers qui excitent en eux la vie et les mouvemens, se sont frayés des routes diverses dans leur intérieur, conformément à l'état de leur organisation et à celui de la conformation particulière de leurs corps.

A l'aide de ces causes et des facultés qui sont gé-néralement le propre de la vie, la conservation des individus pendant une durée relative à leur espèce, et leur reproduction, sont assurées.

Animaux sensibles.

Dans les *animaux sensibles*, et que je nomme ainsi, parce qu'ils sont bornés à ne posséder que le sentiment , sans aucune faculté d'intelligence, il existe un *penchant à la conservation* de leur être , parce qu'ils possèdent un sentiment intérieur qui le produit et qui les fait agir lorsque des besoins le sol-licitent. Or, comme tout besoin est un mal-être jus-qu'à ce qu'il soit satisfait, le penchant à la conserva-tion, dans ces animaux, ne se fait ressentir que tem-porairement, c'est-à-dire, qu'aux époques où des besoins se manifestent et provoquent des actions di-rectes.

Ainsi, dans les *animaux sensibles*, le penchant à la conservation ne produit en eux qu'un penchant secondaire, celui qui les porte à fuir le *mal-être* , lorsqu'ils l'éprouvent.

Ce penchant à fuir le mal-être les porte , par le sentiment intérieur :

1.º A fuir la douleur, lorsqu'ils la ressentent ;

2.º A chercher et saisir leur nourriture, lorsqu'ils en éprouvent le besoin ;

3.º A exécuter des actes de fécondation, lorsque leur organisation les y sollicite;

4.º A rechercher des situations douces, des abris, etc.; et s'ils se préparent des moyens favorables à leur conservation, ce n'est uniquement que par des habitudes d'actions que le besoin d'éviter le mal-être leur a fait prendre, selon les races.

Dans les *animaux sensibles*, le penchant à fuir le mal-être paraît être le seul produit du penchant à la conservation; néanmoins, *l'amour de soi-même* existe déjà; mais il se confond encore avec le premier, et ce n'est que dans les animaux suivans qu'il devient distinct.

Animaux intelligens.

Je nomme *animaux intelligens*, ceux qui, plus perfectionnés que les animaux sensibles, jouissent à-la-fois de la faculté de sentir et de celle d'exécuter des actes d'intelligence dans certains degrés.

Dans ces animaux, le penchant à la conservation ne se borne pas seulement à produire un seul penchant secondaire distinct, celui de fuir le mal-être et la douleur; l'intelligence qu'ils possèdent, quoique plus ou moins limitée, selon les races et leurs classes, leur donne une idée de la douleur et du mal-être, les porte à les craindre, à en prévoir la possibilité, et leur fournit en même temps des moyens variés pour les éviter et pour s'y soustraire. Il en résulte que ces mêmes animaux peuvent varier leurs actions, et qu'en effet, différens individus de la même espèce parviennent souvent à satisfaire leurs besoins par des actions qui ne sont pas constamment les mêmes, ainsi qu'on le remarque dans les animaux sensibles.

Malgré cela, j'ai observé que les animaux mêmes dont l'organisation approche le plus de celle de l'homme, et qui, par là, peuvent atteindre à un plus haut degré d'intelligence que les autres, n'acquièrent, en général, qu'un petit nombre d'idées, et ne tendent nullement à en augmenter le cercle. Ce n'est que par les difficultés qu'ils rencontrent dans l'exécution de leurs actions directes, que se trouvant alors forcés d'en produire de nouvelles et d'indirectes pour parvenir à leurs fins, ces animaux portent leur attention sur de nouveaux objets, augmentent le nombre de leurs idées, et varient d'autant plus leurs actions que les difficultés qui les y contraignent, sont plus grandes et plus nombreuses.

Par cet état de choses à leur égard, les penchans secondaires de ces animaux sont au nombre de trois, et se montrent très-distincts; en voici l'indication :

Le *penchant à la conservation*, source de tous les autres, produit dans les animaux intelligens :

1.º Une tendance vers le bien-être;

2.º Un amour de soi-même ;

3.º Un penchant à dominer.

Pour analyser succinctement et successivement chacun de ces penchans secondaires et montrer leurs sous-divisions, voici ce que j'aperçois.

Tendance vers le bien-être.

La tendance vers le *bien-être* est d'un degré plus élevé que celle qui ne porte à fuir le mal-être que dans le cas seulement où on l'éprouve ; cette dernière n'en supposant point l'idée ou la connaissance.

Ainsi, par leur sentiment intérieur, les animaux intelligens sont constamment entraînés vers la recherche du *bien-être*, c'est-à-dire, à fuir ou éviter le mal-être, et à se procurer les jouissances qu'ils éprouvent en satisfaisant à leurs besoins. Ils n'ont point d'attachement à la vie, parce qu'ils ne la connaissent point ; ils ne craignent point la mort, parce qu'ils ne l'ont pas remarquée, et qu'à la vue d'un cadavre, ils n'ont pas remonté, par la pensée, jusqu'aux causes qui l'ont privé de vie et de mouvement ; mais ils ont tous une tendance vers le *bien-être*, parce qu'ils ont joui, et prévoient le danger d'être exposés au mal-être, parce qu'ils ont supporté des privations ou des souffrances dans quelques degrés. On sait assez que le lièvre qui aperçoit un chasseur, que l'oiseau qui s'envole à l'approche d'un homme portant une arme à feu, fuient alors le danger d'éprouver le mal-être ou la douleur, avant de le ressentir.

La tendance vers le bien-être porte donc les animaux intelligens :

* *Par le sentiment intérieur seul :*

1.º A se soustraire à la douleur et à tout ce qui les gêne ou les incommode ;

2.º A rechercher les situations douces, avantageuses, les abris et le soleil dans les temps froids, l'ombre et le frais dans les temps chauds, etc., etc. ;

3.º A satisfaire le besoin de se nourrir, quelquefois même avec voracité, soit par l'attrait qu'ils y trouvent, soit par l'inquiétude de manquer ensuite d'alimens ;

4.º A se livrer aux actes de la fécondation, ou à en rechercher avec ardeur les occasions, lorsque leurs besoins provoqués les y sollicitent ;

5.º A prendre du repos et sommeiller, lorsque leurs autres besoins sont satisfaits.

** *Par l'intelligence, stimulée par leur sentiment intérieur :*

1.º A chasser la proie, la guetter avec patience, lui tendre des piéges ;

2.º A employer des moyens nouveaux et variés, selon les circonstances, pour satisfaire chacun de leurs besoins ;

3.º A la poltronnerie ou à la lâcheté, lorsqu'ils sont faibles, par suite d'une crainte excessive de la douleur ;

4.º A se préserver des dangers au moyen de différentes ruses.

Amour de soi-même.

L'*amour de soi-même* se manifeste, dans les animaux intelligens, par un égoïsme individuel qui se fait souvent remarquer en eux ; il les porte :

* *Par le sentiment intérieur seul :*

1.º A ne donner leur attention qu'aux objets relatifs à leurs besoins ; ce qui borne, en général, leurs idées à un très-petit nombre ;

2.º A s'emparer de la proie des autres, s'ils sont les plus forts ;

3.º A chasser ou combattre les autres animaux qui approchent de leur femelle ou de celle qu'ils convoitent ;

4.º A se préférer à tout autre, lorsqu'il s'agit de se procurer la jouissance d'un avantage quelconque.

** *Par l'intelligence, et à-la-fois par le sentiment intérieur :*

1.º A l'attachement pour leur bienfaiteur, par un sentiment d'intérêt individuel; attachement qu'ils lui témoignent par leur confiance, leur douceur, leurs caresses, leur fidélité, et en conservant le souvenir de ses bienfaits;

2.º A la jalousie envers les autres animaux et surtout envers ceux qui approchent leur bienfaiteur ou leur maître, lorsqu'ils en sont bien traités et qu'ils sont heureux ; considérant en quelque sorte ce maître comme une propriété qu'ils possèdent ;

3.º A la haine envers ceux qui leur ont nui ou les ont maltraités ; haine qu'ils témoignent quelquefois par des vengeances retardées.

Penchant à dominer.

Enfin, le *penchant à dominer*, troisième et dernier de leurs penchans secondaires, se montre clairement dans les animaux dont il s'agit, et les porte :

* *Par le sentiment intérieur seul :*

1.º A quereller, chasser ou combattre les autres, lorsqu'ils sont les plus forts ou qu'ils se croient soutenus;

2.º A poursuivre et attaquer ceux qui fuient ; à battre et même tuer ceux qu'une grande faiblesse, un accident ou une blessure, ont mis hors d'état de se défendre ; et le tout, sans autre besoin à satisfaire que le penchant en question.

** *Par le sentiment intérieur et l'intelligence :*

1.º A la fierté, et même à une espèce de vanité qu'ils témoignent par leur port et leur regard, lorsqu'ils se trouvent bien traités, bien nourris, et dans un état de bien-être habituel ;

2.º A une espèce de mépris et de haine pour les autres individus malheureux, pour ceux qui ont un aspect misérable, pour ceux qui sont sans puissance, sans autorité, etc., etc.

S'il n'était entré dans mon plan de resserrer le plus possible l'étendue de cette cinquième partie, j'aurais ajouté à ces expositions les faits connus et celles de mes observations qui établissent le fondement des penchans que j'attribue à beaucoup d'animaux ; mais il me suffit de montrer que ces penchans sont évidens et peuvent être facilement constatés. Ainsi, lorsque l'on voudra s'occuper de ces objets, il sera difficile de ne pas reconnaître :

1.º Que les *animaux apathiques* n'ont et ne sauraient avoir aucune sorte de penchant par eux-mêmes, parce qu'ils ne possèdent aucun *sentiment intérieur* ;

2.º Que les *animaux sensibles* n'ont qu'un ou deux penchans secondaires ; parce que ces animaux, dépourvus de facultés d'intelligence , ne sauraient varier leurs actions , et qu'ils n'ont que des habitudes qui sont constamment les mêmes dans tous les individus des mêmes espèces ;

3.º Que les *animaux intelligens* ont trois penchans secondaires assez distincts, qui se sous-divisent en plusieurs autres ; parce qu'ayant des facultés d'intelligence , ils peuvent varier leurs actions , lorsque des difficultés , pour satisfaire à leurs besoins , les y contraignent.

Néanmoins, l'analyse des penchans , soit des *animaux sensibles* , soit des *animaux intelligens* , est nécessairement très-bornée ; car les besoins essentiels des uns et des autres ne sont pas nombreux ; et comme les plus perfectionnés de ces animaux ne donnent leur attention qu'aux objets relatifs à leurs besoins essentiels , ils n'acquièrent , en général , qu'un petit nombre d'idées , et ne sauraient offrir beaucoup de diversité dans leurs penchans.

Il n'en est pas de même de l'*homme*, vivant en société : tendant toujours à étendre ses jouissances et ses desirs , il s'est créé peu-à-peu une multitude de besoins divers , étrangers à ceux qui lui étaient essentiels. Enfin , observant tout ce qui peut lui être utile , tout ce qui est relatif à ses nombreux intérêts, à ses jouissances variées et croissantes, il a multiplié, par là, ses idées presqu'à l'infini. Il en est résulté que ses penchans, les mêmes dans leur source que ceux des *animaux sensibles* et des *animaux intelligens*, offrent, non dans tous les individus, mais en raison des circonstances où chacun d'eux se rencontre, une diversité et des sous-divisions presque sans terme.

Essayons, cependant, d'exposer les principaux des penchans de l'homme, de montrer leur véritable source, et d'établir les bases de leur *hiérarchie*, c'est-à-dire, les premières divisions sur lesquelles cette dernière repose.

§ II. *Source des penchans, des passions et de la plupart des actions de l'homme.*

L'*homme* ne doit pas se borner à observer tout ce qui est hors de lui, tout ce qu'il peut apercevoir dans la nature; il doit aussi porter son attention sur lui-même, sur son organisation, sur ses facultés, ses penchans, ses rapports avec tout ce qui l'environne.

Au moins, par une partie de son être, il tient tout-à-fait à la *nature*, et se trouve, par là, entièrement assujéti à ses lois. Elle lui donne, par celles qui régissent son sentiment intérieur, des penchans généraux et d'autres plus particuliers. Il ne saurait entièrement surmonter les premiers ; mais, à l'aide de sa raison et de son intérêt bien saisi, il peut, soit modifier, soit diriger convenablement les autres. Enfin, ceux de ses penchans auxquels il se laisse aller entièrement, se changent alors en *passions* qui le subjuguent, et qui dirigent malgré lui toutes ses actions.

A mesure que l'*homme* s'est répandu dans les différentes contrées du globe, qu'il s'y est multiplié, qu'il s'est établi en société avec ses semblables, enfin, qu'il fit des progrès en civilisation, ses jouissances, ses desirs, et, par suite, ses besoins, s'accrurent et se multiplièrent singulièrement ; ses rapports avec les autres individus et avec la société dont il faisait partie, varièrent, en outre, et compliquèrent considérablement ses intérêts individuels. Alors, les *penchans* qu'il tient de la nature, se sous-divisant de plus en plus comme ses nouveaux besoins, parvinrent à former en lui et à son insu, une masse énorme de liens qui le maîtrisent presque partout, sans qu'il s'en aperçoive.

Il est facile de concevoir que ces penchans particuliers et ces intérêts individuels si variés, se trouvant presque toujours en opposition avec ceux des autres individus ; et que les intérêts des individus devant toujours céder à ceux de la société ; il en résulte nécessairement un conflit de puissances contraires, auquel les lois, les devoirs de tout genre, les convenances établies par l'opinion régnante, et la morale même, opposent une digue trop souvent insuffisante.

Sans doute, l'*homme* naît sans idées, sans lumières, ne possédant alors qu'un sentiment intérieur et des penchans généraux qui tendent machinalement à s'exercer. Ce n'est qu'avec le temps et par l'éducation, l'expérience, et les circonstances dans lesquelles il se rencontre, qu'il acquiert des idées et des connaissances.

Or, par leur situation et la condition où ils se trouvent dans la société, les hommes n'acquérant des idées et des lumières que très-inégalement, l'on sent que celui d'entr'eux qui parvient à en avoir davantage, en obtient des moyens pour dominer les autres ; et l'on sait qu'il ne manque jamais de le faire.

Mais, parmi les hommes qui ont acquis beaucoup d'idées et qui ont beaucoup fréquenté la société de leurs semblables, le conflit d'intérêt, dont j'ai parlé tout-à-l'heure, a fait faire à un grand nombre d'entr'eux des efforts habituels pour contraindre leur *sentiment intérieur*, pour en cacher les impressions, et a fini par leur donner le pouvoir et l'habitude de le maîtriser. L'on conçoit, dès lors, combien ces individus l'emportent en moyens de domination et de succès, dans leurs entreprises à cet égard, sur ceux qui ont conservé plus de candeur. Aussi, pour ceux qui savent étudier l'*homme*, il est curieux d'observer la diversité des masques sous lesquels se déguise l'intérêt personnel des individus, selon leur état, leur rang, leur pouvoir, etc.

Tel est le sommaire resserré des causes générales qui ont amené l'*homme civilisé* à l'état où nous le voyons maintenant en *Europe*; état où, malgré les lumières acquises et même par elles, le plus faible en moyens se trouve toujours victime ou dupe de celui qui en possède davantage; état, enfin, qui asservit toujours l'immense multitude à la domination d'une minorité puissante.

Dans cet état de choses, une seule voie peut nous aider à tirer de notre situation particulière, le parti le plus avantageux pour nous; c'est, selon moi, la suivante. Nous étant fait, d'après la raison, la justice et la morale, un certain nombre de principes dont nous ne devons jamais dévier, nous devons ensuite nous efforcer de reconnaître les penchans que l'*homme* a reçus de la nature, et étudier leurs différens produits, dans les individus de son espèce, selon les circonstances où chacun d'eux se trouve. Cette connaissance nous sera d'une grande utilité dans nos relations avec eux.

Ainsi, pour diriger notre conduite avec le moins de désavantage à l'égard des hommes avec qui nous sommes forcés de vivre ou d'avoir des rapports, nous nous trouverons obligés de les étudier, de remonter, autant qu'il est possible, à la source de leurs actions, et de tâcher de reconnaître la nature de celles qu'ils doivent exécuter selon les différentes circonstances de leur sexe, de leur âge, de leur situation, de leur état, de leur fortune ou de leur pouvoir; nous devrons même considérer, qu'à mesure qu'ils changent d'âge, de situation, d'état, de fortune ou de pouvoir, ils changent aussi constamment dans leur manière de sentir, d'envisager les objets, de juger les choses, et qu'il en résulte toujours pour eux des influences proportionnelles qui régissent leurs actions.

Mais, dans cette étude si difficile, comment parvenir à notre but, si nous ne connaissons point la part considérable qu'ont, sur toutes les actions de l'homme, les *penchans* que la nature lui a donnés !

C'est parce que cette connaissance essentielle m'a paru beaucoup trop négligée, que je vais essayer d'en esquisser les bases d'une manière extrêmement succincte. D'ailleurs, les objets que je vais considérer, ayant été envisagés jusqu'à présent comme formant l'unique domaine du *moraliste*, la part évidente qui, à l'égard de ces objets, appartient au *naturaliste*, ne fut point suffisamment reconnue. Or, c'est cette part seule que je revendique, et qui m'autorise à présenter les bases suivantes de l'*analyse* à faire des penchans de l'*homme* dans l'état de civilisation.

Principaux penchans de l'homme, rapportés à leur source, donnant naissance à ses passions lorsqu'il s'y abandonne, et devant servir de base à l'analyse à faire de tous ceux qu'on observe en lui.

L'*homme*, comme tous les autres êtres sensibles, jouissant d'un *sentiment intérieur* qui, par les émotions qu'il peut éprouver, le fait agir immédiatement et machinalement, c'est-à-dire, sans la participation de sa pensée, a aussi reçu de la nature, par cette voie, un penchant impérieux qui est la source de tous ceux auxquels on le voit, en général, assujéti. Ce sentiment interne qui l'entraîne sans qu'il s'en aperçoive, est :

Le penchant à la conservation.

Le *penchant à la conservation* de son être est, pour tout individu doué du sentiment de son existence, le plus puissant, le plus général et le moins susceptible de s'altérer. Or, ce penchant en produit quatre autres qui sont pareillement communs à tous les individus de l'espèce humaine, qui agissent comme lui sans discontinuité, et qui subissent le moins de changemens dans le cours de la vie. Mais, ceux-ci donnent lieu à une énorme diversité de penchans particuliers, subordonnés les uns aux autres, et dont l'enchaînement hiérarchique, dans *l'homme*, est si difficile à saisir. Le *penchant à la conservation* dont il s'agit, ne saurait nous nuire en rien par lui-même; il ne peut, au contraire, que nous être utile. Ce n'est qu'à l'égard de ceux qu'il fait naître en nous, selon les circonstances, que nous devons nous efforcer de reconnaître, parmi ces derniers, ceux qui peuvent nous entraîner à des écarts nuisibles à nos vrais intérêts, et tâcher de les maîtriser, et de les diriger vers ce qui peut nous être avantageux.

Il n'est pas d'un intérêt médiocre pour nous, de considérer que le *penchant à la conservation*, auquel tout homme est assujéti, produit immédiatement et entretient en lui, en tout tems, quatre sentimens internes, très-puissans, c'est-à-dire, quatre penchans secondaires qui le dominent sans qu'il s'en aperçoive, et l'entraînent à son insu, dans presque toutes ses actions, selon que les circonstances y sont favorables. *L'homme* n'a sur eux, par sa raison, que le pouvoir d'en modérer les effets ou de les diriger vers ses véritables intérêts, lorsqu'il parvient à les bien connaître.

Ces quatre sentimens internes ou penchans secondaires, qui sont généraux pour tous les individus de l'espèce humaine, sont:

1.º Une tendance vers le bien-être;

2.º L'amour de soi-même;

3.º Un penchant à dominer;

4.º Une répugnance pour sa destruction.

Je suis persuadé que c'est à ces quatre penchans secondaires qu'il faut rapporter l'énorme diversité de penchans ou de sentimens particuliers, dont *l'homme*, vivant en société, offre des exemples dans ses actions, et qui prennent leur source, tantôt d'un seul des quatre cités, tantôt de plusieurs à-la-fois. Essayons de reconnaître les premiers produits des quatre penchans dont il s'agit, et nous nous y bornerons.

Tendance vers le bien-être.

La tendance vers le *bien-être* existe chez nous généralement, et concourt à notre conservation ou la favorise. En effet, non-seulement elle entraîne la nécessité pour nous de fuir le mal-être, c'est-à-dire, d'éviter la souffrance, de quelque nature et dans quelque degré qu'elle soit; mais, en outre, elle nous porte sans cesse à nous procurer l'état opposé, c'est-à-dire, le *bien-être*.

Or, le *bien-être* n'est pas encore l'état où l'on serait borné à n'éprouver aucune sorte de mal-être; cet état, même, ne saurait exister pour *l'homme*, parce que ce dernier a toujours quelque desir et par conséquent quelque besoin non satisfait. Mais le *bien-être* se fait constamment ressentir en lui chaque fois qu'il obtient une jouissance quelconque; et

certes, toute jouissance n'a lieu que lorsqu'on satisfait un besoin de quelque nature qu'il soit. On sait
assez que, selon le degré d'exaltation du sentiment
qu'on éprouve alors, on obtient ce qu'on nomme,
soit de la *satisfaction*, soit du *plaisir*.

Il résulte de ces considérations que, surtout pour
l'*homme*, le *bien-être* ne saurait être un état constant; qu'il est essentiellement passager; que l'*homme*
l'obtient, en un degré quelconque, dans chaque
jouissance, et qu'à cet égard il le perd nécessairement
dans chaque besoin entièrement satisfait; qu'il en est
de même du mal-être, quel que soit son degré; que
ce mal-être ne saurait avoir une durée absolue et
uniforme dans un individu, parce qu'il est toujours
interrompu ou en quelque sorte suspendu par quelque genre de jouissance; qu'enfin, c'est de ces alternatives irrégulières de *bien-être* et de *mal-être* que se
compose la destinée de l'*homme*, selon les circonstances de sa situation dans la société, de ses rapports
avec ses semblables, ou de son état physique et
moral.

Ainsi, notre tendance vers le *bien-être*, c'est-à-
dire, vers les jouissances que nous éprouvons en
satisfaisant à quelque besoin, non-seulement nous
fait rechercher les sensations et les situations qui nous
plaisent et qui sont l'objet de nos desirs, mais elle
nous porte aussi à nous soustraire aux peines de l'esprit, à tout ce qui nous inquiète ou afflige notre pen-

sée, en un mot, à tout ce qui pourrait compromettre notre satisfaction ou notre tranquillité intérieure, et par conséquent à nous procurer l'état moral opposé; il faut donc la diviser :

1.º En tendance vers le bien-être *physique* ;

2.º En tendance vers le bien-être *moral*.

Tous les penchans particuliers qui sont les résultats de chacune de ces deux tendances, sont très-faciles à déterminer, surtout si l'on distingue, de part et d'autre, ceux qui naissent des besoins, soit donnés par la nature, soit que nous nous sommes formés, de ceux qui proviennent de *l'attrait* que nous avons pour différentes choses, autre sorte de besoins à satisfaire. Ainsi, il est facile de reconnaître que :

D'une part, notre tendance vers le *bien-être physique* fait naître en nous, selon les circonstances :

1.º Le *besoin* de satisfaire la faim, la soif, lorsqu'elles se font ressentir ; de fuir la douleur, les sensations nuisibles ou désagréables, et tout ce qui incommode ; de nous soustraire aux souffrances, aux maladies, à tout mal-être physique ; d'exécuter à la suite d'excitations intérieures provoquées, les actes qui peuvent pourvoir à la propagation des individus, etc.;

2.º *L'attrait* pour les sensations agréables, les plaisirs des sens, la volupté ; d'où résultent les plaisirs de la table, le goût pour la mollesse, les situations douces et riantes, etc.; enfin, l'amour sensuel, etc., etc.

D'une autre part, notre tendance vers le *bien-être moral* fait naître en nous :

1.º Le *besoin* de satisfaire tous les genres de desir qui sont à notre portée; d'éviter les idées désagréables ou affligeantes et de nous y soustraire; d'acquérir des connaissances usuelles; de maîtriser nos émotions intérieures, nos penchans nuisibles; de jouir d'une satisfaction intérieure;

2.º L'*attrait* pour la liberté, l'indépendance; pour les idées agréables, la variété, les merveilles; pour les jouissances de l'esprit, de la pensée; pour des objets d'agrément de divers genres, etc., etc.

Amour de soi-même.

L'*amour de soi-même*, ou l'intérêt personnel, est le second produit du penchant à la conservation. C'est un sentiment généralement inhérent en nous, qui concourt à notre conservation en nous la faisant aimer, et qui ne saurait nous nuire par lui-même, mais seulement par ceux de ses produits que la raison n'a pas su modérer. Pour commencer son *analyse*, il faut considérer ses résultats généraux :

1.º Par le sentiment intérieur seul;

2.º Par le sentiment intérieur et la pensée libre;

3.b Par le sentiment intérieur et la pensée réglée par la raison.

Par le *sentiment intérieur* seul, l'amour de soi-même, selon les circonstances, donne lieu :

1.º A des *mouvemens involontaires* qui s'exécutent sans préméditation ; tels que ces tressaillemens à un grand bruit inattendu ; ces mouvemens qui font fuir un danger subit et imminent ; ceux qui nous font détourner nombre de fois dans une rue ou une promenade remplie de monde, sans y donner attention ;

2.º A des *faiblesses* ; telles que de la frayeur à l'approche ou l'arrivée d'un danger ; de la lâcheté dans les entreprises périlleuses ; de la timidité devant tout ce qui en impose ; des manies de divers genres qu'une habitude irréfléchie fait contracter ;

3.º A des *aversions* ou à des *affections* ; savoir : à l'aversion pour tout ce qui nous nuit ou nous est contraire ; source de la *haine :* à l'affection, au contraire, pour tout ce qui nous sert, nous ressemble moralement, et partage nos goûts ; source de l'*amitié*.

Par le *sentiment intérieur* et la *pensée libre*, c'est-à-dire, la pensée que la raison ne contraint à aucune mesure, l'amour de soi-même, selon les circonstances, donne lieu, soit à deux sentimens désordonnés, soit à une force d'action sans limites.

Ainsi, par les voies que je viens de citer, l'amour de soi-même fait naître en nous, selon les circons-

tances, les deux sentimens désordonnés suivans; savoir :

1.º L'*amour-propre* qui nous porte à être satisfaits de nos qualités personnelles, et à nous persua-
der que nous inspirons aux autres une opinion avan-
tageuse de nous.

On sait assez que, parmi les produits de ce sentiment, il faut compter celui qui nous porte à n'être
jamais mécontens de notre esprit, de notre jugement,
de notre intelligence; celui qui fait que nous préten-
dons poser la limite des connaissances où les autres
peuvent parvenir, d'après celle que notre degré d'intelligence et nos connaissances propres tracent pour
nous; celui, enfin, qui fait que nous ne cherchons
dans les ouvrages des autres, que nos opinions, ou
ce qui nous flatte. Parmi ces produits excessifs, on
sait encore qu'il faut compter la vanité, l'ostentation,
la suffisance, l'orgueil, en un mot, l'envie envers
ceux qu'un vrai mérite distingue;

2.º L'*égoïsme* qui se distingue de l'amour-propre
en ce que l'individu égoïste n'a aucun égard à l'opinion qu'on a de lui, et ne voit en tout que lui-même,
et que son intérêt, presque toujours mal jugé.

On sait que ce sentiment désordonné donne lieu à
l'avarice, à la cupidité, à la passion du jeu, etc.;
nous entraîne à ne connaître d'autre justice que notre intérêt personnel; à faire, au besoin, un accom-
modement avec les principes; et nous porte, en ou-

tre, à la conservation des préventions qui sont dans notre intérêt, à l'indifférence envers tout ce qui nous est étranger, à la dureté, l'insensibilité à l'égard des peines, des souffrances et des malheurs des autres, etc., etc.

Par les mêmes voies citées, l'amour de soi-même donne lieu, quelquefois, à une force d'action qui semble sans mesure; telle que l'*audace*, la *témérité* même de celui qui, animé par un grand intérêt, sans examen des périls, s'y précipite aveuglément, et souvent sans nécessité.

Par le *sentiment intérieur* et la *pensée dirigée par la raison*, l'amour de soi-même, alors parfaitement réglé, donne lieu à ses plus importans produits; savoir :

1.º A la *force* qui constitue l'homme laborieux; que la longueur et les difficultés d'un travail utile ne rebutent point;

2.º Au *courage* de celui qui, ayant la connaissance du danger, s'y expose néanmoins lorsqu'il sent que cela est nécessaire;

3.º A l'*amour de la sagesse*.

Or, ce dernier, qui seul constitue la vraie *philosophie*, distingue éminemment l'homme qui, dirigé par ce que l'observation, l'expérience, et une méditation habituelle lui ont fait connaître, n'emploie, dans ses actions, que ce que la justice et la raison lui conseillent. Ce qui le porte :

1.º A l'amour de la vérité en toute chose, et à l'acquisition de nouvelles connaissances positives et de tout genre ; afin de rectifier de plus en plus ses jugemens ;

2.º A fuir partout et en tout les extrêmes ;

3.º A la modération dans ses desirs, et à une sage retenue dans ses besoins non essentiels ;

4.º A la mesure dans toutes ses actions, et à l'éloignement pour toute affectation quelconque ;

5.º A la conservation des convenances partout ;

6.º A l'indulgence, la tolérance, l'humanité et la bonté envers les autres ;

7.º A l'amour du bien public et de tout ce qui est utile à ses semblables ;

8.º Au mépris de la mollesse, et à une espèce de dureté envers lui-même, qui le soustrait à cette multitude de besoins factices qui asservissent ceux qui s'y livrent ;

9.º A la résignation, et, s'il est possible, à l'impassibilité morale dans les souffrances, les revers, les injustices, les oppressions, les pertes, etc. ;

10.º Au respect pour l'ordre, les institutions publiques, les autorités, les lois, la morale, en un mot, la religion.

La pratique de ces dix maximes caractérise la vraie *philosophie*, soustrait *l'homme* aux produits désordonnés de ses penchans, aux passions qui peuvent l'agiter, et lui donne la dignité à laquelle il est le seul, parmi les êtres intelligens, qui puisse atteindre.

Penchant à dominer.

Le *penchant à dominer* est le troisième de ceux qui résultent de notre penchant à la conservation. Il est constant et général dans tous les *hommes*, se manifeste même dès leur enfance, et agit sans cesse à leur insu. Ce penchant provient de ce qu'ils sentent intérieurement que, plus ils l'emportent sur les autres en quelque chose, plus aussi ils en obtiennent de moyens pour favoriser leur bien-être, et pourvoir à leur conservation.

Le penchant dont il s'agit est le plus énergique de ceux que nous tenons de la nature, et développe plus ou moins ses produits selon que la destinée de l'individu et les diverses circonstances de la situation où il se trouve dans la société, y sont plus ou moins favorables. En effet, l'infortune, l'oppression et la servitude habituelle, l'éteignent en grande partie dans le commun des hommes ; tandis que le bonheur et les succès constans accroissent alors considérablement son énergie. De là vient que son activité est extrême dans l'*homme* à qui tout prospère ; et qu'au contraire, la bonté, l'humanité, la modération, la sagesse même, ne se rencontrent guère que dans celui qui a beaucoup souffert de l'injustice des autres.

C'est ce penchant à dominer, en un mot, à l'emporter en quelque chose sur les autres, qui produit dans l'*homme* cette agitation sourde et générale, qui ne lui permet point d'être entièrement satisfait de son sort ; agitation qui devient d'autant plus active qu'il a plus d'idées, et que son intelligence a reçu plus de développement, parce qu'il s'irrite alors continuellement des obstacles que son penchant rencontre de toutes parts.

On sait assez que nul n'est content de sa fortune, quelle qu'elle soit ; que nul ne l'est pareillement de son pouvoir ; et même que l'*homme* qui déchoit dans ces objets, est toujours plus malheureux que celui qui n'avance point. Enfin, l'on sait que toute uniformité de situation physique et morale qu'un travail soutenu ne détruit point, bornant nécessairement notre tendance intérieure ; cette uniformité, dis-je, amène en nous ce vide, ce mal-être obscur et moral qu'on nomme *ennui*, et nous fait du changement un besoin insatiable, source de notre attrait pour la *diversité*.

Ce même penchant nous porte donc continuellement à augmenter nos moyens de domination ; et nous ne manquons jamais de l'exercer, soit par le pouvoir, soit par la richesse, soit par la considération, soit, enfin, par des distinctions d'un genre ou d'un ordre quelconque, toutes les fois que nous en trouvons l'occasion.

Dans les actions de l'*homme*, le penchant à dominer se déguise sous une multitude infinie de formes, selon les circonstances qui concernent l'individu; mais il est toujours assez facile de reconnaître son influence.

C'est ce penchant qui donne lieu à l'obstination dans les disputes, à l'intolérance dans quelque genre que ce soit, à la tyrannie envers ceux qui sont assujétis à notre pouvoir, quel que soit son degré, enfin, à la méchanceté et même à la cruauté, lorsque notre intérêt de domination nous paraît l'exiger.

Lorsque nous ne dominons nullement, soit par le pouvoir, soit par la richesse, le penchant dont il s'agit nous porte alors à l'emporter sur les autres, au moins en quelque chose; et dans ce cas, c'est lui qui nous fait faire quelquefois des efforts extraordinaires pour nous distinguer dans telle ou telle partie des sciences, des lettres ou des beaux-arts. De là vient que la plupart de ceux qui dominent éminemment par la puissance ou la richesse, mettent si peu d'intérêt à étendre leurs connaissances, et font de la science et des talens un cas si médiocre : ils ont, pour maîtriser les autres, une voie plus assurée.

L'un des produits les plus remarquables de notre *penchant à dominer* est l'*ambition*; sentiment dont le germe est dans tous les *hommes*, se développe avec l'âge et par l'espérance, mais n'acquiert de véhémence que lorsque les circonstances y sont favorables. Or , l'*ambition*, développée et transformée en passion par des circonstances qui la favorisent, tourmente sans cesse celui qui l'éprouve, accroît son énergie avec le succès, et a pour caractère singulier, celui de n'être jamais satisfaite. Ce sentiment véhément donne à ceux qui s'y abandonnent, un desir ardent de parvenir, par tout moyen, à la fortune, aux places ou aux dignités, au crédit ou à la réputation, enfin, à la puissance. Sans doute, ces quatre tendances que donne l'*ambition*, ont rarement lieu toutes à-la-fois, mais seulement une seule ou quelques-unes d'entr'elles, selon les circonstances.

Je n'entreprendrai point d'analyser ici les divers genres d'efforts, les voies et les moyens que le *penchant à dominer*, et que l'*ambition* qui en est le résultat, font employer aux différens individus, dans cette multitude de situations où leur position particulière dans la société les a placés ; ils sont assez connus.

Répugnance pour sa destruction.

Le quatrième et dernier produit du penchant à la conservation, est ce sentiment intérieur et naturel qui donne à l'*homme* une répugnance ou une aversion constante pour la destruction de son être. Ce sentiment, que l'*homme* seul possède, et qui lui est général, parce que, très-probablement, il est le seul être intelligent qui connaisse la *mort*, me paraît la source de l'espoir qu'il a conçu d'une autre existence sans terme, qui doit succéder pour lui à la première; et peut-être une suggestion intime l'avertit-elle que cet espoir est fondé. Or, *l'homme* ayant su s'élever jusqu'à l'ÊTRE SUPRÊME, par sa pensée, à l'aide de l'observation de la nature, ou par d'autres voies, cette grande pensée a étayé son espérance, et lui a inspiré des sentimens religieux, ainsi que les devoirs qu'ils lui imposent.

Je ne montrerai point comment ces sentimens religieux peuvent être modifiés par certains de ces penchans naturels qui, trop souvent, maîtrisent *l'homme* dans ses actions; ni comment le fanatisme et l'intolérance religieuse, qui diffèrent si considérablement de la vraie piété, peuvent résulter de son penchant à la domination. Ce qui précède doit suffire pour l'éclaircissement de ces objets.

Ayant indiqué le produit de la répugnance de *l'homme* pour sa destruction, là, doit se borner tout ce qui est du ressort du *naturaliste*, ainsi que tout ce qu'il peut rapporter à la nature; mais, comme je l'ai dit, cette source de l'espoir de *l'homme* n'exclut point d'autres voies qui ont pu l'éclairer sur un sujet si important pour lui.

Ici, se termine l'exposé succinct que j'ai entrepris de faire des penchans de *l'homme*, rapportés à leur source, et qu'il tient évidemment de son organisation. Ce n'est, sans doute, qu'une esquisse très-imparfaite du sujet que je me suis proposé de traiter ; mais elle suffit à l'objet que j'avais en vue, et se trouve fondée sur des principes incontestables.

Comme *naturaliste,* je crois avoir rempli ma tâche; et je le devais, parce qu'elle complette les considérations qui font connaître les produits de l'organisation. Mais, celle de l'homme, profond observateur de ses semblables, de leurs penchans, variés selon les circonstances où ils se trouvent, enfin, des passions qui trop souvent les maîtrisent, lorsqu'ils ne se sont point exercés à les dominer, celle-là, dis-je, reste encore toute entière à remplir.

En effet, il s'agit, en cela, de pénétrer dans les détails des dernières divisions ; d'assigner les complications de causes qui déterminent tant d'actions que l'on observe; en un mot, de saisir et faire connaître cette multitude de nuances délicates, dans les causes agissantes, qui font varier de tant de manières les actions observées.

La diversité des goûts, des penchans, des desirs, et même des passions, dont les individus de l'espèce humaine offrent des exemples, est si grande, que ceux qui ont voulu étudier le cœur de l'*homme*, en sonder la profondeur, pénétrer dans tous ses replis, l'ont regardé comme un *dédale* immense dans lequel il était bien difficile de ne point s'égarer.

Je ne prétends pas avoir dénoué complétement ce

nœud gordien; mais j'ai tenté d'introduire quelque ordre dans l'étude de ce grand sujet, et je crois avoir montré les principales causes de nos penchans, et même de nos passions; enfin, selon mes aperçus, j'ai essayé d'établir les bases d'après lesquelles le défrichement de ce vaste champ d'étude doit être opéré.

Ainsi, lorsque je considère l'*homme*, seulement sous le rapport de son organisation et des lois de la *nature*, je vois qu'il est, comme les animaux sensibles, assujéti, dans ses actions, aux influences puissantes d'une cause première, d'où dérivent ses penchans divers, ainsi que ses passions; et, en effet, en remontant à cette source, je reconnais qu'il n'est presqu'aucune des actions de l'*homme* qui ne puisse y être rapportée.

Je vois ensuite que, si, connaissant la cause première de ses penchans, et la *hiérarchie* de celles qui y sont subordonnées, l'on prend la peine de considérer, dans un individu quelconque, son sexe, son âge, sa constitution physique, son état, sa fortune, les changemens importans que cette dernière a pu tout-à-coup subir, en un mot, les circonstances particulières dans lesquelles cet individu se rencontre, il sera possible de prévoir, en général, la nature des actions qu'il exécutera dans les cas qui peuvent nous intéresser.

Ce qui mérite surtout d'être remarqué, c'est que l'*homme* est, de tous les êtres intelligens, celui sur lequel l'influence des circonstances paraît exercer le plus de pouvoir ; ce qui est cause qu'il offre, dans ses qualités, ou sa manière d'être, les différences les plus considérables, relativement aux individus de son espèce. On ne saurait croire jusqu'à quel point cette influence le modifie dans son intelligence, sa manière de voir, de sentir, de juger, et même dans ses penchans.

En effet, la situation des individus dans la société, quelle qu'elle soit, et par conséquent les circonstances qui concernent leurs habitudes, leurs travaux, leur état, leur fortune, leur naissance, leurs dignités, leur pouvoir, etc., offrant une diversité presqu'infinie ; il y en a aussi une si grande dans leurs qualités particulières, qu'en considérant les extrêmes, on trouve une différence immense entre un homme et un autre. C'est à cette cause, amenée par la civilisation, qu'est dû ce défaut d'unité qu'on observe à l'égard des individus de l'espèce humaine, quoique, dans tous, le type général de l'organisation soit le même.

Ainsi, l'on peut dire que, de tous les êtres intelligens, l'*homme* est celui qui présente, parmi les individus de son espèce :

Tantôt, sous le rapport de l'*intelligence*, soit l'être le plus ignorant, le plus pauvre en idées, le plus stupide, le plus grossier, le plus vil, et quelquefois, même, se trouvant presqu'au-dessous de l'animal à cet égard ; soit l'être le plus spirituel, le plus solide en jugement, le plus riche en idées et en connaissances, enfin, celui dont le génie vaste atteint jusqu'à la sublimité ;

Et tantôt, sous le rapport du *sentiment*, soit l'être le plus humain, le plus aimant, le plus bienfaisant, le plus sensible, le plus juste; soit le plus dur, le plus injuste, le plus méchant, le plus cruel, surpassant même en méchanceté les animaux les plus féroces.

Le propre des *circonstances* dans lesquelles se trouvent les individus, dans une société quelconque, est donc de donner lieu à une diversité d'autant plus grande dans leurs pensées, leurs sentimens, leurs moyens et leurs actions, que l'intelligence de ces individus a été plus ou moins exercée, et par suite, plus ou moins développée.

Le développement de son intelligence, est, sans doute, pour l'homme, d'un très-grand avantage ; mais l'extrême inégalité que la civilisation produit nécessairement dans celui des différens individus, ne saurait être favorable au bonheur général. On en trouve la cause dans le fait suivant bien observé. Plus l'intelligence est développée dans un individu, plus il en obtient de moyens, et plus, en général, il en profite pour se livrer avec succès à ses penchans. Or, les plus énergiques de ces penchans, tels que *l'amour de soi-même* et surtout celui de la *domina-*

tion, se trouvant favorisés par un plus grand développement d'intelligence, l'on peut juger de l'étendue de leurs produits, d'après le degré de puissance
que cet individu possède dans la société.

Cependant, que l'on ne s'y trompe pas, ainsi qu'un
célèbre auteur; si, sous certains rapports, l'intelligence très-développée fournit à ceux qui la possèdent, de grands moyens pour abuser, dominer,
maîtriser, et trop souvent pour opprimer les autres;
ce qui semblerait rendre cette faculté plus nuisible
qu'utile au bonheur général de toute société, puisque
la civilisation entraîne une immense inégalité de lumières entre les individus; sous d'autres rapports,
cette même intelligence, dans un haut degré, favorise et fortifie la raison, fait mettre à profit l'expérience, en un mot, conduit à la vraie philosophie, et,
sous ce point de vue, dédommage amplement ceux
qui en jouissent. Ainsi, l'on peut dire qu'elle est
toujours très-avantageuse aux individus qui en sont
doués. Mais la multitude qui ne saurait en posséder
une semblable, en souffre nécessairement. Ce n'est
donc que l'*inégalité* des lumières entre les hommes
qui leur est nuisible, et non les lumières elles-
mêmes.

Au *moral*, comme au *physique*, le plus fort
abuse presque toujours de ses moyens au détriment
du plus faible : tel est le produit des penchans naturels qu'une forte raison ne modère pas.

D'après ce qui vient d'être exposé, je crois qu'il sera facile de reconnaître pourquoi, parmi les différens modes de gouvernement, ceux qui sont les plus favorables au bonheur des nations sont si difficiles à établir; pourquoi l'on voit presque toujours une lutte plus ou moins grande entre les gouvernans qui la plupart tendent au pouvoir arbitraire, et les gouvernés qui s'efforcent de se soustraire à ce pouvoir; enfin, pourquoi cette portion de la liberté individuelle, qui est compatible avec l'institution et l'exécution des bonnes lois, éprouve tant d'obstacles pour être obtenue, et ne peut long-temps se conserver là où l'on a pu l'obtenir.

Deux *hommes célèbres*, mais sous des rapports bien différens, ont adressé des maximes aux souverains : l'un, pour la félicité des peuples ; l'autre, au profit du pouvoir arbitraire. Que l'on compare le nombre des prosélites qu'a faits le premier, avec celui du second, et l'on jugera de l'influence des causes que j'ai indiquées !

Ainsi, cet ordre de choses, que l'on voit partout, tient à la nature de l'*homme*, et, quoi que l'on fasse, sera toujours ce qu'il est. Le naturel de l'*homme* ne s'efface jamais entièrement, quoiqu'à l'aide de la raison il puisse être jusqu'à un certain point modifié.

Quel que soit le système de société dans lequel il vit, l'homme étant, de tous les êtres intelligens, celui qui a le plus de penchans naturels et le plus de moyens pour varier ses actions ; on peut assurer qu'il sera toujours agité, regrettant le passé, jamais satisfait du présent, fondant continuellement son bonheur sur l'avenir, et difficilement ou incomplétement heureux, surtout si une forte raison, c'est-à-diré, la philosophie, ne vient à son secours.

Je m'arrête là : le développement des objets qui viennent d'être cités, m'éloignerait du but que je me propose d'atteindre.

Passons maintenant à un sujet plus élevé et plus grave encore que ceux dont nous nous sommes occupés jusqu'ici, et qui est indispensable pour compléter la liaison de tout ce que nous avons exposé, même à l'égard des animaux ; passons à l'objet qui devrait le plus intéresser le *naturaliste*, au plus important de ceux qu'il était nécessaire de traiter dans cette Introduction ; enfin, à l'essai d'une détermination de ce qu'est réellement la *nature*, et des idées que nous devons nous former de cette puissance à laquelle nous sommes forcés d'attribuer tant de choses, en un mot, à laquelle les animaux doivent tout ce qu'ils sont, et tout ce qu'ils possèdent.

———

SIXIÈME PARTIE.

De la NATURE*, ou de la puissance, en quelque sorte* mécanique*, qui a donné l'existence aux animaux, et qui les a faits nécessairement cé qu'ils sont.*

—

Il importe maintenant de montrer qu'il existe des puissances particulières qui ne sont point des *intelligences*, qui ne sont pas même des êtres individuels, qui n'agissent que par nécessité, et qui ne peuvent faire autre chose que ce qu'elles font. Or, si, selon l'expression des *naturalistes*, les animaux font partie des productions de la nature ; voyons d'abord si ce qu'on nomme la *nature* ne serait pas une de ces puissances particulières dont je viens de parler. Nous examinerons ensuite ce que peut être cette puissance singulière, capable de donner l'existence à des êtres aussi admirables que ceux dont il s'agit !

Cependant, la première pensée qui se présente lorsque nous examinons cette question : *quelle est l'origine immédiate de l'existence des animaux ?* est d'attribuer cette existence à une puissance intelligente et sans bornes, qui les a faits, tous à-la-fois, ce qu'ils sont chacun dans leur espèce.

Cette pensée, très-juste au fond, prononce néanmoins sur la question du mode d'exécution de la volonté supérieure, avant de savoir ce que l'observation peut nous apprendre à cet égard. Comme les faits observés et constatés sont des objets plus positifs que nos raisonnemens, ces faits nous forcent maintenant de nous décider entre les deux questions suivantes :

La puissance intelligente et sans bornes qui a fait exister tous les êtres physiques que nous observons, les a-t-elle créés immédiatement et simultanément; ou n'a-t-elle pas établi un ordre de choses, constituant une puissance particulière et dépendante, mais capable de donner successivement l'existence à tant d'êtres divers?

A l'égard de ces deux modes d'exécution de la *volonté suprême*, ne supposant pas même la possibilité du second, notre pensée, avant la connaissance des faits, se décida en faveur du premier; et l'on va voir que les apparences semblaient en étayer le fondement.

En effet, tous les corps que nous observons, nous offrent généralement, chacun dans leur espèce, une existence, à la vérité, plus ou moins passagère; et même, pendant la durée de cette existence, nous voyons en eux la possibilité ou la nécessité de subir divers changemens. Mais aussi, tous ces corps se montrent ou se retrouvent constamment les mêmes à nos yeux, ou à-peu-près tels, dans tous les tems ; et on les voit toujours, chacun avec les mêmes qualités ou facultés, et avec la même possibilité ou la même nécessité d'éprouver des changemens.

D'après cela, dira-t-on, comment vouloir leur supposer une formation, pour ainsi dire, *extra-simultanée*, une formation successive et dépendante, en un mot, une origine particulière à chacun d'eux, et dont le principe puisse être déterminable ! pourquoi ne les regarderait-on pas plutôt comme aussi anciens que la *nature*, comme ayant la même origine qu'elle-même, et que tout ce qui a eu un commencement ?

C'est, en effet, ce que l'on a pensé, et ce que pensent encore beaucoup de personnes même très-instruites : elles ne voient, dans toutes les espèces, de quelque sorte qu'elles soient, inorganiques ou vivantes ; elles ne voient, dis-je, que des corps dont l'existence leur paraît à-peu-près aussi ancienne que celle de la *nature*, que des corps qui, malgré les changemens et l'existence passagère des individus, se retrouvent les mêmes dans tous les renouvellemens.

Or, l'existence de ces espèces, que nous revoyons toujours à très-peu-près semblables, quoique les corps qui en constituent les individus, changent, passent et reparaissent plus ou moins promptement, est donc, disent ces mêmes personnes, le résultat d'un grand pouvoir qui y a donné lieu, d'un pouvoir, en un mot, au-dessus de toutes nos conceptions !

Il doit être, effectivement, bien grand, le pouvoir qui a su donner l'existence à tous les corps, et les faire généralement ce qu'ils sont! car, si l'on observe un animal, même le plus imparfait, tel qu'un *infusoire* ou un *polype*, on est frappé d'étonnement à la vue de ce singulier corps, de son état, de la vie qu'il possède, et des facultés qu'il en obtient; on l'est, surtout, en considérant que le corps si simple et si frêle que je viens de citer, est non-seulement susceptible de s'accroître et de se reproduire lui-même, mais qu'il a, en outre, la faculté de se mouvoir; on l'est bien davantage ensuite, à mesure que l'on observe les animaux des ordres plus relevés, et principalement lorsqu'on vient à considérer ceux qui sont les plus parfaits; car, parmi les facultés nombreuses que possèdent ces derniers, il s'en trouve de la plus grande éminence, puisque la faculté de *sentir*, qui est déjà si admirable en elle-même, est encore inférieure à celle de se former des idées conservables, de les employer à en former d'autres, en un mot, de comparer les objets, de juger, de penser. Cette dernière faculté surtout, est pour nous une merveille si grande, qu'il nous semble impossible que la *nature* soit capable d'en amener la production.

Si les animaux, en qui nous observons de pareilles facultés, sont des machines; assurément, ces machines sont bien dignes de notre admiration! elles doivent singulièrement nous étonner, puisque nous avons tant de peine à les concevoir, et qu'il nous est absolument impossible de faire quelque chose qui en approche.

Toutes ces considérations parurent et paraissent donc encore aux personnes dont j'ai parlé, des motifs suffisans pour penser que la *nature* n'est point la cause *productrice* des différens corps que nous connaissons; et que ces corps, se remontrant les mêmes (en apparence), dans tous les tems, et avec les mêmes qualités ou facultés, doivent être aussi anciens que la *nature*, et avoir pris leur existence dans la même cause qui lui a donné la sienne.

S'il en est ainsi, ces corps ne doivent rien à la *nature*; ils ne sont point ses productions; elle ne peut rien sur eux; elle n'opère rien à leur égard; et, dans ce cas, elle n'est point une puissance; des lois lui sont inutiles; enfin, le nom qu'on lui donne est un mot vide de sens, s'il n'exprime que l'existence des corps, et non un pouvoir particulier qui opère et agit immédiatement sur eux.

Mais, si nous examinons tout ce qui se passe journellement autour de nous, si nous recueillons et

suivons attentivement les faits que nous pouvons
observer, les idées si spécieuses que je viens de citer,
perdront alors de plus en plus le fondement qu'elles
semblaient avoir.

En effet, nous observons des changemens, lents
ou prompts, mais réels, dans tous les corps, selon
les circonstances de leur nature et celles de leur
situation; en sorte que les uns se détériorent de plus
en plus, sans jamais réparer leurs pertes et sont à la
fin détruits, tandis que les autres, qui subissent sans
cesse des altérations et les réparent eux-mêmes pendant une durée limitée, finissent aussi, néanmoins,
par une destruction entière. Cependant, malgré ce
dernier résultat de tout corps quelconque, nous en
retrouvons constamment les mêmes sortes, les
mêmes espèces, et nous les rencontrons dans tous
les états, dans tous les degrés de changement.

Pouvons-nous donc méconnaître l'existence d'un
pouvoir général, toujours agissant, toujours opérant
des produits manifestes en changement, en formation
et en destruction des corps! selon des circonstances
favorables observées, ne voyons-nous pas nous-
mêmes plusieurs de ces corps se former presque sous
nos yeux, tels que le *soufre* en certains lieux, l'*alun*
dans d'autres, le *salpêtre* dans d'autres encore, etc., etc.

Nos observations ne se bornent point seulement
à nous convaincre de l'existence d'un grand pouvoir
toujours agissant, qui change, forme, détruit et

renouvelle sans cesse les différens corps ; elles nous montrent, en outre, que ce pouvoir est limité, tout-à-fait dépendant, et qu'il ne saurait faire autre chose que ce qu'il fait ; car, il est partout assujéti à des lois de différens ordres qui règlent toutes ses opérations ; lois qu'il ne peut ni changer ni transgresser, et qui ne lui permettent jamais de varier ses moyens dans la même circonstance.

Non-seulement ce grand pouvoir existe ; mais il a lui-même celui d'en instituer d'autres, pareillement dépendans, moins généraux et parmi lesquels on en connaît un qui est encore admirable dans ses produits.

En effet, dans l'organisation, animée par la *vie*, nous remarquons une véritable puissance qui change, qui répare, qui détruit, et qui produit des objets qui n'eussent jamais existé sans elle.

Cette puissance particulière, qu'on nomme la *vie*, et dont tous les corps vivans sont l'unique domaine, agit toujours nécessairement, selon des lois régulatrices de tous ses actes. Nous l'avons, effectivement, déjà suivie dans un grand nombre des actes qu'elle opère, nous avons même saisi plusieurs de ses lois, et nous nous sommes assurés qu'elle agit toujours de la même manière, dans les mêmes circonstances. Mais, la puissance dont il est question, n'exerce son pouvoir que sur une seule sorte de corps ; et comme elle est le produit de la puissance générale qui l'a établie, elle se détruit elle-même dans chaque corps de son domaine; tandis que l'autre subsiste toujours la même, parce qu'elle tient son existence d'une source bien différente et infiniment supérieure !

Ainsi, le pouvoir général qui embrasse dans son domaine tous les objets que nous pouvons apercevoir, de même que ceux qui sont hors de la portée de nos observations, et qui a donné immédiatement l'existence aux végétaux, aux animaux, ainsi qu'aux autres corps, est véritablement un pouvoir limité et en quelque sorte aveugle; un pouvoir qui n'a ni intention, ni but, ni volonté; un pouvoir qui, quelque grand qu'il soit, ne saurait faire autre chose que ce qu'il fait; en un mot, un pouvoir qui n'existe lui-même que par la volonté d'une puissance supérieure et sans bornes, qui, l'ayant institué, est réellement *l'auteur* de tout ce qui en provient, enfin, de tout ce qui existe.

Le pouvoir aveugle et limité dont il s'agit, et que nous avons tant de peine à reconnaître, quoi-qu'il se manifeste partout, n'est point un être de raison : il existe certainement; et nous n'en saurions douter, puisque nous observons ses actes, que nous le suivons dans ses opérations, que nous voyons qu'il ne fait rien que graduellement, que nous remarquons qu'il est partout soumis à des lois, et que déjà nous sommes parvenus à connaître plusieurs de celles qui le régissent.

Or, ce pouvoir circonscrit, que nous avons si peu considéré, si mal étudié; ce pouvoir auquel nous attribuons presque toujours une intention et un but dans ses actes; ce pouvoir, enfin, qui fait toujours nécessairement les mêmes choses dans les mêmes circonstances, et qui, néanmoins, en fait tant et de si admirables, est ce que nous nommons la *nature*.

Qu'est-ce donc que la *nature?* Qu'est-elle cette puissance singulière qui fait tant de choses, et qui cependant est constamment bornée à ne faire que celles-là? Qu'est-elle, encore, cette puissance qui ne varie ses actes qu'autant que les circonstances, dans lesquelles elle agit, ne sont point les mêmes? Enfin, à quoi s'applique ce mot la *nature*, cette dénomination si souvent employée, que toutes les bouches prononcent si fréquemment, et que l'on rencontre presqu'à chaque ligne dans les ouvrages des *natu-ralistes*, des *physiciens* et de tant d'autres?

Il importe assurément de fixer à la fin nos idées, s'il est possible, sur une expression dont la plupart des hommes se servent communément, les uns par habitude et sans y attacher aucune idée dé-terminée, les autres en y appliquant des idées réel-lement fausses.

A l'idée que l'on s'est formée d'une puissance, l'on a presque toujours associé celle d'une *intelli-gence* qui dirige ses actes; et, par suite, l'on a at-tribué à cette puissance une intention, un but, une volonté. Sans doute, on ne peut nier qu'il n'en soit ainsi, à l'égard du pouvoir suprême ; mais il y a aussi des puissances assujéties et bornées, qui n'agissent que nécessairement, qui ne peuvent faire autre chose que ce qu'elles font, et qui ne sont point des *intelligences*. Ce sont seulement des causes agissantes ; et même toute cause capable de produire un effet, est déjà une puissance réelle ; à plus forte raison celle qui en produit de nombreux et de très-remarquables.

Par exemple, tout ordre de choses, animé par un mouvement, soit épuisable, soit inépuisable, est une véritable *puissance* dont les actes amènent des faits ou des phénomènes quelconques.

La *vie*, dans un corps, en qui l'ordre et l'état de choses qui s'y trouvent, lui permettent de se manifester, est assurément, comme je l'ai dit, une véritable *puissance* qui donne lieu à des phénomènes nombreux ; cette puissance, cependant, n'a ni but, ni intention, ne peut faire autre chose que ce qu'elle fait, et n'est elle-même qu'une cause agissante, et non un être particulier.

Or, il s'agit de montrer que la *nature* est tout-à-fait dans le même cas ; avec cette différence que sa source est inépuisable, tandis que celle de la *vie* se tarit nécessairement.

Sans doute, sur ce qui concerne la *nature*, je n'ai à dire que très-peu de choses, relativement à ce qui n'est pas encore bien connu ; mais ce peu de choses est positif, puisqu'il est fondé sur les faits. Or, la connaissance de ce que je puis montrer à ce sujet doit être importante; car, elle seule peut nous aider à découvrir la source de tout ce que nous observons à l'égard des animaux et des autres corps que nous pouvons apercevoir. Il est donc nécessaire de l'exposer et de fixer nos idées sur des objets que l'observation nous a fait connaître.

Parmi les différentes confusions d'idées auxquelles le sujet que j'ai ici en vue a donné lieu, j'en citerai deux comme principales ; savoir : celle qui consiste en ce que bien des personnes regardent comme synonymes, les mots *nature* et *univers* ; et celle qui fait penser à la plupart des hommes que la *nature* et son SUPRÊME AUTEUR sont pareillement synonymes.

Je vais essayer de montrer que ces deux considérations sont l'une et l'autre sans fondement, et commencer par réfuter la première.

Ces deux mots, la *nature* et l'*univers*, si souvent employés et confondus, auxquels on n'attache, en général, que des idées vagues, et sur lesquels la détermination précise de l'idée que l'on doit se former de chacun d'eux, paraît une folle entreprise à certaines personnes, me semblent devoir être distingués dans leur signification; car, ils concernent des objets essentiellement différens. Or, cette distinction est tellement importante que, sans elle, nous nous égarerons toujours dans nos raisonnemens sur tout ce que nous observons.

Pour moi, la définition de l'*univers* ne peut être autre que la suivante :

L'*univers* est l'ensemble inactif et sans puissance qui lui soit propre, de tous les êtres physiques et passifs, c'est-à-dire, de toutes les matières et de tous les corps qui existent.

C'est donc du monde ou de l'univers *physique* dont il s'agit uniquement dans cette définition. Ne pouvant parler que de ce qui est à la portée de nos observations, c'est seulement de celles des parties de l'*univers* que nous apercevons, qu'il nous est possible de nous procurer quelques connaissances, tant sur ce que sont ces parties elles-mêmes, que sur ce qui les concerne.

Là, se borne tout ce que nous pouvons raisonnablement dire de l'*univers*. Chercher à expliquer sa formation, à déterminer tous les objets qui entrent dans sa composition, serait assurément une folie. Nous n'en avons pas les moyens; nous n'en connaissons que très-peu de choses; nous savons seulement que son existence est une réalité.

Cependant, la matière faisant la base de toutes ses parties, je puis montrer qu'il est en lui-même inactif et sans puissance propre, et que ce que nous devons entendre par le mot la *nature* lui est tout-à-fait étranger.

En effet, en approfondissant ce grand sujet, d'après tout ce que j'aperçois, je crois, d'abord, pouvoir assurer, à l'égard de l'ensemble des matières et des corps qui forment *l'univers physique*, que cet ensemble est lui-même immutable ou indestructif, et qu'il subsistera tel qu'il est, tant que la volonté de son SUBLIME AUTEUR le permettra; ensuite, j'oserai dire que ce même ensemble n'est point et ne peut être une puissance; qu'il ne peut avoir d'activité propre; et que, conséquemment, il n'en saurait avoir sur ses parties, la source de toute activité lui étant étrangère; enfin, je crois être fondé à dire encore que toutes les parties de *l'univers physique* n'ont pas plus d'activité que l'ensemble qu'elles composent, que toutes sont réellement passives, et que ce sont elles qui constituent l'unique et vaste domaine de la *nature*.

Or, la *nature* ne se trouve nullement dans cette cathégorie; ce n'est, en effet, ni un corps, ni un être quelconque, ni un ensemble d'êtres, ni un composé d'objets passifs; c'est, au contraire, comme nous l'allons voir, un ordre de choses particulier, constituant une véritable puissance, laquelle est, néanmoins, assujétie dans tous ses actes.

Effectivement, c'est la *nature* qui fait exister, non la matière, mais tous les corps dont la matière est essentiellement la base; et comme elle n'a de pouvoir que sur cette dernière, et que son pouvoir à cet égard ne s'étend qu'à la modifier diversement, qu'à changer et varier sans cesse ses masses particulières, ses associations, ses aggrégats, ses combinaisons différentes, on peut être assuré que, relativement aux corps, c'est elle seule qui les fait ce qu'ils sont, et que c'est elle encore qui donne, aux uns, les propriétés, et aux autres, les facultés que nous leur observons.

Qu'est-ce donc, encore une fois, que la *nature*? serait-ce une intelligence?

Non, assurément, la *nature* n'est point une intelligence : je vais essayer de le prouver. Mais, auparavant, voici la définition que j'en donnerai :

La *nature* est un ordre de choses, étranger à la matière, déterminable par l'observation des corps, et dont l'ensemble constitue une puissance inaltérable dans son essence, assujétie dans tous ses actes, et constamment agissante sur toutes les parties de l'univers.

Si l'on oppose cette définition à celle de l'univers qui n'est que l'*ensemble des êtres physiques et passifs*, c'est-à-dire, que l'*ensemble de tous les corps et de toutes les matières qui existent*, on reconnaîtra que ces deux ordres de choses sont extrêmement différens, tout-à-fait séparés, et ne doivent pas être confondus.

En ayant eu, presque de tout temps, le sentiment intime, quoique nous ne nous en soyons ja-

mais rendu compte, nous ne les avons pas effectivement confondus; car, pressentant cet *ordre inaltérable* de causes sans cesse actives, et le distinguant
des êtres passifs qui y sont assujétis, nous l'avons
personnifié, à l'aide de notre imagination, sous la
dénomination de la *nature*; et depuis nous nous ser-
vons habituellement de cette expression, sans fixer
les idées précises que nous devons y attacher.

Nous verrons dans l'instant que les objets, non
physiques, dont l'ensemble constitue la *nature*, ne
sont point des êtres, et conséquemment, ne sont ni
des corps, ni des matières; que cependant nous pouvons les connaître; que ce sont, même, les seuls
objets, étrangers aux corps et aux matières, dont nous
puissions nous procurer une connaissance positive.

En effet, cette connaissance nous étant parvenue
par l'observation des corps, comme on le verra tout-
à-l'heure, s'est trouvée à notre portée, et en notre
pouvoir. Ainsi, hors de la *nature*, hors des corps et
des matières qui peuvent se rendre sensibles à nos
sens, nous ne pouvons rien observer, rien connaître
d'une manière positive.

Reprenons notre examen de ce qu'est réellement
la *nature*, et sa comparaison avec les objets qui forment son immense domaine.

Si la définition que j'ai donnée de la *nature* est
fondée, il en résulte que cette dernière n'est qu'un
ensemble d'objets non *physiques*, c'est-à-dire, étran-

gers aux parties de l'univers, et que nous n'avons connus qu'en observant les corps; et que cet ensemble forme un ordre de causes toujours actives, et de moyens qui régularisent et permettent les actions de ces causes; ainsi la *nature* se compose :

1.º Du *mouvement*, que nous ne connaissons que comme la modification d'un corps qui change de lieu; qui n'est essentiel à aucune matière, à aucun corps; et qui est cependant inépuisable dans sa source, et se trouve répandu dans toutes les parties des corps;

2.º De lois de tous les ordres qui, constantes et immutables, régissent tous les mouvemens, tous les changemens que subissent les corps; et qui mettent dans l'univers, toujours changeant dans ses parties, et cependant toujours le même dans son ensemble, un ordre et une harmonie inaltérables.

La puissance assujétie qui résulte de l'ordre de causes actives que je viens d'indiquer, a sans cesse à sa disposition :

1.º L'*espace*, dont nous ne nous sommes formé l'idée qu'en considérant le lieu des corps, soit réel, soit possible; que nous savons être immobile, partout pénétrable et indéfini; qui n'a de parties finies que celles des lieux que remplissent les corps, enfin, que celles qui résultent de nos mesures d'après les corps et d'après les lieux que ces corps peuvent successivement occuper en se déplaçant;

2.º Le *temps* ou la *durée*, qui n'est qu'une continuité, avec ou sans terme, soit du mouvement, soit de l'existence des choses ; et que nous ne sommes parvenus à mesurer, d'une part, qu'en considérant la succession des déplacemens d'un corps, lorsqu'étant animé d'une force uniforme, nous avons divisé en parties, la ligne qu'il a parcourue, ce qui nous a donné l'idée des durées finies et relatives ; et, de l'autre part, lorsque nous avons comparé les différentes durées d'existence de divers corps, en les rapportant à des durées finies et déjà connues.

Ainsi, l'on peut maintenant se convaincre que l'ordre de causes toujours actives qui constitue la *nature*, et que les moyens que cette dernière a sans cesse à sa disposition, sont des objets essentiellement distincts de l'ensemble des êtres physiques et passifs dont se compose l'univers ; car, à l'égard de la *nature*, ni le *mouvement*, ni les *lois* de tous les genres qui régissent ses actes, ni le *temps* et l'*espace* dont elle dispose sans limites, ne sont le propre de la matière ; et l'on sait que la matière est la base de tous les êtres physiques dont l'ensemble constitue l'*univers*.

La définition de l'*univers physique*, réduite à la simplicité qui peut la rendre convenable, en donne donc une idée exacte en montrant que la matière, et que les corps dont la matière est la base, le constituent exclusivement ; que, conséquemment, ni cet univers, ni ses parties, quelles qu'elles soient, ne sauraient avoir en propre aucune activité, aucune sorte de puissance. Or, ces considérations ne sont nullement applicables à la *nature* ; car, celles qu'elle nous présente sont tout-à-fait opposées.

Il a fallu avoir observé au moins un grand nombre des changemens qui s'exécutent continuellement et partout dans les parties de l'*univers*, pour apercevoir, enfin, l'existence de cette puissance étendue, mais assujétie dans ses actes, qui constitue la *nature* ; de cette puissance essentiellement étrangère à la matière et aux corps qui en sont formés, et qui produit tous les changemens que nous observons dans les différentes parties de l'univers, ainsi que ceux que nous ne pouvons observer.

L'on a vu que la *vie*, que nous remarquons dans certains corps, ressemblait en quelque sorte à la *nature*, en ce qu'elle n'est point un être, mais un ordre de choses animé de mouvemens, qui a aussi sa puissance, ses facultés, et qui les exerce nécessairement, tant qu'il existe ; la *vie*, cependant, présente cette différence considérable qui ne permet plus de la mettre en comparaison avec la *nature* ; c'est que, ne tenant ses moyens et son existence que de cette dernière même, elle amène sa propre destruction ; tandis que la *nature*, comme tout ce qui a été créé directement, est immutable, inaltérable, et ne saurait avoir de terme que par la volonté suprême qui seule l'a fait exister.

Passons à la seconde erreur que nous avons déjà

citée, en parlant des confusions d'idées auxquelles la considération de la *nature* a donné lieu ; et tâchons de la détruire.

On a pensé que la nature était Dieu même : c'est, en effet, l'opinion du plus grand nombre ; et ce n'est que sous cette considération, que l'on veut bien admettre que les *animaux*, les *végétaux*, etc., sont ses productions.

Chose étrange ! l'on a confondu la montre avec l'horloger, l'ouvrage avec son auteur. Assurément, cette idée est inconséquente, et ne fut jamais approfondie. La puissance qui a créé la *nature*, n'a, sans doute, point de bornes, ne saurait être restreinte ou assujétie dans sa volonté, et est indépendante de toute loi. Elle seule peut changer la *nature* et ses lois ; elle seule peut même les anéantir ; et quoique nous n'ayons pas une connaissance positive de ce grand objet, l'idée que nous nous sommes formée de cette puissance sans bornes, est au moins la plus convenable de celles que l'homme ait dû se faire de la Divinité, lorsqu'il a su s'élever par la pensée jusqu'à elle.

Si la *nature* était une intelligence, elle pourrait vouloir, elle pourrait changer ses lois, ou plutôt elle n'aurait point de lois. Enfin, si la nature était Dieu même, sa volonté serait indépendante, ses actes ne seraient point forcés. Mais il n'en est pas ainsi ; elle est partout, au contraire, assujétie à des lois constantes sur lesquelles elle n'a aucun pouvoir ; en sorte que, quoique ses moyens soient infiniment diversifiés et inépuisables, elle agit toujours de même dans chaque circonstance semblable , et ne saurait agir autrement.

Sans doute, toutes les lois auxquelles la *nature* est assujétie, dans ses actes, ne sont que l'expression de la volonté suprême qui les a établies ; mais la *nature* n'en est pas moins un ordre de choses particulier, qui ne saurait vouloir, qui n'agit que par nécessité, et qui ne peut exécuter que ce qu'il exécute.

Beaucoup de personnes supposent une *âme universelle* qui dirige, vers un but qui doit être atteint, tous les mouvemens et tous les changemens qui s'exécutent dans les parties de l'*univers.*

Cette idée, renouvelée des anciens qui ne s'y bornaient pas, puisqu'ils attribuaient en même temps une *âme particulière* à chaque sorte de corps, n'est-elle pas au fond semblable à celle qui fait dire à présent, que la *nature* n'est autre que Dieu même? Or, je viens de montrer qu'il y a ici confusion d'idées incompatibles ; et que la nature n'étant point un être, une intelligence, mais un ordre de choses partout assujéti, on ne saurait absolument la comparer en rien à l'*être suprême* dont le pouvoir ne saurait être limité par aucune loi.

C'est donc une véritable erreur que d'attribuer à la *nature* un but, une intention quelconque dans ses opérations; et cette erreur est des plus communes parmi les naturalistes. Je remarquerai seulement que si les résultats de ses actes paraissent présenter des fins prévues, c'est parce que, dirigée partout par des lois constantes, primitivement combinées pour le but que s'est proposé son *Suprême Auteur*, la diversité des circonstances que les choses existantes lui offrent sous tous les rapports, amène des produits toujours en harmonie avec les lois qui régissent tous les genres de changement qu'elle opère; c'est aussi, parce que ses lois des derniers ordres sont dépendantes, et régies elles-mêmes par celles des premiers ou des supérieurs.

C'est surtout dans les corps vivans, et principalement dans les *animaux*, qu'on a cru apercevoir un but aux opérations de la nature. Ce but cependant n'y est là, comme ailleurs, qu'une simple apparence et non une réalité. En effet, dans chaque organisation particulière de ces corps, un ordre de choses, préparé par les causes qui l'ont graduellement établi, n'a fait qu'amener par des développemens progressifs de parties, régis par les circonstances, ce qui nous paraît être un but, et ce qui n'est réellement qu'une nécessité. Les climats, les situations, les milieux habités, les moyens de vivre et de pourvoir à sa conservation, en un mot, les circonstances particulières dans lesquelles chaque race s'est rencontrée, ont amené les habitudes de cette race; celles-ci y ont plié et approprié les organes des individus ; et il en est résulté que l'harmonie que nous remarquons partout entre l'organisation et les habitudes des animaux, nous paraît une fin prévue, tandis qu'elle n'est qu'une fin nécessairement amenée (1).

La *nature* n'étant point une intelligence, n'étant pas même un être, mais un ordre de choses constituant une puissance partout assujétie à des lois, la *nature*, dis-je, n'est donc pas DIEU même. Elle est le produit sublime de sa volonté toute puissante ; et pour nous, elle est celui des objets créés le plus grand et le plus admirable.

Ainsi, la volonté de DIEU est partout exprimée par l'exécution des lois de la nature, puisque ces lois viennent de lui. Cette volonté néanmoins ne saurait y être bornée, la puissance dont elle émane n'ayant point de limites. Cependant, il n'en est pas moins très-vrai que, parmi les faits physiques et moraux, jamais nous n'avons occasion d'en observer un seul qui ne soit véritablement le résultat des lois dont il s'agit.

----

(1) Qu'est-ce donc que ce *nisus* formateur dont on s'est servi pour expliquer, à l'égard des corps vivans, soit les faits généraux de développement et de variation de ces corps, soit les faits particuliers que présente l'histoire physique de l'*homme* dans les variétés reconnues de son espèce; qu'est-ce, dis-je, que le *nisus* formateur dont il s'agit; si ce n'est cette *puissance* même de la *nature* que je viens de signaler.

Pour l'homme qui observe et réfléchit, le spectacle de l'univers, animé par la *nature*, est sans doute très-imposant, propre à émouvoir, à frapper l'imagination, et à élever l'esprit à de grandes pensées. Tout ce qu'il aperçoit lui paraît pénétré de mouvement, soit effectif, soit contenu par des forces en équilibre. De tous côtés, il remarque, entre les corps, des actions réciproques et diverses, des réactions, des déplacemens, des agitations, des mutations de toutes les sortes, des altérations, des destructions, des formations nouvelles d'objets qui subissent à leur tour le sort d'autres semblables qui ont cessé d'exister, enfin, des reproductions constantes, mais assujéties aux influences des circonstances qui en font varier les résultats; en un mot, il voit les générations passer rapidement, se succéder sans cesse, et en quelque sorte, comme on l'a dit : « *se précipiter* » *dans l'abîme des tems.* »

L'observateur dont je parle, bientôt ne doute plus que le domaine de la *nature* ne s'étende généralement à tous les corps. Il conçoit que ce domaine ne doit pas se borner aux objets qui composent le globe que nous habitons, c'est-à-dire, que la *nature* n'est point restreinte à former, varier, multiplier, détruire et renouveler sans cesse les *animaux*, les *végétaux*, et les corps *inorganiques* de notre planète. Ce serait, sans doute, une erreur de le croire, en s'en rapportant à cet égard à l'apparence; car le mouvement répandu partout, et ses forces agissantes, ne sont probablement nulle part dans un équilibre parfait et constant. Le domaine dont il s'agit, embrasse donc toutes les parties de l'univers, quelles qu'elles soient; et conséquemment, les corps célestes, connus ou inconnus, subissent nécessairement les effets de la puissance de la *nature*. Aussi, l'on est autorisé à penser que, quelque considérable que soit la lenteur des changemens qu'elle exécute dans les grands corps de l'univers, tous néanmoins y sont assujétis; en sorte qu'aucun corps physique n'a nulle part une stabilité absolue.

Ainsi, la *nature*, toujours agissante, toujours impassible, renouvelant et variant toute espèce de corps, n'en préservant aucun de la destruction, nous offre une scène imposante et sans terme, et nous montre en elle une puissance particulière, qui n'agit que par nécessité.

Tel est l'ensemble de choses qui constitue la *nature*, et dont nous sommes assurés de l'existence par l'observation; ensemble qui n'a pu se faire exister lui-même, et qui ne peut rien sur aucune de ses parties; ensemble qui se compose de causes ou de forces toujours actives, toujours régularisées par des lois, et de moyens essentiels à la possibilité de leurs actions; ensemble, enfin, qui donne lieu à une *puissance* assujétie dans tous ses actes, et néanmoins admirable dans tous ses produits.

La *nature* reconnue, atteste elle-même son *auteur*, et présente une garantie de la plus grande des pensées de l'homme, de celle qui le distingue si éminemment de ceux des autres êtres qui ne jouissent de l'intelligence que dans des degrés inférieurs, et qui ne sauraient jamais s'élever à une pensée aussi grande.

Si l'on ajoute à cette vérité la suivante; savoir : que le terme de nos connaissances positives n'emporte pas nécessairement celui de ce qui peut exister, on aura en elles les moyens de renverser les faux raisonnemens dont l'immoralité s'autorise.

Reprenons la suite des développemens qui caractérisent la *nature*, et qui montrent le vrai point de vue sous lequel on doit la considérer.

Puisque la *nature* est une puissance qui produit, renouvelle, change, déplace, enfin, compose et décompose les différens corps qui font partie de l'univers; on conçoit qu'aucun changement, qu'aucune formation, qu'aucun déplacement ne s'opère que conformément à ses lois. Et, quoique les circonstances fassent quelquefois varier ses produits et celles des lois qui doivent être employées, c'est encore, néanmoins, par des lois de la *nature* que ces variations sont dirigées. Ainsi, certaines irrégularités dans ses actes, certaines monstruosités qui semblent contrarier sa marche ordinaire, les bouleversemens dans l'ordre des objets physiques, en un mot, les suites trop souvent affligeantes des passions de l'homme, sont cependant le produit de ses propres lois et des circonstances qui y ont donné lieu. Ne sait-on pas, d'ailleurs, que le mot de *hasard* n'exprime que notre ignorance des causes.

A tout cela, j'ajouterai que des *désordres* sont sans réalité dans la *nature*, et que ce ne sont, au contraire, que des faits, dans l'ordre général, les uns, peu connus de nous, et les autres, relatifs aux objets particuliers dont l'intérêt de conservation se trouve nécessairement compromis par cct ordre général. (*Philos. zool., vol.* 2, *p.* 465.)

Qui ne sent, en effet, que, si le propre de la *nature* est de changer, produire, détruire, renouveler et varier sans cesse les différens corps, ceux de ces corps qui possèdent la faculté de sentir, de juger et de raisonner, et qui, par les lois mêmes de la *nature*, s'intéressent essentiellement à leur conservation, et à leur bien-être; ceux-là, dis-je, considéreront comme *désordre* tout ce qui compromet cette conservation et ce bien-être qui les intéressent si fortement (1).

---

(1) On sent de là combien *Voltaire*, dans ses questions sur l'Encyclopédie, et les philosophes qui eurent la même opinion, se sont abusés, en supposant à *Dieu*, soit impuissance, soit méchanceté, à l'égard des maux ou des désordres en question; ces philosophes considérant, comme

Le *bien* ou le *mal* dans l'univers n'est donc que relatif à l'intérêt particulier de chaque partie : il n'a rien de réel, soit à l'égard de l'ensemble qui constitue l'univers physique, soit relativement à l'ordre de choses auquel ses parties sont assujéties; car, ces deux objets sont inaltérablement ce que la puissance qui les a fait exister a voulu qu'ils fussent.

Si la *nature* ne peut autre chose : sur la *matière*, que la modifier, qu'en déplacer, réunir, désunir et combiner des portions; sur le *mouvement*, que le diversifier d'une infinité de manières différentes ou l'opposer à lui-même; sur ses propres *lois*, qu'employer nécessairement celle qui, dans chaque circonstance, doit régler son opération; sur l'*espace*, qu'en remplir et désemplir localement et temporairement des parties; en un mot, sur le *tems*, qu'en employer des portions diverses dans ses opérations ; elle peut tout, néanmoins, à l'aide de ces moyens,

---

maux et comme désordres, ce qui tient essentiellement à la nature des choses, c'est-à-dire, ce qui n'est que le résultat d'un ordre général et constant de changemens, d'altérations, de destructions et de renouvellemens à l'égard des corps de tout genre.

J.-J. *Rousseau* réfuta *Voltaire* par sentiment ; mais il l'eût fait plus victorieusement encore, s'il eût reconnu cet ordre général institué dans les diverses parties de l'univers par le puissant AUTEUR de tout ce qui existe.

et c'est elle, effectivement, qui fait tout, relativement aux différens corps et aux faits physiques que nous observons.

On peut donc regarder maintenant comme une connaissance positive que, sauf les objets de création primitive, c'est-à-dire, l'existence de la *matière* en elle-même, celle du *mouvement* considéré dans son essence, celle des *lois* qui régissent tous les ordres de mouvement, celle, enfin, de l'*espace* et celle du *tems* qui ne peuvent être postérieures et appartenir à une autre source; tous les corps, sans exception, doivent à cet ensemble d'objets primitivement créés, à la *nature*, en un mot, leur existence, leur état, leurs propriétés, leurs facultés, et tous les changemens qu'ils subissent; et que tous, enfin, sont véritablement ses productions.

La *nature*, cependant, n'est que l'instrument, que la voie particulière qu'il a plu à la *puissance suprême* d'employer pour faire exister les différens corps, les diversifier, leur donner, soit des propriétés, soit même des facultés, en un mot, pour mettre toutes les parties passives de l'univers dans l'état mutable où elles sont constamment. Elle n'est, en quelque sorte, qu'un intermédiaire entre Dieu et les parties de l'univers physique, pour l'exécution de la volonté divine.

C'est donc dans ce sens que nous pouvons dire que les *animaux*, ainsi que les facultés qu'ils possèdent, sont des produits de la *nature* ; que les *végétaux* le sont pareillement ; enfin, que les *corps non vivans*, quels qu'ils soient, sont dans le même cas, quoique tout ce qui existe ne soit dû qu'à la volonté suprême qui y a donné lieu.

Relativement à la *nature*, considérée comme la puissance qui a opéré et qui opère encore tant de choses, tant de merveilles même, rien n'est présumé de notre part, rien à cet égard n'est le produit de notre imagination ; car, chaque jour nous sommes témoins de ses opérations, nous en pouvons suivre un grand nombre, en observer les progrès, et remarquer les lois qu'elle suit nécessairement dans chacune d'elles.

Déjà nous connaissons plusieurs des lois auxquelles elle est assujétie dans ses actes ; nous distinguons sa marche, selon le genre d'actes qu'elle opère et selon les circonstances qui viennent en modifier les résultats ; enfin, nous savons qu'elle n'agit que graduellement dans la production de ceux des corps en qui elle a pu établir la *vie*, et dans la composition de l'organisation de ces différens corps. Aussi, voyons-nous que dans les *animaux*, qu'elle a doués généralement de l'*irritabilité*, elle a amené progressivement, depuis les plus imparfaits jusqu'aux plus parfaits, une complication d'organes spéciaux de plus en plus grande, qui lui a donné les moyens de produire, dans ces êtres, différens phénomènes organiques de plus en plus admirables, et de douer les plus parfaits de ces animaux, de facultés qui surpassent tout ce que notre imagination peut concevoir; facultés, cependant, qui cesseraient de nous paraître des merveilles, si nous en connaissions le mécanisme.

Ce sont-là des vérités que l'observation a fait connaître, et que maintenant on ne saurait raisonnablement contester.

Ainsi, pour nous qui sommes absolument bornés à ne connaître positivement que des corps; que les propriétés, les facultés et les phénomènes que nous présentent ces corps; que la *nature* qui les change, les diversifie, les détruit, et les renouvelle perpétuellement; voici ce que nous pouvons regarder comme des vérités auxquelles nous avons su nous élever par l'observation.

L'univers est l'ensemble immutable, inactif, et sans puissance propre, de toutes les matières et de tous les corps qui existent. Cet ensemble manquant d'activité propre, et ne pouvant rien opérer par lui-même, est l'unique domaine de la nature, et lui doit l'état de toutes ses parties.

La *nature*, au contraire, est une véritable puissance, assujétie dans ses actes, inaltérable dans son essence, constamment agissante sur toutes les parties de l'univers, et qui se compose d'une source inépuisable de mouvemens, de lois qui les régissent, de moyens essentiels à la possibilité de leurs actions, en un mot, d'objets étrangers aux propriétés de la matière; objets, néanmoins, que nous pouvons déterminer par l'observation. Elle constitue un ordre de choses particulier et constant, qui met toutes les parties de l'univers dans l'état où elles sont à chaque instant, qui donne lieu à tous les faits que nous observons, et à bien d'autres que nous ne sommes point à portée de connaître.

Voilà donc deux objets très-distincts, qu'il est nécessaire de ne point confondre. Leur existence est un fait certain pour nous, puisque nos observations l'attestent constamment.

Digression utile et relative au sujet.

A l'égard des grands objets dont nous venons de nous occuper, et sur lesquels il importe de fixer celles de nos idées qui sont susceptibles de l'être, on sent combien il est nécessaire de distinguer ce qui est le résultat positif de l'*observation*, d'avec ce qui n'est que le produit de l'*imagination*, d'où naissent toutes les suppositions arbitraires, les fictions et les illusions de tout genre.

En effet, deux champs d'une étendue immense et très-différens entr'eux, sont sans cesse ouverts à la pensée de l'homme : ces deux champs sont celui des *réalités* et celui de l'*imagination*.

L'homme, par son attention et sa pensée, fait,

tantôt dans l'un et tantôt dans l'autre, des incursions diverses, selon l'intérêt ou l'agrément qu'il y trouve. Ces incursions deviennent successivement d'autant plus grandes qu'il s'y exerce davantage, et sa pensée s'en aggrandit proportionnellement.

Champ des réalités : ce champ est celui que nous offrent les matières et les corps que nous pouvons apercevoir, ainsi que la *nature* dans ses actes, dans sa marche, et dans les phénomènes qu'elle nous présente.

Nous pouvons le définir le champ des *faits observés* ou *observables*; et comme il n'embrasse que des objets réels, et que nous n'y pouvons moissonner que par l'observation, ce champ est donc le seul qui puisse nous procurer des connaissances positives.

Les matières et les corps que nous pouvons apercevoir, les mouvemens, les déplacemens, les changemens, les propriétés et les phénomènes divers que ces corps et ces matières peuvent nous offrir et que nos sens peuvent nous faire connaître, enfin, les lois et l'ordre, selon lesquels ces mouvemens, ces changemens et ces phénomènes s'exécutent, étant les seuls objets que nous puissions observer, étudier et connaître sous leurs différens rapports; toute connaissance qui ne résulte pas directement de l'observation, ou de conséquences tirées de faits observés et constatés, manque nécessairement de base, et par conséquent de solidité,

Tel est le fond des objets positifs qu'embrasse le *champ des réalités*; et c'est dans ce champ seul que nous pouvons recueillir des vérités utiles et exemptes d'illusions.

Champ de l'imagination : ce champ, bien différent du premier et au moins aussi vaste, est celui des fictions, des suppositions arbitraires, et des illusions de tout genre.

La pensée de l'homme se plaît à s'enfoncer dans celui-ci, quoique rien n'y soit observable, et qu'elle ne puisse y rien constater; mais elle y crée arbitrairement tout ce qui peut l'intéresser, la charmer ou la flatter. Elle y parvient en modifiant les idées que les objets réels du premier champ lui ont fait acquérir.

C'est un fait singulier et auquel il me paraît que personne n'a encore pensé; savoir : que l'*imagination* de l'homme ne saurait créer une seule *idée* qui ne prenne sa source dans celles qu'il s'est procurées par ses sens.

Avec des idées simples que les sensations lui ont fait acquérir, l'homme, en les comparant et les jugeant, en obtient des idées complexes du premier ordre; en comparant et jugeant deux ou davantage des idées de cet ordre, il en obtient d'autres d'un ordre plus relevé; enfin, avec celles-ci, ou avec d'autres qu'il y joint, de quelqu'ordre qu'elles soient, il s'en procure d'autres encore, et ainsi de suite presqu'indéfiniment. Partout ses conséquences, et par suite toutes les idées qu'il se forme, prennent donc leur source dans les idées simples et premières que son système organique des sensations lui a fait acquérir.

Que l'on joigne à cette voie de multiplier ses idées, celle de s'en former d'autres encore, en modifiant arbitrairement les idées de tous les ordres qui tirent leur origine de ses sensations et de ses observations, on aura le complément de tout ce que peut produire l'*imagination humaine*.

En effet, tantôt par des contrastes ou des oppositions, elle change l'idée qu'elle s'est formée du fini, en celle de l'infini ; et de même, elle change l'idée qu'elle s'est procurée d'une matière ou d'un corps, en celle d'un être immatériel. Or, jamais la pensée ne fut arrivée à ces transformations, en un mot, à ces idées changées, sans les modèles positifs dont elle s'est servie. Tantôt, encore, variant à son gré des formes connues d'après les corps, des propriétés observées en eux, et les plus éminens phénomènes qu'ils produisent, la pensée de l'homme donne à des êtres fantastiques, des formes, des qualités et un pouvoir qui répondent à tous les prodiges qu'elle se plaît à inventer sous différens intérêts. Partout, néanmoins, elle est assujétie à n'opérer ces transformations, ces actes d'invention, que sur des modèles que le champ des *réalités* lui fournit ; modèles qu'elle modifie de toute manière, et sans lesquels elle ne saurait créer une seule idée quelconque. *Phil. zool. vol.* 2. p. 412.

Ainsi, souveraine absolue dans ce *champ de l'imagination*, la pensée de l'homme y trouve des charmes qui l'y entraînent sans cesse; s'y forme des illusions qui lui plaisent, la flattent, quelquefois même la dédommagent de tout ce qui l'affecte péniblement; et par elle, ce champ est aussi cultivé qu'il puisse l'être.

Une seule production de ce champ est utile à l'homme : c'est l'*espérance* ; et il l'y cultive assez généralement. Ce serait être son ennemi que de lui ravir ce bien réel, trop souvent presque le seul dont il jouisse jusqu'à ses derniers momens d'existence.

Quelque vaste et intéressant que soit le *champ des réalités*, la pensée de l'homme s'y complaît difficilement.

Là, sujette et nécessairement soumise; là, bornée à l'observation et à l'étude des objets; là, encore, ne pouvant rien créer, rien changer, mais seulement reconnaître; elle n'y pénètre que parce que ce champ peut seul fournir ce qui est utile à la conservation, à la commodité ou aux agrémens de l'homme, en un mot, à tous ses besoins physiques. Il en résulte que ce même champ est, en général, bien moins cultivé que celui de l'*imagination*, et qu'il ne l'est que par un petit nombre d'hommes qui, la plupart, y laissent même en friche les plus belles parties.

En comparant l'un à l'autre les deux champs dont

je viens de parler, on peut aisément se figurer quel énorme ascendant doit avoir le champ de l'*imagination*, qui fournit des pensées, des opinions et des illusions si agréables, sur la *raison*, toujours sévère et inflexible, en un mot, sur ce champ des *réalités* qui trace partout des limites à la pensée, et qui n'admet d'autre instrument de culture que l'observation, et d'autre guide, dans le travail, que la raison même, qui n'est autre que le fruit de l'expérience.

Pour le naturaliste qui s'interdit lui-même l'entrée dans le champ de l'*imagination*, parce qu'il ne se confie qu'aux faits qu'il peut observer; non-seulement il examine tout ce qui l'environne, distingue, caractérise et classe tous les objets qu'il aperçoit, et signale tout ce qui lui paraît pouvoir être utile à ses semblables; mais, en outre, il considère la *nature* elle-même, épie sa marche, étudie ses lois, ses actes, ses moyens, et s'efforce de la connaître. Enfin, contemplant la très-petite portion de l'*univers* qu'il aperçoit, il se fait une simple idée de son existence, sans entreprendre de savoir ou de déterminer ce qui compose son ensemble; et comparant ensuite cet univers physique à la *nature*, à cette puissance toujours active qui produit tant de choses, tant de phénomènes admirables, il remarque que l'un et l'autre jouissent seuls d'une stabilité qui paraît être absolue, et conçoit qu'elle doit l'être.

Ayant déterminé ce que peut être la *nature*, ainsi

que le seul point de vue sous lequel nous puissions la considérer, et ayant montré, dans une digression utile à notre objet, la seule voie qui puisse nous faire acquérir des connaissances positives, je terminerai ici cette partie.

J'ai dû entrer dans ces détails et donner ces éclaircissemens, parce qu'il me paraît, qu'ailleurs, les idées, à cet égard, sont vagues, arbitraires et sans solidité; et parce que, sans ces déterminations, tout ce que j'expose sur l'origine des animaux, sur la formation des diverses organisations de ceux qui sont sans vertèbres, sur la source de chaque faculté animale, et des penchans des êtres qui sont sensibles et intelligens, en un mot, sur la marche de la nature et sa manière de procéder dans ses actes, pourrait paraître partout le produit de mon imagination, quand même mes exposés seraient accompagnés de l'évidence.

Avec cette sixième partie, se termine le sujet entier de cette Introduction, c'est-à-dire, les considérations relatives à l'existence des animaux, à la source de cette existence, et à ce qu'ils sont eux-mêmes chacun dans leur espèce. Or, je crois que, sauf peut-être quelques détails à rectifier, cette même Introduction renferme dans le cours des six parties qui la composent, une foule de vérités évidentes, toutes bien liées entr'elles, fort utiles à connaître, et qu'il serait difficile de contester avec quelqu'apparence de raison.

Ce serait donc ici que je devrais terminer l'Introduction essentielle à mon ouvrage, surtout l'intérêt croissant me paraissant à son plus haut terme dans cette sixième partie. Cependant le besoin des sciences zoologiques, l'arbitraire qui règne dans les parties de l'art qui y sont nécessaires, et les vacillations perpétuelles qu'entraîne cet arbitraire dans la distribution des objets, et, plus encore, dans les diverses sortes de coupes à établir parmi les animaux observés, me forcent d'y ajouter, au moins comme *appendice*, une septième partie, qui est la suivante.

Ainsi, je vais m'occuper, dans cette septième et dernière partie, de la distribution générale des animaux, de ses divisions diverses, et spécialement des principes sur lesquels ces objets doivent être fondés, en proposant à leur égard, ceux qui me paraissent mériter l'assentiment des zoologistes.

SEPTIÈME PARTIE.

De la distribution générale des animaux, de ses divisions, et des principes sur lesquels ces objets doivent être fondés.

—

Après les grands sujets qui viennent d'être successivement traités, il semble que l'intérêt soit extrêmement affaibli dans la considération des objets qui vont nous occuper dans cette dernière partie, ou plutôt dans cet appendice de l'Introduction. Cet intérêt cependant n'y est point dépourvu d'importance; car il porte sur des considérations essentielles au perfectionnement de la *zoologie*, et qui sont nécessaires au but de cet ouvrage, pour le compléter.

Jusqu'ici, en effet, j'ai exposé ce que sont les animaux en général, ce qui les caractérise, ce qu'ils doivent à la nature, en un mot, ce qu'il m'a paru essentiel de faire remarquer à leur égard. Ces objets, à ce qu'il me semble, n'ont besoin que d'être examinés pour être reconnus, et pour cela, il ne s'agit que de rassembler et considérer les faits nombreux qui en établissent le fondement.

Ici, je n'ai en vue que ce qui concerne l'*art* en zoologie; et, à ce sujet, j'ai plusieurs considérations importantes à présenter pour perfectionner cet art, pour le fixer, s'il est possible, et surtout pour le dépouiller de cet arbitraire qui rend ses produits toujours vacillans.

Tout art doit avoir ses principes ou ses règles qui dirigent et limitent ses opérations : et l'on sent, en effet, que celui qui en manque est encore peu avancé, et qu'il atteint difficilement son but.

Or, l'objet de celui dont il est ici question, concernant la distribution générale des animaux, le rang de chaque race, celui de chaque genre et de chaque famille, enfin, celui de chaque classe dans cette distribution, concernant même la disposition de l'ordre entier, il est indispensable de montrer les opérations à faire pour le perfectionnement de cette même distribution, et de proposer les principes qui devraient régler ces opérations.

En conséquence, pour l'exécution d'une bonne distribution générale des animaux, pour celle d'une suite de divisions à établir dans l'ordre entier, enfin, pour la meilleure disposition à donner à cet ordre, on ne peut se dispenser, à ce que je crois, de fixer la solution des trois questions suivantes :

1.ere question : Quelles sont les opérations à faire pour l'exécution d'une bonne distribution des animaux, et pour celle d'une suite de divisions nécessaires à établir dans cette distribution ?

2.e question : Quels sont les principes qui doivent nous guider dans ces opérations, afin d'exclure tout arbitraire à leur égard ?

3.e question : Quelle disposition faut-il donner à la distribution générale des animaux, pour qu'elle soit conforme à l'ordre de la nature, dans la production de ces êtres ?

Assurément, tant que nous laisserons ces trois questions sans examen et sans réponse, et que, ne reconnaissant aucun principe pour régler nos opérations, nous procéderons arbitrairement dans la détermination des objets ; il existera dans les travaux des *zoologistes* sur les diverses parties de la distribution des animaux, des inversions diverses, proposées par chaque auteur, sur les différentes portions de la série, des associations singulières et toujours changeantes entre les objets à placer, en un mot, un défaut constant d'accord dans les opérations. Ce désordre, ainsi subsistant, entraverait et même arrêterait les progrès de la science, l'empêcherait de se fixer, et nous priverait des moyens d'étudier la nature dans tout ce qu'elle a fait et qu'elle fait encore à l'égard des animaux.

Examinons d'abord la première question et tâchons de la résoudre ; nous essayerons ensuite de fixer les principes qu'il faut suivre pour atteindre les différens buts dont elle indique les objets.

Première question : Quelles sont les opérations à faire pour l'exécution d'une bonne distribution des animaux, et pour celle d'une suite de divisions nécessaires à établir dans cette distribution ?

La réponse à cette question, est que les opérations essentielles à faire pour remplir convenablement les deux objets qu'elle propose, sont les suivantes :

1.º Rapprocher les animaux les uns des autres, d'après un principe non arbitraire, de manière à en former une série générale, soit simple, soit rameuse;

2.º Partager cette série générale en diverses sortes de coupes, dont les unes seraient subordonnées aux autres ; et, pour cet objet, s'assujétir à des *principes de convenance* que l'on déterminerait ;

3.º Fixer le rang de chaque sorte de coupe, d'après un principe général, préalablement établi, savoir :

Le rang de chaque coupe primaire dans la série totale ;

Celui des coupes classiques dans chaque coupe primaire ;

Celui des ordres ou des familles dans leur classe ;

Celui des genres dans leur famille ;

Celui des espèces dans leur genre.

L'exécution de ces trois sortes d'opérations est sans contredit indispensable. C'est une chose qui a été bien sentie; et chaque auteur s'en est plus ou moins occupé, mais toujours arbitrairement, c'est-à-dire, sans l'établissement préalable des principes dignes de l'assentiment général, en un mot, des principes propres à exclure l'arbitraire, et à fixer réellement la science.

La première de ces opérations, celle qui a pour objet de rapprocher les animaux les uns des autres, de manière à en former une série générale, est une préparation essentielle qui doit précéder les autres opérations, et sans laquelle on ne saurait les exécuter. Elle tend d'ailleurs à nous faire découvrir l'ordre même de la nature; ordre qu'il nous importe si fort de reconnaître.

Quoique la nature ait suivi nécessairement un ordre dans la production des corps vivans, et surtout dans celle des *animaux*, comme elle a dispersé ces animaux et mélangé leurs races diverses à la surface du globe et dans ses eaux liquides, son ordre de formation à leur égard est en quelque sorte défiguré, et n'est point apparent. Nous sommes donc obligés, pour parvenir à le découvrir, de chercher quelque moyen qui puisse nous conduire à cette découverte, et de trouver quelques principes solides qui nous mettent dans le cas de reconnaître, sans erreur cet ordre que nous cherchons.

A cet égard, le pas le plus important a déjà été fait, lorsqu'on a reconnu l'intérêt qu'inspirent les *rapports*, et la nécessité de parvenir à les connaître, afin d'y assujétir toutes les parties de nos distributions.

Ainsi, nous avons senti que, pour réussir à établir une bonne *distribution* des animaux, sans que l'arbitraire de l'opinion en affaiblisse nulle part la solidité, il était nécessaire, avant tout, de rapprocher les animaux les uns des autres, d'après leurs rapports les mieux déterminés; et qu'ensuite, l'on pourrait, sans inconvénient, tracer les lignes de séparation qui détachent les masses classiques, ainsi que les coupes subordonnées, utiles à établir, pourvu que les rapports ne fussent nulle part compromis par la composition et l'ordre de nos diverses coupes.

Tel est l'état des lumières acquises relativement à l'établissement de nos *distributions*; mais il reste beaucoup à faire pour perfectionner nos travaux à cet égard, et pour détruire l'*arbitraire* qui s'est introduit dans les déterminations même de bien des rapports. Il y en a, en effet, de différentes sortes; et comme leur valeur particulière est loin d'être égale partout, on ne saurait l'assigner avec justesse, si l'on n'admet préalablement quelques règles pour arrêter l'arbitraire dans ces déterminations.

Afin de remédier au mauvais ordre de choses qui s'est introduit dans les parties de l'art, ordre de choses qui annulle nos efforts en faisant sans cesse varier nos déterminations des rapports et l'emploi que nous en faisons; il faut d'abord examiner ce que sont réellement les *rapports*, quelles sont leurs différentes sortes, et quel usage il convient de faire de chacune de celles que nous aurons reconnues. Nous pourrons ensuite déterminer plus aisément les principes qu'il convient d'établir.

On a nommé *rapports* les traits de ressemblance ou d'analogie que la nature a donnés, soit à différentes de ses productions comparées entr'elles, soit à diverses parties comparées de ces mêmes productions; et c'est à l'aide de l'observation que ces traits se déterminent.

Ces mêmes traits sont si nécessaires à connaître, qu'aucune de nos distributions ne saurait avoir la moindre solidité, si les objets qu'elle embrasse n'y sont rangés suivant la loi qu'ils prescrivent.

Mais, les *rapports* sont de différens ordres : il y en a qui sont généraux, d'autres qui le sont moins, et d'autres encore qui sont tout-à-fait particuliers.

On les distingue aussi en ceux qui appartiennent à différens êtres comparés, et en ceux qui ne se rapportent qu'à des parties comparées entre des êtres différens : distinction trop négligée, mais qui est bien importante à faire.

Ce n'est pas tout ; quoiqu'en général, les *rapports* appartiennent à la nature, tous ne sont pas les résultats de ses opérations directes à l'égard de ses produc-

tions; car, parmi les rapports entre des parties comparées de différens êtres, il s'en trouve très-souvent
qui ne sont que les produits d'une cause qui a modifié ses opérations directes. Ainsi, les rapports de
forme extérieure qui s'observent entre les *cétacés* et
les *poissons*, ne peuvent être attribués qu'au milieu
dense, qu'habitent ces deux sortes d'animaux, et non
au plan direct des opérations de la nature à leur égard.

Il faut donc distinguer soigneusement les *rapports*
reconnus qui appartiennent aux opérations directes
de la nature, dans la composition progressive de l'organisation animale, de ceux pareillement reconnus,
qui sont le résultat de l'influence des circonstances
d'habitation, ainsi que de celles des habitudes que les
différentes races ont été forcées de contracter.

Mais ces derniers rapports, qui sont, sans doute,
d'une valeur fort inférieure à celle des premiers, ne
sont pas bornés à ne se montrer que dans des parties
extérieures; car, on peut prouver que la cause étrangère qui a le pouvoir de modifier les opérations directes de la nature, a souvent exercé son influence,
tantôt sur tel organe intérieur et tantôt sur tel autre
pareillement interne. Il faudra donc établir quelques
règles, non arbitraires, pour la juste appréciation
de ces rapports.

En *zoologie*, on a établi en principe, que c'est de
l'organisation intérieure que l'on doit emprunter les
rapports les plus essentiels à considérer.

Ce principe est parfaitement fondé, s'il exprime la prééminence qu'il faut accorder aux considérations générales de l'organisation intérieure, sur celles des parties externes. Mais si, au lieu de le prendre dans ce sens, on l'applique à des cas particuliers de son choix, et sans règle préalable, on pourra en abuser, comme on a déjà fait ; et l'on donnera arbitrairement aux rapports qu'offrira tel organe ou tel système d'organes intérieur, une préférence sur ceux de tel autre organe intérieur, quoique les rapports de ce dernier puissent être réellement plus importans. Par cette voie, commode à l'arbitraire de l'opinion de chaque auteur, l'on admettra çà et là dans la distribution, des inversions véritablement contraires à l'ordre naturel.

C'est un fait que l'observation prouve de toute part et que j'ai déjà cité ; savoir : que la cause qui modifie la composition croissante de l'organisation, n'a pas seulement agi sur les parties extérieures des animaux, mais qu'elle a aussi opéré des modifications diverses sur leurs parties internes ; en sorte que cette cause a fait varier très-irrégulièrement les unes et les autres de ces parties.

Il suit de là, qu'il n'est pas vrai que les rapports entre les races, et surtout entre les genres, les familles, les ordres, quelquefois même les classes, puissent toujours se décider convenablement d'après la considération isolée de telle partie intérieure, choisie arbitrairement. Je suis, au contraire, très-persuadé que les rapports dont il s'agit, ne peuvent être convenablement déterminés que d'après la considération de l'ensemble de l'organisation intérieure, et, auxiliairement, par celle de certains organes intérieurs particuliers, que des principes non arbitraires auront montrés comme plus importans et comme méritant une préférence sur les autres, dans les rapports qu'ils pourront offrir.

Il faut donc nous efforcer de déterminer les principes dont il s'agit, et ensuite nous y assujétir, si nous voulons anéantir cet arbitraire dans la détermination des rapports, qui nuit tant à la fixité de la science.

Deuxième question : Quels sont les principes qui doivent nous guider dans ces opérations, afin d'exclure tout arbitraire à leur égard ?

Certes, ce serait rendre un grand service à la *zoologie*, que de donner une solution convenable de cette question, c'est-à-dire, de déterminer de bons principes pour régler les différentes opérations citées ci-dessus, et en exclure tout arbitraire.

Il ne me convient pas de prononcer moi-même sur la valeur de mes efforts à cet égard ; mais j'en vais proposer les résultats avec la confiance qu'ils m'inspirent.

Je pense que ce ne peut être que dans la distinction précise de chaque sorte de rapports, et qu'à l'aide d'une détermination motivée et solide de la préférence qu'il faut accorder à telle sorte de rapports sur telle autre, que l'on trouvera les principes propres à régler toutes les parties de notre distribution générale des animaux.

Il s'agit donc de déterminer les principales sortes de rapports que l'on doit employer pour atteindre le but, et ensuite de fixer la supériorité de valeur que telle sorte doit avoir sur telle autre.

Cela posé, je trouve, qu'entre différens animaux comparés, les principales sortes de rapports que l'on peut rencontrer et qu'il importe de distinguer, sont les suivantes.

> * *Rapports entre des organisations comparées, prises dans l'ensemble de leurs parties.*

Ces rapports, quoique généraux, se montrent dans différens degrés; selon qu'on les recherche entre des races comparées entr'elles, ou entre des masses d'animaux de différentes races, comparées les unes aux autres. Il faut donc en distinguer plusieurs sortes.

Première sorte de rapports généraux : Cette sorte est celle qui sert à rapprocher immédiatement entr'elles les races ou les espèces. Elle est nécessairement la première; car c'est elle qui fournit le plus grand des rapports entre des animaux comparés qui né sont pas les mêmes. Or, le *zoologiste* qui la détermine, considérant toutes les parties de l'organisation, tant intérieures qu'extérieures, n'admet cette sorte de rapports, que lorsqu'elle présente la différence la moins grande, la moins importante.

On sait que des animaux qui se ressemblent parfaitement par l'organisation intérieure et par leurs parties externes, ne peuvent être que des individus d'une même espèce. Or, ici, l'on ne considère point le rapport, ces animaux n'offrant aucune distinction.

Mais, les animaux qui présentent entr'eux une différence saisissable, constante, et à-la-fois la plus petite possible, sont rapprochés par le plus grand de tous les rapports, s'ils offrent d'ailleurs une grande ressemblance dans toutes les parties de leur organisation intérieure, ainsi que dans la plupart des parties externes.

Cette sorte de rapports ne nécessite point la considération du degré de composition de l'organisation des animaux ; elle se détermine dans tous les rangs.

Elle est si facile à saisir, que chacun la reconnaît au premier abord ; et c'est en l'employant que les naturalistes ont formé ces petites portions de la série générale des animaux que présentent nos *genres*, malgré l'arbitraire de leurs limites.

Ainsi, dans cette première sorte de rapports, qu'on peut appeler *rapports d'espèces*, la différence entre les objets comparés, est la plus petite possible, et ne se recherche que dans des particularités de la forme ou des parties externes des individus.

Deuxième sorte de rapports généraux : C'est celle qui embrasse les rapports entre des masses d'animaux différens, comparées entr'elles. On peut la nommer *rapport de masses.*

Pour juger cette sorte de rapports, on ne s'occupe plus essèntiellement des particularités de la forme générale, ni de celles des parties externes, mais, seulement ou presqu'uniquement, de l'organisation intérieure, considérée dans toutes ses parties. C'est elle principalement qui doit fournir les différences qui peuvent distinguer les masses.

Cette deuxième sorte de rapports est inférieure d'un ou plusieurs degrés à la première, dans la quantité de ressemblance entre les objets comparés. C'est elle qui sert à former des *familles*, en rapprochant des genres les uns des autres ; à instituer des *ordres* ou des *sections d'ordre*, en réunissant plusieurs familles ; enfin, à déterminer les *coupes classiques* qui doivent partager la série générale.

Les rapports dont il est question ne peuvent être employés à la détermination du *rang* des masses dans la série ; mais seulement à former des rapprochemens divers pour établir et distinguer ces masses.

De la considération de ces rapports, on doit déduire les deux principes suivans:

Premier principe : Les rapports généraux de la

deuxième sorte n'exigent point une ressemblance parfaite dans l'organisation intérieure des animaux comparés; ils exigent seulement que les masses rapprochées, se ressemblent plus entr'elles, sous ce point de vue, qu'elles ne le pourraient avec aucune autre.

Deuxième principe : Plus les masses comparées sont grandes ou générales, plus l'organisation intérieure des animaux, dans ces masses, peut offrir de différence.

Ainsi, les familles présentent moins de différence dans l'organisation intérieure des animaux qui les constituent, que n'en offrent les ordres et surtout les classes.

Troisième sorte de rapports généraux : On peut l'appeler *rapport de rang*, parce qu'elle sert à la détermination des rangs dans la série, et qu'en partant d'un point fixe de comparaison, elle montre, effectivement, entre les objets comparés, un rapport, grand ou petit, dans la composition et le perfectionnement de l'organisation.

En effet, on l'obtient en comparant une organisation quelconque, prise dans l'ensemble de ses parties, à une autre organisation donnée, qui est présentée comme point de départ ou point de comparaison. L'on détermine alors, par la ressemblance plus ou moins grande qui se trouve entre les deux organisations comparées, combien celle que l'on compare, s'éloigne ou se rapproche de celle qui est donnée comme point de comparaison.

Nous allons voir que cette sorte de rapports est véritablement la seule qui doive servir à régler les rangs de toutes les coupes qui divisent l'échelle animale.

S'il s'agit ici de choisir une organisation, pour en former un point de comparaison, afin d'en rapprocher ou d'en éloigner successivement les autres organisations, selon qu'elles ressembleront plus ou moins à celle à laquelle on les rapporte, l'on sent que le choix à faire ne peut tomber que sur l'une ou l'autre extrémité de la série des animaux. Dans ce cas, il n'y a pas à balancer; l'extrémité la plus connue de cette série, doit avoir la préférence. Ainsi, en partant de l'organisation la plus compliquée et la plus parfaite, on se dirigera du plus composé vers le plus simple, dans la détermination de tous les rangs, et l'on terminera la série par la plus simple et la plus imparfaite de toutes les organisations animales.

J'ai déjà fait remarquer que, de toutes les organisations, celle de l'homme était véritablement la plus composée, et à-la-fois la plus perfectionnée dans son ensemble. De là, j'ai été autorisé à conclure que, plus une organisation animale approche de la sienne, plus elle est composée et avancée vers son perfectionnement.

Cela étant ainsi, l'organisation de l'homme sera

notre point de comparaison et de départ pour juger
le rapport prochain ou éloigné de chaque sorte
d'organisation animale, avec elle , et pour déterminer, sans arbitraire, le rang que doit occuper, dans
la série générale, chacune des coupes qui la divisent.

L'organisation citée nous fournira, dans la considération de l'ensemble de ses parties, les moyens de
juger du degré de composition et de perfectionnement de chaque organisation animale, prise aussi
dans l'ensemble de ses parties. Mais, dans les cas
douteux, on fera facilement disparaître l'incertitude
et l'embarras, en ayant recours à la quatrième sorte
de rapports ; aux principes qui concernent la comparaison de divers organes, considérés séparément ; en
un mot, à ceux qui établissent une valeur prédominante à certains de ces organes, sur celle des autres.

Ainsi, notre *point* de *comparaison* et de *départ*
étant trouvé , les rangs de toutes les coupes, pourront être facilement assignés , à l'aide des principes
que nous établissons ci-après.

Premier principe : Pour la détermination du rang
de chaque masse dans la série, la plus compliquée et
la plus perfectionnée des organisations animales étant
prise pour point fixe de comparaison, plus une organisation animale, considérée dans l'ensemble de ses
parties, ressemblera à celle du point de comparaison,
plus aussi elle en sera rapprochée par ses rapports, et
réciproquement pour les cas contraires.

Second principe : Parmi les organisations dont les plans sont différens de celui qui comprend l'organisation choisie comme point de comparaison, celles qui offriront un ou plusieurs systèmes d'organes semblables ou analogues à ceux qui font partie de l'organisation à laquelle on les compare, auront un rang supérieur à celles qui auraient moins de ces organes, ou qui en manqueraient.

A l'aide des trois sortes de rapports ci-dessus indiquées, et des principes qui s'en déduisent, l'on déterminera facilement les distinctions des espèces et celles des masses diverses qu'elles doivent former ; et ensuite l'on décidera, sans arbitraire, le rang de chacune de ces masses dans la série. Dès lors, la science cessera d'être vacillante dans sa marche.

Mais, nos efforts seraient incomplets et laisseraient encore une grande prise à cet arbitraire, si nous n'entreprenions de fixer la valeur des *rapports particuliers*, c'est-à-dire, de ceux que l'on obtient par la comparaison d'organes intérieurs particuliers, considérés isolément dans différens animaux.

> *** Rapports entre des parties semblables ou analogues, prises isolément dans l'organisation de différens animaux, et comparées entr'elles.*

La *quatrième sorte de rapports* n'embrasse que les *rapports particuliers* entre des parties non modifiées. Ainsi, c'est celle qui se tire de la comparaison de parties considérées séparément, et qui, dans le système d'organisation auquel elles appartiennent, n'offrent aucune anomalie réelle.

La considération de cette sorte de rapports peut être d'un grand secours pour décider tous les cas douteux, lorsqu'il s'agit de déterminer, entre certaines coupes comparées, quelle est celle qui doit avoir une supériorité de rang. Or, ces cas douteux, sont ceux où l'ensemble des parties de l'organisation intérieure ne présente, dans les deux organisations comparées, aucun moyen de décider, sans arbitraire, à laquelle de ces deux organisations appartient la supériorité dont il s'agit.

C'est particulièrement pour la formation et le placement des ordres, des sections, des familles, et même des genres, dans chaque classe, et par conséquent pour assigner les rangs de toutes ces coupes inférieures, que l'emploi de cette quatrième sorte de rapports sera utile ; car, à l'égard de ces coupes, les principes de la troisième sorte de rapports, sont souvent difficiles à appliquer. Or, c'est ici que l'arbitraire s'introduit facilement, et qu'il anéantit la science, en exposant les travaux des naturalistes à une variation continuelle dans la détermination des rapports qui doivent fixer la composition des coupes, et dans celle des rangs à donner à ces mêmes coupes.

En effet, comme beaucoup d'animaux, justement

rapprochés par des rapports généraux et par les caractères de leur classe , peuvent offrir entr'eux des
différences remarquables dans certains de leurs organes intérieurs , et néanmoins des ressemblances
pareillement remarquables dans leurs autres organes
intérieurs, on sent que, pour apprécier le degré d'importance que peuvent avoir les rapports qui existent
entre des organes particuliers, il faut avoir recours à
quelques principes régulateurs de ces déterminations,
afin de ne rien laisser à l'arbitraire.

Voici deux principes qui peuvent faire apprécier
les rapports qu'on observera entre des organes intérieurs particuliers, dans différens animaux comparés.

Premier principe : Entre deux organes ou systèmes d'organes intérieurs , considérés séparément et
comparés , celui dont la nature aura fait un emploi
plus général, devra avoir sur l'autre une prééminence
de valeur dans les rapports qu'il offrira.

D'après ce principe, voici l'ordre d'importance
qu'il faut attribuer aux organes particuliers que la
nature a employés dans l'organisation intérieure des
animaux.

> Les organes de la digestion ;
> Ceux de la respiration ;
> Ceux du mouvement ;
> Ceux de la génération ;
> Ceux du sentiment ;
> Ceux de la circulation.

Ainsi, sous la considération de la plus grande gé-néralité d'emploi des organes particuliers dont la nature a fait usage dans l'organisation intérieure des animaux, on voit que les organes de la digestion sont au premier rang, et que ceux de la circulation occupent le dernier. Voilà donc un ordre de valeur, à l'égard des organes importans que je cite, qui pourra régler, dans les cas douteux, la préférence que méritera un rapport sur un autre.

Second principe : Entre deux modes différens d'un même organe ou système d'organes, celui des deux qui sera plus analogue au mode employé dans une organisation supérieure en composition et en perfectionnement, méritera la préférence sur l'autre, pour les rapports qu'il offrira.

Si, par exemple, je veux employer un rapport que m'offrent les organes de la respiration, pour juger de la préférence que peut mériter ce rapport sur celui que m'offriraient d'autres organes, je suis obligé, d'après le principe ci-dessus, d'avoir égard à la considération suivante.

Quoique le système d'organes particulier pour la respiration, ait une grande généralité d'emploi dans l'organisation animale, puisque, sauf les *infusoires* et les *polypes*, tous les autres animaux possèdent un système respiratoire particulier ; cependant, le mode de ce système n'étant pas le même dans les animaux qui en sont pourvus, je sens que le vrai *poumon* l'emporte en valeur sur les *branchies*, que celles-ci ont une valeur plus grande que les *trachées aériféres*, et que ces dernières sont supérieures, sous le même point de vue, aux *trachées aquifères* qu'il ne faut pas confondre avec les *branchies*. Alors, je peux juger si le mode des organes respiratoires, dont je veux employer le rapport, est assez élevé en valeur pour me permettre de lui donner la préférence sur un rapport tiré de quelqu'autre sorte d'organes.

La *cinquième sorte de rapports* embrasse les *rapports particuliers* entre des parties modifiées. Elle exige donc, dans les parties comparées, la distinction de ce qui est dû au plan réel de la nature, d'avec ce qui appartient aux modifications que ce plan a été forcé d'éprouver par des causes accidentelles.

Ainsi, cette sorte de rapports se tire des parties qui, considérées séparément dans différens animaux, ne sont point dans l'état où elles devraient être, suivant le plan d'organisation auquel elles appartiennent.

En effet, pour juger le degré d'importance qu'il faut accorder à un rapport, et la préférence qu'il doit avoir sur un autre, il n'est point du tout indifférent de distinguer si la forme, l'aggrandissement, l'appauvrissement ou même la disparition totale des organes considérés, appartiennent au plan d'organisation des animaux qui en sont le sujet; ou si l'état de ces organes n'est pas le produit d'une cause modifiante et déterminable, qui a changé, altéré ou anéanti ce que la nature eût exécuté sans l'influence de cette cause.

Par exemple, il eût été impossible à la nature de donner une tête aux *infusoires*, aux *polypes*, aux *radiaires*, etc. ; car l'état de ces corps, le degré de leur organisation, ne le lui permirent pas ; et ce ne fut, effectivement, que dans les *insectes* qu'elle est parvenue à donner au corps animal une véritable *tête*.

Or, comme la nature ne rétrograde point elle-même dans ses opérations, on doit sentir qu'étant arrivée à la formation des *insectes*, et par conséquent à celle d'une *tête*, réceptacle des sens particuliers, toutes les organisations animales, supérieures en composition à celle des *insectes*, devront offrir aussi une véritable *tête*. Cela n'est cependant pas toujours vrai. Bien des *annelides*, les *cirrhipèdes*, et beaucoup de *mollusques* n'ont point de *tête* distincte. Une cause étrangère à la nature, en un mot, une cause modifiante et déterminable, s'est donc opposée à ce que les animaux cités soient pourvus d'une véritable *tête*. Tantôt, en effet, cette cause a empêché plus ou moins le développement de cette partie du corps, et tantôt même elle en a opéré l'avortement complet.

Nous trouvons la même chose à l'égard des *yeux* qui appartiennent à des plans d'organisation qui doivent en offrir ; la même chose aussi à l'égard des *dents* ; enfin, la même encore qui a lieu relativement à différentes parties de l'organisation, tant intérieures qu'extérieures ; parce qu'une cause modifiante, que j'ai signalée, a eu le pouvoir de changer, d'aggrandir, d'appauvrir, et même de faire disparaître les organes que je viens de citer.

On sent donc que les rapports que l'on obtiendrait de la considération de ces parties changées ou altérées, seraient d'une valeur fort inférieure à ceux que fourniraient les mêmes parties, se trouvant ce qu'elles doivent être dans le plan d'organisation où la nature est parvenue. De cette considération résulte le principe suivant.

Principe : Tout ce qu'a fait directement la nature, devant avoir une prééminence de valeur sur ce qui n'est que le produit d'une cause fortuite qui a modifié son ouvrage ; on donnera, dans le choix d'un rapport à employer, la préférence à tout organe ou système d'organes qui se trouvera ce qu'il doit être dans le plan d'organisation dont il fait partie, sur l'organe ou le système d'organes dont l'état ou l'existence résulterait d'une cause modifiante, étrangère à la nature.

Dans le cas où les deux organes différens entre lesquels un choix est à faire, se trouveraient l'un et l'autre changés ou altérés par une cause modifiante, on donnera la préférence à celui des deux dont les changemens ou les altérations l'éloigneront moins de l'état où il devait être dans le plan d'organisation auquel il appartient.

Telles sont les cinq sortes de rapports qu'il importe de distinguer, si l'on veut obtenir des principes qui interdisent l'arbitraire dans la détermination des vrais rapports et de leur valeur. Voici le tableau résumé de ces principes.

Tableau des principes pour la détermination des rapports, selon leurs différentes sortes.

(Première sorte : rapports d'espèces.)

Premier principe : Dans quelque rang que ce soit de l'échelle animale, le plus grand des rapports entre des animaux différens, est celui qui sert à rapprocher immédiatement les races entr'elles. Ce rapport exige, dans les animaux rapprochés, une grande ressemblance dans leur organisation intérieure ; les différences principales qui distinguent ces animaux, devant se trouver dans des particularités de leur forme, de leur taille ou de leurs parties externes.

(Deuxième sorte : rapports de masses.)

Second principe : Les rapports qui servent à former des masses et à les distinguer, ne doivent se tirer que de l'ensemble des parties qui composent l'organisation intérieure. Ils n'exigent jamais une ressemblance parfaite dans l'organisation intérieure des animaux de ces masses ; mais seulement que les masses rapprochées se ressemblent plus entr'elles qu'à aucune autre par l'organisation intérieure des animaux qu'elles embrassent.

Troisième principe : Plus les masses comparées sont grandes ou générales, plus l'organisation intérieure des animaux de ces masses doit offrir de différence.

(*Troisième sorte : rapports de rangs.*)

Quatrième principe : La plus compliquée et la plus perfectionnée des organisations animales étant prise pour point fixe de comparaison ; plus une organisation animale, considérée dans l'ensemble de ses parties, ressemblera à celle du point de comparaison, plus elle en sera rapprochée par ses rapports, *et vice versâ.*

Cinquième principe : Parmi les organisations dont les plans sont différens de celui de l'organisation choisie pour point fixe de comparaison, celles qui offriront un ou plusieurs systèmes d'organes semblables ou analogues à ceux qui se trouvent dans l'organisation à laquelle on les compare, auront un rang supérieur à celles qui auraient moins de ces organes, ou qui en manqueraient.

*(Quatrième sorte : rapports entre des parties con-
sidérées séparément, et qu'aucune cause particulière n'a modifiées.)*

Sixième principe : Entre deux organes ou systèmes d'organes intérieurs, considérés séparément et
comparés, celui dont la nature aura fait un emploi
plus général, devra avoir sur l'autre une prééminence de valeur dans les rapports qu'il offrira. Sous
ce point de vue, l'ordre d'importance qu'il faut attribuer aux organes intérieurs est le suivant :

Les organes de la digestion ;
Ceux de la respiration ;
Ceux du mouvement ;
Ceux de la génération ;
Ceux du sentiment ;
Ceux de la circulation.

Septième principe : Entre deux modes différens
d'un même système d'organes, celui des deux qui
sera plus analogue au mode déjà employé dans une
organisation supérieure en composition et en perfectionnement, méritera la préférence sur l'autre, pour
les rapports qu'il offrira.

(Cinquième sorte : rapports entre des parties con-
sidérées séparément, et qu'une cause particulière
a modifiées.)

Huitième principe : Tout ce qu'a fait directement la nature, devant avoir une prééminence de
valeur sur ce qui n'est que le produit d'une cause fortuite qui a modifié son ouvrage ; on donnera, dans le
choix d'un rapport à employer, la préférence à tout
organe ou système d'organes qui se trouvera ce qu'il
doit être suivant le plan d'organisation dont il fait
partie, sur l'organe ou le système d'organes dont l'é-
tat ou l'existence résulterait d'une cause modifiante,
étrangère à la nature.

Dans le cas où les deux organes différens, entre
lesquels un choix est à faire, se trouveraient l'un et
l'autre changés ou altérés par une cause modifiante,
on donnera la préférence à celui des deux dont les
changemens ou les altérations l'éloigneront moins de
l'état où il devait être dans le plan d'organisation
auquel il appartient.

Les huit principes régulateurs que je viens de proposer, me paraissent à l'abri de toute objection raisonnable, et les seuls propres à remplir l'objet pour lequel
je les destine. Ils fourniront les moyens d'établir, sans
arbitraire, un ordre de valeur parmi les rapports qui
doivent servir à former la distribution, fixer les rangs

des objets, et faciliter les lignes de séparation à établir pour l'institution la plus convenable des genres, des familles, des ordres, des classes, et des coupes primaires parmi les animaux.

En détruisant l'arbitraire qui anéantit les progrès des sciences naturelles, puisque cet arbitraire fait varier sans cesse les résultats des efforts que l'on fait pour les perfectionner ; ces principes donneront, si on les admet, une uniformité de plan très-nécessaire aux travaux dans lesquels on s'occupera de ces objets; et alors, notre distribution des animaux se perfectionnera de plus en plus; nos connaissances dans l'étude des lois et de la marche de la nature, à l'égard de ses productions, y gagneront infiniment ; et les sciences *zoologiques*, particulièrement, en obtiendront une solidité qu'elles n'ont pas encore.

Il restera un peu d'arbitraire dans la détermination du rang respectif des espèces dans leurs genres, et quelquefois même de celui des genres dans leurs familles ; parce que les principes régulateurs proposés ne sont facilement applicables qu'à l'égard des différences remarquables dans les traits de l'organisation intérieure. Mais, l'expérience dans l'étude de la nature et un sentiment de convenance que je ne saurais définir, achèveront de détruire, dans le *zoologiste*, cette dernière retraite de l'arbitraire.

Troisième question : Quelle disposition faut-il donner à la distribution générale des animaux, pour qu'elle soit conforme à l'ordre de la nature, dans la production de ces êtres?

Pour résoudre cette question, il s'agit encore ici de trouver quelque principe pris dans la nature même, afin de pouvoir s'y conformer ; car, si l'on a déterminé la distribution générale des animaux d'après la progression qui existe dans la composition de l'organisation animale, il semble que l'on puisse, dans cette progression, procéder avec autant de raison du plus composé vers le plus simple, que du plus simple vers le plus composé. Cela n'est cependant pas fondé ; et la nature, consultée dans l'ordre de ses opérations à l'égard des animaux, nous indique le principe suivant qui ne nous permet à ce sujet aucun arbitraire.

> *La nature n'opérant rien que graduellement, et par cela même, n'ayant pu produire les animaux que successivement, a évidemment procédé, dans cette production, du plus simple vers le plus composé.*

Si, comme j'en suis convaincu, l'on doit reconnaître que, dans tout ce qu'elle fait , la nature n'opère que graduellement ; et que, si c'est elle qui a produit les animaux, elle n'a pu donner l'existence à leurs races diverses que successivement ; il est évident que, dans cette production, elle a passé progressivement du plus simple au plus composé. On doit donc disposer

la distribution générale des animaux d'après cette considération , afin d'imiter l'ordre que la nature a suivi.

J'ai , en effet , montré , dans ma *Philosophie
zoologique* (vol. 1. p. 269) que , pour rendre la
distribution générale des animaux , conforme à l'ordre qu'a suivi la nature en produisant toutes les races qui existent , il fallait procéder du plus simple
vers le plus composé , c'est-à-dire , qu'il était nécessaire de commencer cette distribution par les plus
imparfaits des animaux , et les plus simples en organisation , afin de la terminer par les plus parfaits ,
par ceux qui ont l'organisation la plus composée.

Cet ordre est le seul qui soit naturel , instructif
pour nous , favorable à nos études de la nature ; et
qui puisse , en outre , nous faire connaître la marche
de cette dernière , ses moyens et les lois qui régissent ses opérations à leur égard.

Par cette disposition , et ayant préalablement assujéti partout la distribution des objets à l'ordre des
rapports , et formé les coupes classiques , nous ren-
dons la connaissance des progrès dans la composition de l'organisation plus facile à saisir , et nous
nous mettons dans le cas d'apercevoir plus facilement ,
soit les causes de ces progrès , soit celles qui les modifient ou les interrompent çà et là. *Phil. zool.
vol.* 1. p. 132 à 135.

On trouvera probablement moins agréable et
moins conforme à nos goûts, de présenter en tête

du règne animal, des animaux très-imparfaits, à peine perceptibles, presque sans consistance dans leurs parties, et dont les facultés sont extrêmement bornées ; au lieu d'y voir les animaux les plus avancés dans la composition et le perfectionnement de l'organisation, ceux qui ont le plus de facultés, le plus de moyens pour varier leurs actions, en un mot, le plus d'intelligence ; et comme ces derniers sont ceux qu'on a le plus observés et le mieux étudiés, on pourra même regarder comme plus raisonnable de procéder, à l'égard des animaux, du plus connu vers ce qui l'est le moins, que de suivre une route opposée.

Cependant, comme dans toute chose il faut considérer la fin qu'on se propose, et les moyens qui peuvent conduire au but, je crois qu'il est facile de démontrer que l'ordre généralement établi par l'usage dans la distribution des animaux, est précisément celui qui nous éloigne le plus du but qu'il nous importe d'atteindre ; que c'est celui qui est le moins favorable à notre instruction ; en un mot, celui qui oppose le plus d'obstacles à ce que nous saisissions le plan, l'ordre et les moyens qu'emploie la nature dans ses opérations à l'égard des animaux.

Dans l'examen et l'étude même que l'on fait de ces corps vivans, s'il n'était question que de les distinguer les uns des autres par les caractères de leur forme extérieure ; et si l'on ne devait considérer leurs diverses facultés que comme de simples objets d'amusement, c'est-à-dire, des objets propres à piquer notre curiosité dans nos loisirs, mais qui ne sauraient exciter en nous le desir d'en rechercher et d'en approfondir les causes; je conviens que l'ordre de distribution dont je viens de parler, serait celui qui devrait le moins nous plaire, quoiqu'il soit le plus naturel. Dans ce cas, il serait aussi fort inutile de s'occuper de rechercher les rapports parmi les animaux, et d'étudier leur organisation intérieure.

Or, tous les naturalistes conviennent maintenant de l'importance des *rapports*, et de la nécessité d'y avoir égard dans nos associations et dans nos distributions des productions de la nature. D'où vient donc cette importance des rapports, et pourquoi reconnaissons nous la nécessité d'y avoir égard dans nos distributions, si ce n'est parce qu'ils nous conduisent réellement à la connaissance de ce qu'a fait la nature; parce que, n'étant pas notre ouvrage, nous ne pouvons les changer à notre gré; parce que ce sont eux qui nous forcent de rapprocher les uns des autres certains des objets qu'ils concernent et d'en écarter d'autres plus ou moins; enfin, parce qu'ils nous font sentir indirectement que, dans ses productions, la nature a un ordre particulier et déterminable qu'il nous importe de reconnaître et de suivre dans nos études.

Lorsque des rapports reconnus, parmi les animaux, ont fixé le rang de ces êtres , quel est le *zoo-logiste* qui voudrait arbitrairement les placer ailleurs! quel est celui qui voudrait ranger les *chauve-souris* dans la classe des *oiseaux*, parce qu'elles planent dans les airs ; les *phoques* ou les *baleines* parmi les *poissons*, parce que le milieu dense qu'habitent ces animaux leur donne quelqu'analogie de forme entre eux ; enfin, les *sèches* avec les *polypes,* parce qu'elles ont aussi des espèces de bras autour de leur bouche !

Puisque les rapports reconnus nous entraînent, et donnent à celles de nos distributions qui s'y conforment, une solidité à l'abri des variations de nos opinions, nous sentons donc qu'il y a pour nous un véritable intérêt à établir nos distributions le plus conformément qu'il nous est possible à l'ordre même de la nature, afin qu'elles le représentent et le fassent mieux connaître.

Maintenant , si nous trouvons qu'il soit de quelqu'utilité pour nous d'étudier la nature , de connaître son ordre particulier, de le représenter dans nos distributions ; ne devons nous pas commencer comme elle en procédant du plus simple vers le plus composé; car, ou assurément elle n'a rien opéré, ou, si les animaux font partie de ses productions , elle n'a point commencé par les plus composés et les plus parfaits.

Ainsi , l'ordre de distribution que j'ai proposé à l'égard des animaux, que je viens de motiver, dont je fais usage depuis plusieurs années dans mes leçons au *Muséum*, et dont on trouve l'exposition dans ma *Philosophie zoologique* (vol. 1. p. 269.), devient indispensable, et ne peut être suppléé par aucun autre.

Il établit d'ailleurs cette conformité entre la *zoologie* et la *botanique*, que, de part et d'autre, la méthode employée comme naturelle, présentera une distribution dans laquelle on doit procéder du plus simple vers le plus composé.

Distribution générale des animaux, partagée en coupes primaires, et en coupes classiques.

La disposition à donner à l'ordre des animaux étant arrêtée, si nous parcourons et si nous examinons la distribution entière de tous ces corps vivans, rangés conformément à leurs rapports et aux principes cités ci-dessus, nous remarquons la possibilité, l'utilité même de diviser leur série générale, en deux coupes principales, qui comprennent chacune un certain nombre de classes.

En effet, ces deux coupes sont singulièrement distinguées l'une de l'autre, en ce que la première, qui est la plus nombreuse et qui comprend les animaux les plus imparfaits, embrasse une série d'animaux qui tous sont dépourvus de *colonne vertébrale*, et qui présentent par masses des plans d'organisation si différens les uns des autres, qu'on peut dire qu'ils n'ont de commun entr'eux que la possession de la vie animale. Tandis que ceux de la seconde coupe, parmi lesquels se trouvent les animaux les plus parfaits, possèdent tous une *colonne vertébrale*, base d'un véritable squelette, et sont formés à-peu-près sur un même plan d'organisation; mais qui est, néanmoins, plus ou moins avancé, perfectionné et modifié, selon le rang des classes comprises dans cette coupe.

Dans mon premier cours de *zoologie* au Museum d'histoire naturelle, je donnai aux animaux de la première coupe le nom d'*animaux sans vertèbres*; et, par opposition, je nommai *animaux vertébrés* ceux de la seconde.

Je n'ai pas besoin de dire que c'est parmi ces derniers (*les animaux vertébrés*), que se trouvent ceux dont l'organisation approche le plus de celle de l'*homme*; ceux qui ont effectivement l'organisation la plus composée, la plus compliquée en organes particuliers; ceux, enfin, qui offrent parmi eux le plus haut degré d'animalisation et le plus grand perfectionnement dans les facultés du premier ordre où la nature ait pu arriver dans les animaux. Tous ces animaux sont, en effet, munis d'un squelette articulé, plus ou moins complet, dont la *colonne vertébrale*, partout existante, fait essentiellement la base.

Par cette division, d'une part, je détachais, pour ainsi dire, et je mettais mieux en évidence les *ani-*

maux vertébrés, dont le plan général d'organisation est commun avec celui de l'organisation de l'*homme*; et, de l'autre part, j'en séparais l'énorme série des *animaux sans vertèbres* qui, loin d'être formés sur un plan commun d'organisation, offrent entr'eux des systèmes d'organes très-différens les uns des autres.

La distinction des animaux *vertébrés* d'avec les animaux *sans vertèbres* est sans doute très-bonne, importante même; mais elle ne me paraît pas suffire au besoin de la science, et ne montre pas ce que la nature elle-même indique à l'égard des nombreux *animaux sans vertèbres*.

En effet, comme les deux coupes, qui résultent de cette distinction, sont très-inégales, puisque les *vertébrés* embrassent à peine un dixième des animaux connus; j'ai pensé depuis, qu'il serait avantageux pour l'étude et même conforme à l'indication de la nature, de partager en deux coupes principales les *animaux sans vertèbres* eux-mêmes.

En conséquence, remarquant que, parmi ces derniers, les uns, en très-grand nombre, avaient tous les organes du mouvement attachés sous la peau, et offraient symmétriquement, dans leur forme, des parties paires sur deux rangs opposés, tandis que rien de semblable n'avait lieu dans les autres; je proposai dans mon cours de *zoologie*, en mai 1812, de distinguer ces deux sortes d'animaux comme constituant deux coupes naturelles parmi les *invertébrés*.

Par ce moyen, l'échelle animale se trouvera partagée naturellement en trois coupes primaires, supérieures aux coupes classiques. Les animaux vertébrés fournissent la première de ces trois coupes, et les animaux sans vertèbres donnent la deuxième et la troisième ou inversement. Ces divisions seront instructives, commodes pour l'étude, et faciliteront le placement, dans la mémoire, des objets qu'elles embrassent.

Il ne s'agissait donc plus que d'assigner à chacune de ces trois coupes une dénomination comparative, renfermant une idée importante relativement aux animaux qui s'y rapportent. C'est ce que j'ai fait, en considérant, dans ces mêmes animaux, l'exclusion ou la possession des facultés les plus éminentes dont la nature animale puisse être douée; savoir : le *sentiment* et l'*intelligence*.

En considérant encore attentivement les objets sur lesquels j'avais à prononcer, je fus bientôt convaincu que ce n'était pas seulement par des différences de forme et de situation des parties, que les animaux de chacune des deux coupes qui divisent les *invertébrés*, sont distingués les uns des autres; car, ils le sont aussi singulièrement par la nature des facultés qui leur sont propres.

En effet, les uns ne sauraient jouir de la faculté de *sentir*, puisqu'ils ne possèdent point le système d'organes particulier qui seul peut donner lieu à cette faculté; et les mouvemens qu'ils exécutent, attestent, effectivement, qu'ils ne se meuvent que par leur *irritabilité* excitée par des causes externes.

Les autres, au contraire, possédant tous un système nerveux, assez avancé dans sa composition pour produire en eux le *sentiment*, l'observation de leurs mouvemens et de leurs habitudes prouve qu'ils en jouissent réellement, et qu'ils se meuvent très-souvent par des excitations internes, qui proviennent des émotions de leur sentiment intérieur.

Les premiers sont donc des *animaux apathiques;* tandis que les seconds sont véritablement des *animaux sensibles.*

Voilà, pour les *animaux sans vertèbres*, un partage fortement tracé, et qui donne lieu parmi eux à deux coupes très-distinctes; d'autant plus que chacune de ces coupes est caractérisée par des différences de forme et de situation des parties dans les animaux qui en dépendent.

Ce n'est pas tout : si, parmi les *animaux sans vertèbres*, il y en a quantité qui jouissent de la faculté de sentir; on peut prouver par l'observation des faits relatifs à leurs actions habituelles, qu'aucun d'eux ne possède des *facultés d'intelligence.*

En effet, on n'en a vu aucun varier arbitrairement ses actions; on n'en a vu aucun parvenir au but où il tend dans chaque besoin, par des actions différentes de celles auxquelles les individus de sa race sont généralement habitués. Tous, effectivement, dans chaque race, font constamment, de la même manière, les actions qui satisfont à leurs besoins et qui servent à leur conservation, ou à leur reproduction. Ils n'ont donc pas la faculté de combiner des idées, de penser, d'exécuter des actes d'*intelligence*.

Or, il n'en est pas de même des *animaux vertébrés* : ceux-ci, non-seulement sont généralement sensibles; mais, en outre, on a des preuves par l'observation, que, parmi ces animaux, beaucoup d'entr'eux peuvent à propos varier leurs actions; qu'ils ont des idées conservables; qu'ils combinent ces idées; qu'ils ont des songes pendant leur sommeil; qu'ils comparent, jugent, inventent des moyens; qu'ils sont susceptibles d'éprouver de la joie, de la tristesse, de la crainte, de la colère, de l'envie, de l'attachement, de la haine, etc.; et qu'en un mot, ils sont doués de facultés d'intelligence. Si ces facultés n'ont pas été observées positivement dans tous les animaux vertébrés, néanmoins, comme leur plan d'organisation est à-peu-près le même dans tous, quoique plus ou moins avancé dans son développement et son perfectionnement, on est tout-à-fait autorisé à leur attribuer à tous l'*intelligence*, mais dans différens degrés.

J'ai donc été fondé à partager les animaux en trois grandes coupes, de la manière suivante :

DISTRIBUTION GÉNÉRALE

ET DIVISIONS PRIMAIRES DES ANIMAUX.

~~~~

NIMAUX APATHIQUES. Ils ne sentent point, et ne se meuvent que par leur irritabilité excitée.

1. LES INFUSOIRES.

2. LES POLYPES.

3. LES RADIAIRES.

4. LES VERS.

(EPIZOAIRES.)

Caract. Point de cerveau, ni de masse médullaire allongée; point de sens; formes variées; rarement des articulations.

ANIMAUX SENSIBLES. Ils sentent, mais n'obtiennent de leurs sensations que des *perceptions* des objets, espèces d'idées simples qu'ils ne peuvent combiner entr'elles pour en obtenir de complexes.

5. LES INSECTES.

6. LES ARACHNIDES.

7. LES CRUSTACÉS.

8. LES ANNELIDES.

9. LES CIRRHIPÈDES.

10. LES MOLLUSQUES.

Caract. Point de colonne vertébrale; un cerveau et le plus souvent une masse médullaire allongée; quelques sens distincts; les organes du mouvement attachés sous la peau; forme symétrique par des parties paires.

ANIMAUX INTELILGENS. Ils sentent; acquièrent des idées conservables; exécutent des opérations entre ces idées, qui leur en fournissent d'autres; et sont intelligens dans différens degrés.

11. LES POISSONS.

12. LES REPTILES.

13. LES OISEAUX.

14. LES MAMMIFÈRES.

Caract. Une colonne vertébrale; un cerveau et une moëlle épinière; des sens distincts; les organes du mouvement fixés sur les parties d'un squelette intérieur; forme symétrique par des parties paires.

Animaux sans vertèbres.

Animaux vertébrés.
~~~~

L'ordre que l'on voit dans le tableau qui vient d'être exposé, me paraît représenter le plus possible, celui de la composition croissante de l'organisation des animaux, celui qui doit régler leur distribution en une série générale, celui même qui indique, à très-peu-près dans son ensemble, la marche qu'a suivie la nature en donnant l'existence aux différentes races de ces êtres.

Passons maintenant à l'exposition des animaux sans vertèbres, et particulièrement à celle de leurs classes, de leurs ordres, de leurs familles, de leurs genres et des principales de leurs espèces, en citant ce qui peut intéresser à leur égard.

FIN DE L'INTRODUCTION.

HISTOIRE NATURELLE

DES

ANIMAUX SANS VERTÈBRES.

HISTOIRE NATURELLE

DES

ANIMAUX SANS VERTÈBRES.

POINT DE COLONNE VERTÉBRALE; POINT DE VÉRITABLE SQUELETTE.

LES *animaux sans vertèbres* sont ceux qui sont dépourvus de colonne vertébrale, c'est-à-dire, qui n'ont pas intérieurement cette colonne dorsale, presque toujours osseuse, composée d'une suite de pièces articulées; colonne qui se termine à son extrémité antérieure par la tête de l'animal, à l'autre extrémité par sa queue, et qui fait la base de tout véritable squelette.

Par cette définition, les *animaux sans vertèbres* sont nettement distingués des animaux vertébrés;

mais, quoiqu'ils paraissent former une coupe particulière sous ce point de vue, leur ensemble néanmoins présente un assemblage d'objets dont les masses sont très-disparates entr'elles.

En effet, quant à la forme et à l'organisation intérieure, qu'y a-t-il de commun entre un *infusoire* et un *insecte*; entre un *ver* et un *crustacé*; en un mot, quelle étrange dissemblance ne trouve-t-on pas entre un *polype* et une *arachnide*, entre celle-ci et un *mollusque!*

Si l'ensemble des *animaux sans vertèbres* présente, dans ses masses déplacées et mises arbitrairement en comparaison, des assemblages disparates, l'on sera forcé de convenir qu'en rapprochant les objets d'après leurs véritables rapports, et qu'en distribuant les masses classiques dans l'ordre progressif de la composition de l'organisation de ces animaux; alors on trouvera moins d'irrégularité dans leur série, quoique de distance en distance, les systèmes d'organisation soient singulièrement changés, et puissent rarement se lier chacun les uns aux autres par de véritables nuances.

Telle est, je crois, l'idée la plus juste que l'on doive se former des *animaux sans vertèbres*. Ils composent une immense série d'animaux divers, au moins neuf fois plus nombreuse que celle de tous les vertébrés réunis, et dont probablement nous ne connaissons pas même la moitié des êtres qui la forment.

Ces animaux, originaires des eaux, vivent encore la plupart dans son sein : aussi c'est parmi eux que se trouvent les plus petits, les plus frêles, les plus imparfaits et les plus simples en organisation, comme c'est parmi les vertébrés qu'on observe les plus parfaits des animaux.

Sans doute, le volume ou la taille n'a point de rapport essentiel avec la nature de l'organisation des différens êtres vivans. Cependant, il n'en est pas moins très-vrai que les plus imparfaits des animaux connus en sont aussi les plus petits : ce qui est également vrai à l'égard des végétaux.

Des trois coupes primaires qui partagent l'échelle animale entière (1), les *animaux sans vertèbres* embrassent les deux premières, savoir :

Les animaux apathiques;

Les animaux sensibles.

---

(1) Voyez-en le tableau à la fin de la 7.e partie de l'Introduction, page 381.

C'est donc à la troisième coupe, à celle des vertébrés dont le plan unique d'organisation est plus ou moins avancé en perfectionnement selon les classés, qu'appartiennent les animaux intelligens. En conséquence, je vais partager mon exposition des animaux sans vertèbres en deux parties : l'une relative aux animaux apathiques, et l'autre aux animaux sensibles.

Ainsi, d'après l'ordre que nous devons suivre, exposons d'abord les *animaux apathiques*, leurs classes, leurs familles, leurs genres, comme objets de la première partie; nous terminerons par l'exposition des *animaux sensibles*, dont nous présenterons pareillement les classes, les familles et les genres, ce qui complettera la deuxième partie; et nous indiquerons de part et d'autre les espèces les mieux déterminées à notre connaissance.

PREMIÈRE PARTIE.

ANIMAUX APATHIQUES.

Point de forme symétrique par des parties paires bisériales, ou seulement sur deux côtés opposés ; aucun sens particulier pour la sensation ; ni moëlle longitudinale, ni cerveau ; point de véritable squelette.

LE caractère le plus apparent des *animaux apathiques*, est de ne point offrir encore cette forme symétrique de parties paires dont les animaux des autres coupes présentent presque tous des exemples ; parties paires si prononcées dans l'organisation de l'homme, quoique toutes les intérieures ne soient pas dans ce cas ; parties paires, enfin, qui sont toujours bisériales lorsqu'elles se répètent, ou seulement sur deux côtés opposés.

Ici, il n'y a jamais de parties paires dans cet ordre; car lorsqu'on rencontre des parties semblables, elles sont rayonnantes ou disposées en rond, et non sur deux côtés opposés.

La nature tendant à la production des animaux les plus parfaits, en qui cette forme symétrique de parties paires ou bisériales est extrêmement remarquable, l'a employée dans le plus grand nombre des animaux, parce qu'elle est la plus favorable au mouvement de progression en avant. Mais elle n'a pu l'établir dans les *animaux apathiques*; d'abord, parce que la trop faible consistance de leurs parties ne le lui permit pas et laissait aux fluides expansifs de l'extérieur trop d'influence sur la forme générale de ces animaux ; ensuite, parce que le mouvement progressif en avant ne leur est point nécessaire.

Les *animaux apathiques* furent très-improprement appelés *zoophytes* : ils ne tiennent rien de la nature végétale, et tous généralement sont complétement des animaux, ce que je crois avoir prouvé.

La dénomination d'*animaux rayonnés* ne leur convient pas plus que la précédente ; car elle ne peut s'appliquer qu'à une partie d'entr'eux, et il s'en trouve beaucoup parmi eux qui n'ont absolument rien de la forme rayonnante.

Tous les *apathiques* manquent de tête ; sont dépourvus de sens extérieurs ; et parmi ceux, en petit nombre, en qui l'on a observé quelques nerfs, on ne trouve jamais cet appareil nerveux qui est essentiel à la production du sentiment. Ce sont donc des animaux véritablement privés de la faculté de sentir.

Etant dépourvus du *sentiment*, n'ayant pas même celui de leur existence, c'est-à-dire, ce *sentiment intérieur* que des besoins sentis peuvent émouvoir; ces animaux ne se meuvent que par leur *irritabilité* excitée, que par des causes excitantes qui leur viennent du dehors. Aussi ai-je montré que leurs besoins très-bornés, n'exigent point qu'ils aient d'autres facultés, qu'ils dirigent eux-mêmes aucun de leurs mouvemens; ce qui leur est nécessaire se trouvant toujours à leur portée.

Les *animaux apathiques* embrassent les quatre premières classes du règne animal, savoir :

    1.º Les infusoires;
    2.º Les polypes;
    3.º Les radiaires ;
    4.º Les vers.
       (Les épizoaires.)

Exposons successivement les caractères de chacune de ces classes, ainsi que ceux des animaux qui s'y rapportent.

CLASSE PREMIÈRE.

LES INFUSOIRES. (Infusoria.)

Animaux microscopiques , gélatineux , transparens , polymorphes , contractiles.

Point de bouche distincte ; aucun organe intérieur constant , déterminable ; génération fissipare , subgemmipare.

Animacula microscopica , gelatinosa , hialina , polymorpha , contractilia.

Os distinctum nullum. Organa specialia interna determinabiliaque nulla. Generatio fissipara ; subgemmipara.

OBSERVATIONS.

Je ne rapporte à cette classe d'animaux que ceux des infusoires de *Muller* qui n'ont point de bouche, et qui conséquemment sont dépourvus de sac alimentaire ; c'est-à-dire, de cet organe digestif qui s'ouvre nécessairement au dehors par une bouche au moins.

Ainsi , c'est avec cette coupe circonscrite par le défaut de bouche dans les animaux qui en sont le sujet, que je forme la première classe du règne animal. Elle comprend les animaux les plus petits, les plus imparfaits, les plus simples en organisation, en un mot, ceux qui possèdent le moins de facultés.

Ces animaux n'ayant point de bouche, point de sac alimentaire, n'ont point de digestion à exécuter, et ne se nourrissent que par les absorptions de leurs pores extérieurs, et par imbibition interne. Ainsi, leur organisation, qui est la plus simple de toutes celles qu'offre le règne animal, présente par son caractère un degré particulier qui les distingue éminemment de tous les autres animaux.

Je me suis assuré qu'il en existe de semblables, car j'en ai observé moi-même plusieurs; et quand même il n'en existerait qu'un petit nombre, j'en eus fait une classe à part, d'après la considération du caractère éminent qui les distingue. Cette classe néanmoins embrasse évidemment la plus grande partie des infusoires de *Muller*; elle doit être nécessairement la première, puisqu'elle nous présente l'organisation animale dans son premier degré.

L'organisation des *infusoires*, et tout ce qui concerne leur manière d'être, de vivre, de se mouvoir, de se régénérer, etc., sont des objets plus importans à considérer, que les distinctions qu'on a pu établir parmi eux.

En effet, sans cette curiosité philosophique, sans le besoin même que nous avons de connaître la nature dans tout ce qu'elle produit, dans tout ce qu'elle exécute, en un mot, sans l'importance pour nous de savoir jusqu'à quel point la *vie animale* peut être réduite et exister encore; sans doute l'étude des *infusoires* nous présenterait bien peu d'intérêt, et ce serait fort mal débuter dans l'expo-

sition du règne animal, que de placer de pareils objets
en tête de ce règne.

Mais plusieurs considérations importantes se réunissent
pour que nous donnions la plus grande attention au fait
de l'existence de ces étonnans animaux, ainsi qu'à celui
de l'état singulier de leur organisation et de leur manière
d'exister.

Ces êtres, dont l'animalité paraît à peine croyable,
et que l'on peut en quelque sorte regarder comme des
ébauches de la nature animale, sont d'une petitesse extraordinaire. Leur corps n'a presque point de consistance,
et paraît pour ainsi dire sans parties. Ce sont cependant
des animaux nombreux en individus et en races diverses,
qui peuplent toutes les eaux, et qui se retrouvent les
mêmes dans tous les pays du monde, mais seulement
dans les circonstances qui leur permettent d'exister ; ce
sont des animaux qui la plupart disparaissent dans les
abaissemens de température, qui reparaissent et se multiplient rapidement dans ses élévations ; enfin, ce sont des
animaux dont l'existence et l'état renversent toutes les
idées que nous nous étions formées de la nature animale.

Parmi les merveilles sans nombre que la nature offre
de toute part à nos observations, celle peut-être qui est
la plus étonnante, c'est de voir la vie animale pouvoir
exister dans des corps aussi frêles et aussi simples que
ceux qui constituent les animaux de cette classe, et surtout de son premier ordre.

En effet, les *infusoires*, considérés dans ceux dont
j'assigne le caractère classique, nous présentent l'organisation animale dépourvue de tout organe particulier

intérieur, constant et déterminable, réduite à n'offrir qu'une masse de tissu cellulaire variée, extrêmement petite, frêle, presque sans consistance, et cependant vivante et très-irritable.

Ainsi, non-seulement ces singuliers animaux n'ont point de tête, point d'yeux, point de muscles, point de vaisseaux, point de nerfs, mais ils n'ont même aucun organe particulier déterminable, soit pour la respiration, soit pour la génération, soit, enfin, pour la digestion. Aussi, ce ne sont que des corpuscules extraordinairement petits, nus, gélatineux ; ce ne sont que des points vivans.

Cependant, retrouver la vie animale dans des corps aussi frêles et aussi simples que ceux dont il est question, c'est une considération tellement étonnante, d'après les idées que l'on s'était formées de la vie, considérée dans les animaux les plus parfaits, que plusieurs personnes n'ont pas osé croire à la réalité de ce fait, et qu'il y en a même qui l'ont inconsidérément nié.

On a effectivement beaucoup écrit pour contester l'animalité de ces corpuscules mouvans ; mais on est maintenant forcé de céder à la raison qui s'appuie sur des faits décisifs. Or, ces faits attestent non-seulement que les corpuscules dont il s'agit sont des corps vivans, puisqu'ils en ont les qualités essentielles, et qu'en effet ils se régénèrent et se multiplient eux-mêmes ; mais en outre que ce sont de véritables animaux, puisqu'ils sont irritables, qu'ils se meuvent, et qu'ils exécutent des mouvemens subits qu'ils peuvent répéter de suite plusieurs fois.

D'ailleurs, comment reconnaître, comme on le fait, l'animalité des *polypes* sans admettre celle des *vorticelles*;

comment convenir de la nature animale des vorticelles , et refuser la même nature aux *urcéolaires;* et si l'on reconnaît les urcéolaires pour des animaux , comment contester la nature animale des *trichocerques* , des *cercaires* , des *trichodes* et ensuite de tous les autres *infusoires* ! Les rapports les plus grands lient évidemment tous ces animaux les uns aux autres par une gradation nuancée depuis les plus simples et les plus imparfaits d'entr'eux, tels que les *monades*, jusqu'aux *polypes* les mieux connus.

Ne pouvant plus nier la nature animale des *infusoires,* on a essayé de contester la simplicité de leur organisation ; tant on tient à conserver les idées qu'on s'est inconsidérément formées de la vie , en supposant qu'elle ne peut exister dans un corps qu'avec la complication de cette multitude d'organes particuliers dont celle des animaux les plus parfaits nous offre des exemples.

Mais , au lieu de supposer , contre l'évidence , que tous les organes que l'on trouve dans les animaux les plus parfaits , et dont on n'aperçoit plus le moindre vestige dans les plus imparfaits , existent néanmoins dans tous , c'est-à-dire , dans les uns et les autres ; il est bien plus simple et plus conforme à la raison de reconnaître que non-seulement la nature n'a pu établir ces organes spéciaux dans des corps gélatineux aussi frêles que les *infusoires* , mais même qu'elle n'a pas eu besoin de le faire.

Effectivement , la moindre réflexion suffit pour nous faire sentir que dans des animaux aussi imparfaits , la nature n'a pu avoir en vue que d'y instituer seulement la vie , et que toute autre faculté que celles qui en résultent généralement, leur serait fort inutile. Il serait en effet très-inutile à une *monade*, à une *volvoce*, ◆un *protée*, etc., d'avoir des organes qui lui servissent à changer de lieu, et d'autres qui soient propres à lui faire discerner les objets; n'ayant d'autre action à exécuter pour conserver sa vie, que celle d'absorber par ses pores les matières que l'eau qui l'environne lui présente sans cesse partout, et que celle de faire des mouvemens qui facilitent cette absorption. Aussi peut-on assurer que partout où une fonction organique n'est pas nécessaire, l'organe particulier qui peut l'exécuter n'existe point. (*Philos. zool.*, vol. 1, p. 203 et suiv.)

Si les *infusoires* sont de tous les animaux ceux qui ont le moins de facultés, ce sont aussi ceux qui ont le moins de besoins. Ils n'ont pas une seule faculté particulière; ils n'ont pas non plus un seul besoin particulier. Vivre pendant un tems limité, et reproduire d'autres individus semblables à eux; là se borne tout ce qui leur est propre, les mouvemens qu'on leur voit exécuter étant le produit de causes hors d'eux. Ces animaux n'ont donc aucun besoin des organes particuliers que l'on observe dans les autres.

Il est évident que si l'on veut savoir en quoi consiste la vie animale la plus réduite, c'est uniquement en considérant les *infusoires*, et surtout ceux du premier ordre, qu'on y pourra parvenir; c'est en étudiant sans prévention tout ce qui concerne des animaux aussi imparfaits, et aussi simples en organisation que ceux dont il s'agit, qu'on pourra se former une idée juste de ce qu'exige la vie animale dans ces petits corps, et des facultés qu'elle peut leur donner.

On verra que les facultés des infusoires les plus simples se réduisent à celles qui sont communes à tous les corps vivans, et en outre à celle qui résulte de leur nature animale, à l'*irritabilité*; mais on verra en même tems que, comme aucune de ces facultés n'exige d'organe particulier pour sa production, il n'y en a effectivement aucun.

A la vérité, dans un assez grand nombre d'infusoires, surtout dans ceux du deuxième ordre, on aperçoit des parties intérieures locales qui paraissent dissemblables, quelquefois même mouvantes. Mais ces parties, dont on peut dire tout ce qu'on veut, ne peuvent être que des modifications plus ou moins grandes du tissu intérieur de ces corps, que des voies qui préparent la multiplication des individus, que des gemmes reproducteurs dans différens états de développement.

Ces animaux ne possédant pas encore le premier organe particulier que la nature ait créé dans l'organisation animale, celui de la *digestion*, ne sauraient avoir sans doute aucun de ceux qu'elle a établis postérieurement à celui-ci.

Ces frêles êtres étant les seuls qui n'aient point de digestion à exécuter pour se nourrir, ressemblent en cela aux végétaux qui ne vivent que par des absorptions, et dont les mouvemens vitaux ne s'opèrent aussi que par des excitations de l'extérieur. Mais les *infusoires* sont irritables et contractiles; or ces caractères indiquent leur nature animale, et les distinguent essentiellement des végétaux.

Quelque simple que soit l'organisation des *infusoires*, on distingue déjà parmi eux quelques degrés de moins grande simplicité, selon les ordres et les genres.

En effet, le propre de la durée de la vie dans un corps animal étant de le fortifier graduellement, d'augmenter peu-à-peu la consistance de ses parties, et de tendre à en composer l'organisation ; bientôt ce corps se fortifiera et s'animalisera davantage ; son organisation deviendra moins simple ; et, après s'être multiplié et reproduit bien des fois, il offrira dans sa consistance, sa taille, sa forme particulière et ses parties, des différences de plus en plus grandes et assujéties aux circonstances variées qui auront agi sur lui. Tel est effectivement ce qu'attestent, de la manière la plus évidente, l'observation des *infusoires* et leur connexion nuancée avec les polypes.

Ces petits corps gélatineux, qui nagent ou se meuvent dans les eaux qui les contiennent, et où ils ne paraissent que des points mouvans, ne possèdent assurément point en eux-mêmes la puissance qui les anime et les fait mouvoir. Cette puissance, qui provient des milieux environnans, leur est étrangère ; mais ils offrent en eux l'ordre de choses qui permet à cette même puissance d'exciter dans ces animalcules les diverses sortes de mouvemens qu'on leur observe (1).

---

(1) Voyez l'Introduction, p. 42. [Fluides subtils.]

Si cette source où les mouvemens vitaux puisent la force qui les fait s'exécuter, est incontestable à l'égard des *végétaux*, elle l'est assurément aussi relativement aux animaux imparfaits qui composent les premières classes du règne animal ; et, pour un grand nombre de ces animaux, elle l'est en outre des mouvemens particuliers de leurs corps. Voilà ce dont maintenant il n'est plus raisonnablement possible de douter, et ce qui, comme vérité, est à l'abri de tout ce que le tems pourra produire.

Outre leur extrême contractilité qui les fait changer de forme d'un instant à l'autre, certains infusoires exécutent dans l'eau des mouvemens assez lents, tandis que d'autres en offrent de très-vifs. Ces mouvemens, qui en général sont variés à raison de la forme de ces corps, sont tantôt de rotation sur eux-mêmes, comme lorsque ces petits corps sont sphériques, tantôt ondulatoires ou oscillatoires, comme lorsque ces corps sont allongés, et tantôt décrivent des lignes concentriques ou spirales, comme lorsque ces mêmes corps sont aplatis.

Je le répète : la vivacité de ces mouvemens ne saurait provenir d'une force organique, capable d'en produire de semblables ; on sent assez que dans d'aussi frêles corps une pareille force ne saurait exister. Cette vivacité des mouvemens résulte donc nécessairement de l'extrême petitesse des corps dont il s'agit, ces petits corps cédant aux conflits d'agitation que les fluides subtils environnans leur font éprouver en s'y précipitant et s'en exhalant sans cesse. Or, d'une part, la forme générale de chacun de ces corpuscules animés contribue à l'espèce de mou-

vement que les fluides subtils ambians leur font subir,
et de l'autre part, les routes particulières que se sont frayées
ces fluides subtils en traversant l'intérieur de ces petits
corps, y concourent aussi de leur côté.

En observant les mouvemens qu'exécutent les *infusoires* dans les eaux, ces mouvemens ont paru s'accélérer ou se rallentir et quelquefois même s'interrompre
au gré de l'animal ; chaque espèce a semblé jouir d'une
sorte d'instinct ; enfin, l'on s'est imaginé qu'ils évitaient
les obstacles et fuyaient ce qui peut leur nuire.

Ce sont-là réellement des erreurs de jugement, et les
suites des préventions auxquelles nous nous sommes livrés.
Qui ne sait que l'on croit facilement ce que l'on s'est
persuadé devoir être !

Ces animaux sont le jouet de toutes les impressions
qu'ils éprouvent et qui les agitent. Les causes qui les
meuvent sont elles-mêmes susceptibles de variations dans
leurs influences. D'ailleurs, si dans un mouvement de
tournoiement ou d'oscillation, un infusoire semble éviter
un corps du voisinage, les émanations continuelles de
ce corps (1) suffisent pour repousser l'animalcule dans
son mouvement, et pour opérer mécaniquement l'effet

---

(1) Relativement aux fluides subtils qui se meuvent presque sans cesse dans les milieux environnans, la diversité
des corps qui en reçoivent et en transmettent les effleuves,
apporte nécessairement des différences dans ces effleuves,
dans leur direction, leur abondance, leur interruption, etc.

observé, sans qu'aucune prévoyance ou qu'aucune détermination de l'animal y ait la moindre part.

D'après ce qui vient d'être exposé, on voit que les
infusoires sont, parmi les animaux, ce que sont les
algues parmi les végétaux ; que, de part et d'autre, ce
sont les corps vivans les plus imparfaits, ceux qui ont
l'organisation la plus simple, et que c'est parmi eux surtout que la nature opère, encore de part et d'autre, des
générations directes.

On trouve les *infusoires* dans les eaux douces et surtout dans celles qui sont croupissantes ; c'est plus particulièrement dans les infusions des substances végétales
ou animales qu'on les rencontre ; enfin, on en trouve aussi
dans les eaux marines. Ces animalcules semblent n'avoir
point de patrie particulière, puisqu'on les retrouve les
mêmes dans toutes les parties du monde, mais seulement
dans les circonstances où ils peuvent se former.

Trop près encore de leur origine, ils n'ont pas eu le
tems de recevoir de la différence des climats, des situations et des habitudes, les modifications qui assujétissent
les autres animaux à vivre dans des régions et des loca-
lités particulières.

Les *infusoires* n'ont pas, comme les autres animaux,
une forme générale qui soit particulière à ceux de leur
classe, et qui puisse servir à les caractériser ; ils ne sauraient l'avoir, parce que la trop faible consistance de
leur corps ne le permet pas, et qu'ils sont plus ou
moins complétement assujétis à l'influence des pressions
environnantes.

Aussi, quoique les différens infusoires nous présentent

toutes sortes de formes, que souvent même les individus d'une même espèce changent de forme sous nos yeux d'un instant à l'autre, les plus imparfaits de ces animaux étant plus frêles et plus fortement assujétis que les autres aux influences de l'eau qui presse également sur tous les points de leur corps, sont nécessairement sphériques ou d'une forme qui en approche.

Ceux qui en proviennent ensuite, et qui acquièrent progressivement plus de consistance dans leurs parties, sont moins soumis aux pressions du milieu dans lequel ils vivent, s'éloignent graduellement de cette forme simple et première à laquelle les plus imparfaits ne peuvent se soustraire, et en obtiennent de particulières qui sont relatives à l'état où leur organisation est parvenue.

Ce n'est réellement que dans les *polypes* que la nature a réussi à donner aux animaux une forme générale, relative à leur organisation, sur laquelle les pressions environnantes n'ont plus ou presque plus d'influence, et qui peut servir à les caractériser. Partout ensuite, la diversité des formes tient à l'état de l'organisation et au produit des habitudes des animaux en qui on la considère.

Une considération qu'il importe de ne pas perdre de vue, c'est que le caractère essentiel des *infusoires* ne réside nullement dans l'extrême petitesse de ces animaux, mais dans la simplicité de leur organisation.

Ce n'est pas dans cette classe seule que l'on observe des animaux extrêmement petits; dans les quatre classes qui suivent, et principalement dans les *crustacés*, l'on connaît des animaux d'une petitesse si considérable qu'ils échappent à la vue simple. Or, comme ces animaux sont aquatiques, microscopiques et la plupart transparens, il est probable qu'on en rapporte plusieurs à la classe des *infusoires*, quoiqu'ils appartiennent réellement à d'autres classes. En observant quelques-uns des traits de leur organisation, on s'en autoriserait alors pour déclarer celle des infusoires plus composée qu'elle ne l'est véritablement; ce qui a déjà été fait. Il suffira de replacer dans leur classe convenable, les animaux que leur extrême petitesse aurait, par erreur, fait ranger parmi les infusoires.

Rien n'est plus digne de notre admiration et n'est plus propre à nous éclairer sur la marche de la nature dans sa production des animaux, que la manière dont les *infusoires* se multiplient, c'est-à-dire, que le mode qu'emploie la nature pour reproduire des animaux en qui aucun système d'organes particulier pour la génération ne peut encore exister.

Elle atteint son but en employant des divisions grandes ou petites de leur corps, selon que sa forme les exige.

Pour ceux dont le corps est sphérique, elle ne peut guère se servir que de petites portions de ce corps qui naissent de l'intérieur, et se font jour par des déchirures; et pour ceux dont le corps est aplati ou déprimé, elle emploie communément des *scissions* de leur corps, scissions qui s'opèrent sur sa longueur ou sur sa largeur, selon les espèces.

On voit d'abord paraître sur le corps de l'animalcule, une ligne longitudinale ou transversale; et quelque tems après, il se forme une échancrure à l'une des extrémités de cette ligne, quelquefois aux deux bouts. L'échancrure s'agrandit insensiblement, et à la fin les deux moitiés se séparent et prennent bientôt la forme même de l'individu entier. Ces nouveaux individus vivent quelque tems sous leur forme naturelle, et à leur tour se multiplient de même par une scission de leur corps.

A cet égard, j'ai fait remarquer, dans ma *Philosophie zoologique* (vol. 2, p. 120 et 150.), que la multiplication des individus par scissions et celle par gemmules externes ou internes, n'étaient réellement que des modifications d'un même mode; qu'au fond, ce n'est qu'une suite d'extensions et de séparations de parties, lorsque l'accroissement a atteint son terme; et qu'enfin, ce mode n'exigeant point d'embryon préalablement formé, et conséquemment aucun acte de fécondation, n'a besoin pour s'exécuter d'aucun organe spécial.

C'est ce même mode de multiplication par extension et séparation de parties, qui prouve que, dans son principe, la faculté de *reproduction* prend réellement sa source dans un excédent de la nutrition qui, au terme du développement de l'individu, n'a pu être employé à l'accroissement général; excédent qui s'isole alors en un ou plusieurs corps particuliers, et finit par se séparer de l'individu. On sent que, selon l'organisation très-simple ou compliquée en qui on le considère, cet excédent peut se passer ou a besoin de certaine préparation pour pouvoir être reproductif. La fécondation opère cette préparation dans ceux en qui elle est nécessaire.

Cette considération, et bien d'autres que j'ai indiquées, montrent de quelle importance il est pour le

physiologiste , de ne point se borner , dans ses études ,
à l'examen de l'organisation de l'homme et des animaux
les plus parfaits; et d'observer , en outre, l'organisation
des différens animaux sans vertèbres et particulièrement
celle des plus imparfaits de ces animaux.

Les *infusoires,* quoique la plupart renouvelés sans cesse
dans les tems et les lieux favorables à leur production ,
sont néanmoins les plus anciens des animaux. Cependant
la connaissance de ces animaux est le résultat d'une
découverte assez moderne, puisqu'elle est du siècle dernier ; et comme l'a dit *Bruguière,* ce n'est assurément
pas la moins piquante.

Ces petits animaux exigent des observations microscopiques très-délicates ; une patience presque sans bornes
pour reconnaître les faits qu'ils nous présentent ; enfin,
un esprit libre ou dégagé de prévention, afin de ne voir
en eux que ce qui y est véritablement.

Lorsqu'on manque de loisirs ou de moyens pour les
observer soi-même, il faut, pour s'en procurer la notion,
consulter les ouvrages de *Leuwenoheck ,* qui en fit la
découverte ; d'*Othon-Frédéric Muller ,* qui en observa
un très-grand nombre, et en décrivit beaucoup de genres et d'espèces; en un mot, ceux de *Ledermuller , de
Backer,* de *Roësel,* de *Schranck ,* de *Spallanzani,* etc.,
qui en observèrent séparément différentes espèces. Mais
O.-F. Muller est celui qui les a le plus étudiés, les a
décrits et figurés avec exactitude , et à qui l'on est véritablement redevable de cette partie de la zoologie tout-
à-fait inconnue des anciens.

L'existence des *infusoires* et l'état réel de leur organisation et de leurs facultés, sont les seuls objets qui puissent nous intéresser à leur égard. Aussi ce n'est que philosophiquement et que comme des objets de première importance à considérer dans l'étude de la nature, que nous devons nous en occuper.

Il importe donc très-peu qu'aux connaissances actuelles sur les animaux de cette classe, l'on ajoute celle de 100 ou de 1000 infusoires nouvellement observés; que l'on augmente, soit la liste des genres, soit celle des espèces. C'est d'après cette considération que je me suis un peu étendu sur ce qui les concerne en général, et sur ce qu'il nous importe de remarquer à leur égard. Mais dans l'exposition qui va suivre, je ne m'occuperai que des coupes principales à établir parmi eux, et je me bornerai à la citation de quelques espèces pour exemple, d'après *Muller*.

DIVISION DES INFUSOIRES.

Les observations faites sur ces animalcules, nous apprennent que les uns sont nus ou à très-peu-près, c'est-à-dire, dépourvus d'organes ou d'appendices extérieurs; tandis que les autres offrent des parties saillantes au dehors, comme des poils bien apparens, des espèces de cornes, ou une queue.

En conséquence, imitant à-peu-près la distribution de *Bruguière*, je partage les *infusoires* en deux ordres, savoir:

    1.º En infusoires nus;

    2.º En infusoires appendiculés.

Cette distribution, qui n'est pas toujours exempte d'équivoque ou d'embarras, m'a paru néanmoins d'autant plus utile, qu'il est évident que les *infusoires nus* sont plus imparfaits que les autres ; que c'est surtout parmi eux que se trouvent les plus petits, les plus frêles, les plus simples de tous les animaux connus.

TABLEAU DES INFUSOIRES.

ORDRE I.er

INFUSOIRES NUS.

Ils sont dépourvus d'appendices extérieurs.

I.re SECTION. — CORPS ÉPAIS.

> Monade.
> Volvoce.
> Protée.
> Enchélide.
> Vibrion.

II.e SECTION. — CORPS MEMBRANEUX, aplati ou concave.

> Gone.
> Cyclide.
> Paramèce.
> Kolpode.
> Bursaire.

ORDRE II.

INFUSOIRES APPENDICULÉS.

Ils ont à l'extérieur des parties toujours saillantes, comme des poils, des espèces de cornes, ou une queue.

> Tricode.
> Kérone. } Point de queue.
>
> Cercaire.
> Furcocerque. } Une queue.

ORDRE PREMIER.

~~~~~

INFUSOIRES NUS.

Corps très-simple , microscopique , dépourvu d'organes ou d'appendices extérieurs , et paraissant homogène.

Les *infusoires nus* sont des animalcules très-simples, infiniment petits , la plupart transparens , dépourvus , au moins en apparence , d'appendices extérieurs, comme de poils , de cils , d'espèces de cornes ou d'une queue , et qui ne paraissent, sous l'œil armé, que des points animés ou mouvans. Ces animalcules, et surtout parmi eux ceux qui ont le corps globuleux ou sphérique , offrent ce qu'il y a de plus simple dans le règne animal , c'est-à-dire , les plus faibles ébauches de l'organisation.

Si on laisse quelque tems de l'eau exposée à la chaleur de l'air ou du soleil , et surtout de l'eau dans laquelle des matières animales ou végétales ont été infusées ; on y voit bientôt paraître de ces infusoires ; mais on ne peut en général les apercevoir qu'avec le secours du microscope.

Malgré leurs mouvemens singuliers, on pourrait douter que ces petits corps, surtout ceux qui sont sphériques et punctiformes, fussent réellement des animaux ; si , de proche en proche , ces animalcules de plus en plus développés ou animalisés , ne conduisaient presque sans lacune , aux infusoires appendiculés , ceux-ci aux polypes ciliés , enfin , ces derniers aux polypes à rayons. Ainsi , ce
~~~~~

fait bien reconnu, ne peut laisser aucun doute raisonnable sur la nature animale de ces singuliers corps.

Comme ces animaux n'intéressent que sous des points de vue philosophiques, je me suis permis de réduire un peu le nombre des genres établis parmi eux par *Muller*, dans l'intention d'en rendre l'étude plus facile.

Je partage les infusoires nus en deux sections, de la manière suivante :

    1.re Section. — Corps épais.
    2.e Section. — Corps membraneux.

PREMIÈRE SECTION.

CORPS ÉPAIS.

Il a une épaisseur perceptible, qui l'éloigne de l'état membraneux.

MONADE. (Monas.)

Corps extrêmement petit, très-simple, transparent, en forme de point.

Corpus minimum, simplicissimum, hyalinum, punctiforme.

OBSERVATIONS.

Les *monades* sont les plus petits, les plus imparfaits et les plus simples de tous les animaux connus; elles sont plus petites encore que les volvoces, et on n'a supposé leur animalité que parce que ce sont des corpuscules mouvans, et que leur analogie avec les volvoces est évidente.

Assurément les *monades* n'ont ni bouche, ni sac alimentaire, ni organe spécial quelconque; aussi est-il probable qu'elles ne vivent que par absorption et par une imbibition continuelle. Ce ne sont que des points vivans, n'ayant aucune forme propre, car leur forme globuleuse résulte de la pression du liquide dans lequel elles vivent.

Ces animalcules, véritables ébauches de l'animalité, se forment et se trouvent, lorsqu'il fait un peu chaud, dans les eaux tranquilles ou croupissantes, soit douces, soit marines, dans les infusions végétales et animales, plus rarement dans l'eau pure.

La première espèce est réellement le terme ou l'observation microscopique ait pu atteindre.

ESPÈCES.

1. Monade terme. *Monas termo.*

M. Gelatinosa; corpore minimo subinconspicuo.
Mull. inf. t. 1. f. 1. Encycl. pl. 1. f. 1.

La fig. citée représente une goutte d'eau considérablement grossie et remplie de M. termes en nombre incalculable. H. dans les infusions animales et végétales.

2. **Monade atome.** *Monas atomus.*

M. Albida, puncto variabili instructa.
Mull. inf. t. 1. f. 2, 3. Encycl. pl. 1. f. 2. a, b.
H. dans l'eau de mer gardée.

3. **Monade point.** *Monas punctum.*

M. Nigra, subcylindrica.
Mull. inf. t. 1. f. 4. Encycl. pl. 1. f. 3.
H. dans les infusions de la pulpe de poire.

4. **Monade œil.** *Monas ocellus.*

M. Hyalina, puncto centrali notata.
Mull. inf. t. 1. f. 7, 8. Encycl. pl. 1. f. 4. a, b.
H. dans l'eau des fossés où croissent les conferves.

5. **Monade lente.** *Monas lens.*

M. Ovoidea, Hyalina.
Mull. inf. t. 1. f. 9 à 11. Encycl. pl. 1. f. 5. a, b, c.
H. dans toute sorte d'eau. Ces monades paraissent se multi-
plier par scission.

6. **Monade luisante.** *Monas mica.*

M. Circulo notata.
Mull. inf. t. 1. f. 14, 15. Encycl. pl. 1. f. 6. a, b.
H. dans les eaux les plus pures. Ces corpuscules varient sous
l'œil de la forme sphérique à l'ovale ; tantôt ils oscillent,
et tantôt ils tournent sur eux-mêmes.

7. **Monade tranquille.** *Monas tranquilla.*

M. Ovata, Hyalina, margine nigra.
Mull. inf. t. 1. f. 18. Encycl. pl. 1. f. 7.
H. dans l'urine gardée.

8. **Monade poussière.** *Monas pulvisculus.*

M. Hyalina, margine virente.
Mull. inf. t. 1. f. 5, 6. Encycl. pl. 1. f. 9. a, c.
H. dans l'eau des marais.
Etc.

VOLVOCE. (*Volvox.*)

Corps très-petit, très-simple, transparent, sphérique ou ovoïde, tournant sur lui-même comme sur un axe.

Corpus minimum, simplicissimum, pellucidum, sphæricum, circà axim rotatorium.

OBSERVATIONS.

La plupart des volvoces sont trop petites pour qu'on puisse les apercevoir à la vue simple, et une seule espèce connue fait exception à cet égard. Leur corps très-simple et peu changeant de figure, nous paraît les rapprocher davantage des *monades* que les *protées*; car il ne s'offre à nous que sous l'aspect d'une très-petite masse gélatineuse, transparente, sphérique, et qui, dans ses mouvemens, prend souvent une forme ovoïde.

Ces petits corps tournent sur eux-mêmes comme sur un axe; les uns avec lenteur, les autres avec une vitesse qu'ils semblent varier à leur gré; mais ce n'est qu'une illusion, et il est probable que les variations dans la vitesse de leur rotation ne dépendent pas d'eux.

Dans plusieurs, le corps paraît composé de globules nombreux, quelquefois mouvans et réunis dans une masse commune. Or, il y a lieu de croire que ces globules sont des gemmules qui régénèrent ou multiplient l'individu, en sortant par une déchirure de son corps : la volvoce globuleuse est de ce nombre.

Muller a pensé qu'il y avait ici lieu de former deux genres; savoir : les volvoces à parties intérieures uniformes, et celles dont l'intérieur offre un amas de globules particuliers.

On trouve les volvoces dans les eaux douces, soit des marais, soit des fontaines; dans des infusions végétales; dans l'eau de mer.

ESPÈCES.

* *Intérieur du corps paraissant simple et homogène.*

1. Volvoce point. *Volvox punctum.*

> *V. Sphæricus, nigricans ; centro puncto lucido.*
> Mull. inf. t. 3. f. 1, 2. Encycl. pl. 1. f. 1. a, b.
> H. dans l'eau de mer fétide.

2. Volvoce grain. *Volvox granulum.*

> *V. Sphæricus, viridis ; periphœrid hyalind.*
> Mull. inf. t. 3. f. 3. Encycl. pl. 1. f. 2.
> H. dans l'eau des marais.

3. Volvoce globule. *Volvox globulus.*

> *V. Globosus, postice subobscurus.*
> Mull. inf. t. 3. f. 4. Encycl. pl. 1. f. 3. a, b.

** *Intérieur du corps offrant des corpuscules particuliers.*

4. Volvoce pilule. *Volvox pilula.*

> *V. Sphæricus ; interaneis immobilibus virescentibus.*
> Mull. inf. t. 3. f. 5. Encycl. pl. 1. f. 4.
> H. dans les eaux les plus pures, où croît le *lemna minor.*

5. Volvoce grésil. *Volvox grandinella.*

> *V. Sphæricus, opacus ; interaneis immobilibus.*
> Mull. inf. t. 3. f. 6, 7. Encycl. pl. 1. f. 7.
> H, dans les eaux douces.

6. Volvoce sociale. *Volvox socialis.*

> *V. Sphæricus ; moleculis crystallinis æqualibus distantibus.*
> Mull. inf. t. 3. f. 8, 9. Encycl. pl. 1. f. 8. a , b.
> H. dans l'eau des rivières.

7. Volvoce sphérule. *Volvox sphærula.*

> *V. Sphæricus ; moleculis similaribus rotundis.*
> Mull. inf. t. 3. f. 10. Encycl. pl. 1. f. 5.
> H. dans l'eau des étangs, en automne.

8. Volvoce globuleuse. *Volvox globator.*

> *V. Sphæricus, membranaceus ; globulis sparsis.*
> Mull. inf. t. 3. f. 12, 13. Encycl. pl. 1. f. 9. a, b.
> H. dans les eaux stagnantes. On l'aperçoit à la vue simple.

Etc.

PROTÉE. (Proteus.)

Corps très-petit, très-simple, transparent, de forme changeante, diversement lobé instantanément.

Corpus minimum, simplicissimum, pellucidum, mutabile, instantaneo motu variè lobatum.

OBSERVATIONS.

Les *protées* sont plus fortement contractiles que les monades et les volvoces; conséquemment, ils sont déjà plus animalisés. Leur corps très-petit, gélatineux, et ovale ou oblong, passe d'un instant à l'autre, d'une forme simple et unie, à une forme sinuée, lobée, presque rameuse; et jamais il ne se présente une minute de suite sous la même forme.

La première espèce de ce genre, que *Roësel* a le premier fait connaître, est si singulière, relativement à ses changemens de forme, qu'on l'a comparée à une goutte d'eau jetée sur de l'huile.

Dans les protées, ainsi que dans les monades et les véritables volvoces, aucune trace d'organe particulier quelconque n'est perceptible, et sans doute il n'en existe réellement aucun.

Les protées vivent dans l'eau douce et dans l'eau de mer; on n'en connaît encore que deux espèces.

ESPÈCES.

1. Protée rameux. *Proteus diffluens.*

P. in ramulos diffluens.
Roës. ins. 3. t. 101. fig. A. T. Müll. t. 2. f. 1 à 12. Encycl. pl. 1.
f. 1. (a, b, c, d, e, f, g, h, i, k, l, m.)
Se trouve dans l'eau des marais.

2. Protée tenace. *Proteus tenax.*

P. in spiculum diffluens.
Mull. t. 2. f. 13 à 18. Encycl. pl. 1. f. 2. (a, b, c, d, e, f.)
Se trouve dans l'eau de rivière et dans l'eau de mer.

ENCHÉLIDE. (Enchelis.)

Corps très-petit, très-simple, oblong, cylindracé, de forme un peu changeante.

Corpus minimum, simplicissimum, oblongum vel cylindraceum, subvariabile.

OBSERVATIONS.

Il n'y a point de limites positives et tranchées entre les enchélides et les vibrions; et j'aurais pu, sans inconvénient bien important, continuer de réunir ces animalcules en un seul genre. Cependant les enchélides sont en quelque sorte grosses et courtes, comparativement aux vibrions, qui ont le corps grêle et allongé. Les enchélides d'ailleurs varient souvent un peu de forme dans leurs mouvemens, et semblent plus voisines des protées sous cette considération, que les infusoires auxquels le nom de vibrion peut convenir. Enfin, l'on a lieu de penser que, quoiqu'on ait pu commettre quelqu'erreur à leur égard, la plupart des animalcules qu'on a rangés parmi les *enchélides*, sont de véritables infusoires; tandis qu'il est probable qu'il n'en est pas ainsi des vibrions.

ESPECES.

1. Enchélide verte. *Enchelis viridis.*
   E. subcylindrica, anticè obliquè truncata.
   Mull. inf. t. 4. f. 1. Encycl. pl. 2. f. 1.
   H. dans l'eau gardée plusieurs semaines.

Tome I. 27

2. Enchélide ponctuée. *Enchelis punctifera.*

   E. subcylindrica, viridis, anticè obtusa, posticè acuminata.
Mull. inf. t. 4. f. 2. 3. Encycl. pl. 2. f. 2.
H. dans l'eau des marais.

3. Enchélide ovule. *Enchelis ovulum.*

   E. cylindrico-ovata, hyalina, longitudinaliter subplicata.
Mull. inf. t. 4. f. 9—11. Encycl. pl. 2. f. 3. a, b, c.
H. dans l'eau gardée quelques jours.

4. Enchélide paresseuse. *Enchelis deses.*

   E. viridis, cylindrica, subacuminata, gelatinosa.
Mull. inf. t. 4. f. 4. 5. Encycl. pl. 2. f. 4. a, b.
H. dans l'infusion de la lenticule.

5. Enchélide anneau. *Enchelis similis.*

   E. obovata, opaca, margine pellucida; interaneis mollibus.
Mull. inf. t. 4. f. 6. Encycl. pl. 2. f. 5.
H. dans l'eau conservée plusieurs mois.

6. Enchélide tardive. *Enchelis serotina.*

   E. ovato-cylindracea; interaneis immobilibus.
Mull. inf. t. 4. f. 7. Encycl. pl. 2. f. 6.
H. dans l'eau des marais gardée.

7. Enchélide nébuleuse. *Enchelis nebulosa.*

   E. ovato-cylindracea, interaneis manifestis mobilibus.
Mull. inf. t. 4. f. 8. Encycl. pl. 2. f. 7.
H. dans l'eau gardée.

8. Enchélide semence. *Enchelis seminulum.*

   E. cylindracea, æqualis.
Mull. inf. t. 4. f. 13. 14. Encycl. pl. 2. f. 8. a, b.
H. dans l'eau conservée plusieurs jours.

9. Enchélide poire. *Enchelis pirum.*

   E. inversè conica, posticè hyalina.
Mull. inf. t. 4. f. 12. Encycl. pl. 2. f. 11.
H. dans l'eau long-tems gardée.
Etc.

   Observ. L'*Enchelis frittillus* de Müller (t. 4. f. 22. 23.) semble
appartenir au genre Bursaire.

VIBRION. (Vibrio.)

Corps très-petit, très-simple, cylindrique, prolongé.

Corpus minimum, simplicissimum, cylindricum, elongatum.

OBSERVATIONS.

Les *vibrions* sont des animalcules microscopiques, à corps cylindrique, grêle, prolongé, ne variant presque point dans sa forme.

Ceux de ces animalcules qui ont le corps très-simple, sans bouche, sans tube alimentaire, en un mot, sans aucun organe particulier, sont de véritables infusoires et appartiennent réellement à ce genre: j'en ai vu moi-même dans ce cas.

Mais il est probable que, parmi les espèces nombreuses que l'on a comprises dans ce même genre, plusieurs ont une organisation moins simple que les infusoires, ne sont point réellement des *vibrions*, et qu'on ne s'est uniquement fondé que sur la petitesse de ces animalcules pour les classer et les rapporter au genre dont il s'agit.

Le vibrion-anguille, par exemple, que *Bruguière* ne regarde que comme une variété du *vibrio aceti*, offre, à ce qu'on prétend, une bouche munie de deux lèvres, et un tube alimentaire distinct. S'il en est ainsi, cet animalcule doit être rapporté à la classe des vers, quelque petit qu'il soit, et non à celle des infusoires. On a lieu de présumer que d'autres prétendus vibrions sont dans le même cas. Quoiqu'il en soit, j'en ai vu qui assurément n'avaient point de bouche, et parmi eux j'en ai distingué qui offraient l'apparence d'une cavité intérieure, tantôt simple et oblongue, tantôt divisée en deux ; mais cette cavité ne s'ouvrait point au-dehors.

On voit souvent à l'œil nu le vibrion-anguille, et même le vibrion du vinaigre, qui porte aussi le nom d'anguille du vinaigre : leurs mouvemens sont vermiculaires. La gelée, dit-on, ne les fait point périr ; mais ils ne résistent point à l'évaporation, à moins que quelques poussières ne les mettent à l'abri du contact de l'air.

On trouve les *vibrions* dans plusieurs infusions végétales et animales, dans les eaux douces, et quelquefois dans l'eau de mer conservée.

ESPÈCES.

1. Vibrion linéole. *Vibrio lineola.*
   V. linearis, minutissimus.
   Mull. inf. t. 6. f. 1. Encycl. pl. 3. f. 2.
   H. dans les infusions végétales. C'est un des infusoires les plus
   petits.

2. Vibrion ridé. *Vibrio rugula.*
   V. linearis, flexuosus.
   Mull. inf. t. 6. f. 2. Encycl. pl. 3. f. 3. a, b.
   H. dans l'infusion des mouches.

3. Vibrion baguette. *Vibrio baccillus.*
   V. linearis, æqualis, utrinque truncatus.
   Mull. inf. t. 6. f. 3. Encycl. pl. 3. f. 4. a, b.
   H. dans l'eau gardée.

4. Vibrion ondoyant. *Vibrio undula.*
   V. filiformis, flexuosus.
   Mull inf. t. 6. f. 4, 5, 6. Encycl. pl. 3. f. 5—7.

H. dans l'infusion gardée de la lenticule. Tantôt ils nagent, et tantôt ils se réunissent en peloton sur un rameau de conferve.

5. Vibrion spiral. *Vibrio spirillum.*

V. filiformis ; ambagibus in angulum acutum tornatis.

Mull. inf. t. 6. f. 9. Encycl. pl. 3. f. 8.

H. dans l'infusion du laitron des champs.

6. Vibrion vermet. *Vibrio vermiculus.*

V. cylindraceus, gelatinus, tortuosus.

Mull. inf. t. 6. f. 10, 11. Encycl. pl. 3. f. 1.

H. dans l'eau des marais.

7. Vibrion intestin. *Vibrio intestinum.*

V. gelatinosus, teres, anticè angustatus.

Mull. inf. t. 6. f. 12—15. Encycl. pl. 3. f. 10—13.

H. dans l'eau des marais.

8. Vibrion biponctué. *Vibrio bipunctatus.*

V. linearis, æqualis ; utraque extremitate truncata ; globulis binis mediis.

Mull. inf. t. 7. f. 1. Encycl. pl. 3. f. 14.

H. dans l'eau de mer gardée.

9. Vibrion triponctué. *Vibrio tripunctatus.*

V. linearis, utrinque attenuatus ; globulis tribus ; extremis minoribus.

Mull. inf. t. 7 f. 2. Encycl. pl. 3 f. 15.

H. en automne, dans les fossés inondés.

10. Vibrion porte-pieu. *Vibrio paxillifer.*

V. linearis, flavescens ; paleis gregariis multifariam ordinatis.

Mull. inf. t. 7. f. 3—7. Encycl. pl. 3. f. 16—20.

H. dans l'ulve dilatée.

Etc.

DEUXIÈME SECTION.

CORPS MEMBRANEUX.

Il est presque sans épaisseur, soit aplati, soit concave.

Les animalcules compris dans cette section paraissent être réellement des *infusoires*. Leur corps est très-simple, membraneux, le plus souvent aplati, concave dans un petit nombre ; il n'offre aucun organe particulier perceptible, et il est probable qu'il n'y en existe réellement point.

Posséder une forme constante, différente de celle qui est sphérique, ovoïde ou oblongue, c'est, dans les infusoires qui la présentent, la preuve d'un progrès acquis dans la consistance des parties de ces corpuscules. Effectivement, sans un affermissement obtenu dans ces parties, la pression du liquide environnant se fût opposée à l'acquisition et à la conservation de cette forme qui, elle-même, a pris sa source dans la nature des mouvemens que les animalcules qui l'offrent exécutent dans l'eau. L'organisation de ces infusoires n'en est pas moins encore très-simple, quoique ces petits corps soient un peu moins frêles que ceux de la première section.

Voici les genres qui se rapportent à cette seconde section du premier ordre.

GONE. (Gonium.)

Corps très-petit, très-simple, aplati, court, anguleux.

Corpus minimum, simplicissimum, complanatum, breve, angulatum.

OBSERVATIONS.

Les *gones* et les cyclides sont les plus simples des infusoires aplatis. Leur corps est court, plat, membraneux et en quelque sorte sans épaisseur. Il est anguleux dans son pourtour, dans les gones; tandis qu'il est orbiculaire ou ovale, dans les cyclides.—

Quelques espèces de *gones* paraissent composées de plusieurs corps joints ensemble par une membrane commune qui les réunit ou les enveloppe. Ce n'est probablement tantôt que l'apparence des mailles aperçues de leur tissu cellulaire, comme dans la *gone pectorale*, et tantôt que celle des lignes préparées pour les scissions qui doivent les multiplier, comme dans la *gone coussinet*.

Leur mouvement est oscillatoire.

ESPÈCES.

1. Gone pectorale. *Gonium pectorale.*
   G. quadrangulare, pellucidum; globulis sedecim.
   Mull. inf. t. 16. f 9—11. Encycl. pl. 7. f. 1—3.
   H. dans les eaux pures.

2. Gone coussinet. *Gonium pulvinatum.*
   G. quadrangulare, opacum, torosum.
   Mull. inf. t. 16. f. 12—15. Encycl. pl. 7. f. 4—7.
   H. dans l'eau des fumiers.

3. Gone ridée. *Gonium corrugatum.*

> *G. subquadrangulare, albidum, ruga longitudinali notatum.*
> Mull. inf. t. 16. f. 16. Encycl. pl. 7. f. 8.
> H. dans diverses infusions, particulièrement dans celle de la
> poire.

4. Gone rectangle. *Gonium rectangulum.*

> *G. rectangulare; dorso arcuato.*
> Mull. inf. t. 16. f. 17. Encycl. pl. 7. f. 9.
> H. fréquemment dans les eaux pures.

5. Gone obtusangle. *Gonium obtusangulum.*

> *G. obtusangulare ; dorso arcuato.*
> Mull. inf. t. 16. f. 18. Encycl. pl. 7. f. 10.
> H. avec le précédent, mais rarement.

CYCLIDE.   (Cyclidium.)

Corps très-petit, très-simple, transparent, aplati, orbiculaire ou ovále.

Corpus minimum, simplicissimum, pellucidum, complanatum, orbiculare vel ovatum.

OBSERVATIONS.

Les *cyclides* sont rapprochés des gones par leur corps court et aplati ; mais ils tiennent davantage aux paramèces, semblent même n'être que des paramèces raccourcies, et n'en diffèrent point par leur organisation. En effet, les *cyclides* ont le corps court, orbiculaire ou ovale, tandis que le corps des paramèces est allongé, plusieurs fois plus long que large ; mais dans les uns comme dans les autres , le corps est très-simple , aplati , membraneux.

Le mouvement des *cyclides* est oscillatoire, circulaire ou demi-circulaire, plus ou moins interrompu , lent ou vif selon les espèces.

ESPECES.

1. **Cyclide bulle.** *Cyclidium bulla.*
   C. orbiculare , hyalinum.
   Mull. inf. t. 11. f. 1. Encycl. pl. 5. f. 1.
   H. dans l'infusion du foin.

2. **Cyclide millet.** *Cyclidium milium.*
   C. ellipticum , crystallinum.
   Mull. inf. t. 11. f. 2, 3. Encycl. pl. 5. f. 2, 3.
   H. dans l'infusion de diverses plantes.

3. **Cyclide flottant.** *Cyclidium fluitans.*
   C. ovale , crystallinum.
   Mull. inf. t. 11. f. 4 , 5. Encycl. pl. 5. f. 4, 5.
   H. dans l'eau de mer corrompue.

4. **Cyclide glaucome.** *Cyclidium glaucoma.*
   C. ovatum; interaneis ægrè conspicuis.
   Mull. inf. t. 11. f. 6—8. Encycl. pl. 5. f. 6—8.
   H. dans l'eau gardée pendant l'hiver.

5. **Cyclide noirâtre.** *Cyclidium nigricans.*
   C. oblongiusculum; margine nigricante.
   Mull. inf. t. 11. f. 9, 10. Encycl. pl. 5. f. 9—10.
   H. dans l'infusion de la lenticule.

6. **Cyclide rostré.** *Cyclidium rostratum.*
   C. ovale, pellucidum , posticè subacutum.
   Mull. inf. t. 11. f. 11, 12. Encycl. pl. 5. f. 11, 12.
   H. dans une infusion végétale.

7. **Cyclide pépin.** *Cyclidium nucleus.*
    C. ovale, posticè acuminatum.
    Mull. inf. t. 11. f. 13. Encycl. pl. 5. f. 13.
    H. rarement dans les infusions végétales.

8. **Cyclide diaphane.** *Cyclidium hyalinum.*
    C. ovatum, posticè acutum.
    Mull. inf. t. 11. f. 14. Encycl. pl. 5. f. 14.
    H. dans l'infusion de la clavaire coralloïde.

Etc.

PARAMÈCE. (Paramecium.)

Corps très-petit, simple, transparent, membraneux, oblong.

Corpus minimum, simplex, pellucidum, membra-naceum, oblongum.

OBSERVATIONS.

Les *paramèces* ne sont en quelque sorte que des cyclides allongés, plus développés, un peu plus animalisés. Le corps de ces animalcules est membraneux, aplati, quelquefois cylindracé, allongé, obtus à ses extrémités, en général très-peu sinueux et sans angles. Il paraît varier de forme d'un instant à l'autre, selon les positions qu'il prend par rapport à l'œil de l'observateur.

C'est en observant ces infusoires qu'on a reconnu d'une manière positive, leur multiplication par *scission*, c'est-à-dire, par division de leur corps, soit longitudinale, soit transverse ; et l'on sait maintenant que ce fait remarquable ne leur est point du tout particulier. Il est même probable que ce mode singulier de multiplication est celui de la plupart des infusoires , quoique plusieurs paraissent se reproduire par des corpuscules (des gemmules) internes, qui se font jour au dehors par des déchirures.

Les *paramèces* ne nous offrent que de très-petites lames allongées, vivantes, animalisées. Elles sont à peine distinctes des kolpodés ; néanmoins elles sont moins sinueuses , moins anguleuses, moins irrégulières.

Leurs mouvemens sont en général lents , vagues, ou oscillatoires.

ESPÈCES.

1. Paramèce aurélie. *Paramecium aurelia.*
> *P. compressum, a medio ad apicem uniplicatum, posticè
> acutum.*
> Mull. inf. t. 12. f. 1—14. Encycl. pl. 5. f. 1—12.
> H. dans l'eau des fossés où croît la lenticule.

2. Paramèce chrysalide. *Paramecium chrysalis.*
> *P. cylindraceum, versus antica plicatum, posticè obtusum.*
> Mull. inf. t. 12. f. 15—20. Encycl. pl. 6. f. 1—5.
> H. en automne, dans l'eau de mer.

3. Paramèce rusée. *Paramecium versutum.*
> *P. cylindraceum, posticè incrassatum, utráque extremitate
> obtusum.*
> Mull. inf. t. 12. f. 21—24. Encycl. pl. 6. f. 6—9.
> H. dans des fossés marécageux.

4. Paramèce œuvée. *Paramecium oviferum.*
> *P. depressum; intùs bullis ovalibus.*
> Mull. inf. t. 12. f. 25—27. Encycl. pl. 6. f. 10—12.
> H. dans les marais.

5. Paramèce bordée. *Paramecium marginatum.*

P. depressum, ellipticum, griseum ; margine hyalino.

Mull. inf. t. 12. f. 28, 29. Encycl. pl. 6. f. 13, 14.

H. dans l'eau des marais.

KOLPODE. (Kolpoda.)

Corps très-petit, très-simple, aplati, oblong, sinueux, irrégulier, transparent.

Corpus minimum, simplicissimum, pellucidum, oblongum, complanatum, sinuosum, irregulare.

OBSERVATIONS.

De même que les paramèces ne sont guères que des cyclides allongés ; de même aussi les *kolpodes* ne sont en quelque sorte que des paramèces sinueuses, irrégulières, plus variées dans leur forme.

Ainsi les *kolpodes*, quoiqu'étant encore des infusoires très-simples, sont un peu plus avancés en animalisation que les paramèces, puisqu'ils sont plus sinueux, plus irréguliers, plus variés, et que leur forme est moins assujétie aux influences de la pression du milieu dans lequel ils habitent.

Les espèces observées sont nombreuses : quelques unes des moins irrégulières, qui vont être citées les premières, seraient aussi bien nommées *paramèces* que *kolpodes*.

Les mouvemens de ces infusoires sont en général lents vagues, ou oscillatoires.

ESPÈCES.

1. Kolpode lame. *Kolpoda lamella.*

 K. elongata, membranacea, anticè curvata.
 Mull. inf. t. 13. f. 1—5. Encycl. pl. 6. f. 1—3.
 H. dans l'eau, mais rarement.

2. Kolpode poulette. *Kolpoda gallinula.*

 K. oblonga; dorso antico membranaceo hyalino.
 Mull. inf. t. 13. f. 6. Encycl. pl. 6. f. 4.
 H. dans l'eau de mer corrompue.

3. Kolpode bec. *Kolpoda rostrum.*

 K. oblonga, anticè uncinata.
 Mull. inf. t. 13. f. 7, 8. Encycl. pl. 6. f. 5, 6.
 H. dans les eaux où croît la lenticule.

4. Kolpode botte. *Kolpoda ocrea.*

 K. elongata, membranacea, apice attenuata, basi in an-
 gulum rectum producta.
 Mull. inf. t. 13. f. 9, 10. Encycl. pl. 6. f. 7, 8.
 H. dans les eaux stagnantes.

5. Kolpode mucronée. *Kolpoda mucronata.*

 K. dilatata, membranacea, anticè angustata, altero mar-
 gine incisa.
 Mull. inf. t. 13. f. 11, 12. Encycl. pl. 6. f. 9, 10.
 H. dans l'infusion de *l'ulve linze.*

6. Kolpode triquètre. *Kolpoda triquetra.*

 K. obovata, depressa; altero margine retuso.
 Mull. inf. t. 13. f. 13—15. Encycl. pl. 6. f. 11—13.
 H. dans l'eau de mer.

7. Kolpode striée. *Kolpoda striata.*

 K. oblonga, subarcuata, depressa, candida, anticè acu-
 minata, posticè rotundata.
 Mull. inf. t. 13. f. 16, 17. Encycl. pl. 6. f. 14, 15.
 H. en abondance, dans l'eau de mer.

8. Kolpode noyau. *Kolpoda nucleus.*

    K. ovata, vertice acuto, dorso convexo.

    Mull. inf. t. 13. f. 18. Encycl. pl. 6, f. 16.

    H. dans l'infusion des semences du chanvre.

9. Kolpode pintade. *Kolpoda meleagris.*

    *K. plicatilis depressa, apice uncinata, margine antico cre-
    nulata, postice obtusa.*

    Mull. inf. t. 14. f. 1—6. et t. 15. f. 1—5. Encycl. pl. 6. f. 17—27.

    H. dans l'eau où croît la lenticule. Animalcules allongés, très-
    irréguliers et très-variables.

10. Kolpode coucou. *Kolpoda cucullus.*

    K. ovata, ventricosa, infra apicem incisa.

    Mull. inf. t. 14. f. 7—14. Encycl. pl. 7. f. 1—7.

    H. dans les infusions végétales, et dans celle du foin fétide.

11. Kolpode crénelée. *Kolpoda assimilis.*

    *K. depressa, non plicatilis, apice uncinato, margine an-
    tico ad medium usque crennlato, postice dilatato acu-
    liusculo.*

    Mull. inf. t. 15. f. 6. Encycl. pl. 6. f. 28.

    H. dans l'eau de mer.

    Etc.

BURSAIRE. (Bursaria.)

Corps très-simple, membraneux, concave.

Corpus simplicissimum, membranaceum, concavum.

OBSERVATIONS.

Les *bursaires* sont des infusoires à corps mince, comme
membraneux, ainsi que ceux des quatre genres précédens,

et qui se font remarquer par leur forme concave d'un côté, imitant soit une bourse, soit un bateau, etc.; elles ont peu de vivacité dans leurs mouvemens, et on prétend que ces mouvemens sont irréguliers, de manière que lorsqu'elles parcourent une ligne spirale de droite à gauche, et qu'elles s'élèvent dans l'eau, elles se meuvent avec assez de vitesse; mais quand elles reviennent ou redescendent, elles ne vont qu'avec lenteur; ce que l'on attribue à l'influence de leur forme.

On trouve les *bursaires* dans les eaux douces et stagnantes, et dans l'eau de mer; on n'en connaît encore que peu d'espèces, parmi lesquelles la première est visible à l'œil nu.

ESPÈCES.

1. **Bursaire troncatelle.** *Bursaria truncatella.*
 B. follicularis, apice truncato.
 Mull. inf. t. 17. f. 1—4. Encycl. pl. 8. f. 1—4.
 H. dans l'eau des fossés.

2. **Bursaire bullée.** *Bursaria bulina.*
 B. cymbæformis, anticè labiata.
 Mull. inf. t. 17. f. 5—8. Encycl. pl. 8. f. 5—8.
 H. dans l'eau de mer.

3. **Bursaire repliée.** *Bursaria duplella.*
 B. elliptica, marginibus inflexis.
 Mull. inf. t. 13. f. 13, 14. Encycl. pl. 8. f. 12, 13.
 H. dans les eaux où croît la lenticule.

4. **Bursaire globuleuse.** *Bursaria globina.*
 B. Sphærica, utrinque obscurata; medio pellucentissimo.
 Mull. inf. t. 17. f. 15—17. Encycl. pl. 8. f. 14—16.
 H. dans l'eau de mer gardée.

5. **Bursaire hirondeau.** *Bursaria hirundinella.*
 B. utrinque laciniata; extremitatibus productis.
 Mull. inf. t. 17. f. 9—12. Encycl. pl. 8. f. 9—11.
 H. dans l'eau des marais.

ORDRE DEUXIÈME.

INFUSOIRES APPENDICULÉS.

Ils ont à l'extérieur des pattes toujours saillantes, comme des poils, des espèces de cornes, ou une queue.

Ces *infusoires* sont encore très-petits, gélatineux, transparens, diversiformes : ils sont malgré cela moins imparfaits et moins simples que ceux du premier órdre, puisqu'ils ont constamment des parties saillantes à l'extérieur, comme des poils très-apparens, des espèces de cornes, ou une queue.

Au lieu d'être les produits de *générations spontanées* comme les premiers des infusoires nus, on ne saurait douter qu'ils ne proviennent des infusoires du premier ordre, et que leur état et leur forme ne soient le résultat de quelques progrès obtenus dans la tendance à composer l'organisation que la vie possède et exécute, à mesure qu'elle se transmet dans les individus qui se succèdent.

Déjà, en eux, l'animalisation est un peu plus avancée, plus caractérisée ; le corps moins simple dans ses parties, moins changeant sous les yeux de l'observateur ; les fluides essentiels contenus, et le tissu vivant qui les contient sont probablement un peu plus composés que dans les infusoires nus ; et, quoiqu'ils ne possèdent encore intérieurement aucun organe spécial pour des fonctions particulières, ils sont tout-à-fait sur le point d'en obtenir, et même à cet égard, on a pu déjà se tromper sur plusieurs.

Les *infusoires appendiculés*, de même que ceux du premier ordre, n'ont aucun organe particulier pour se régénérer : la plupart se multiplient par une scission naturelle de leur corps, et plusieurs néanmoins se reproduisent par des gemmes intérieurs, c'est-à-dire, par des corpuscules oviformes qui probablement se font jour au dehors par des déchirures.

Il paraît, par les nombreuses espèces déjà connues et publiées, que les infusoires de cet ordre sont bien plus nombreux dans la nature que les infusoires nus. Cela doit être ainsi, d'après les principes que je me suis cru fondé à établir.

En effet, dans les infusoires nus, l'origine encore trop récente des races qui proviennent de celles, en petit nombre, qui furent générées spontanément, n'a permis à la durée de la vie et aux circonstances qui ont influé sur ces races, qu'une diversité peu considérable. Mais, à mesure que la durée de la vie, que sa transmission dans les individus qui se sont succédés en se multipliant, et que les circonstances ont eu plus de temps pour exercer leurs influences, les races se sont diversifiées de plus en plus et sont devenues plus nombreuses.

Cet ordre de choses, qu'il est facile de reconnaître pour celui même de la nature, nous fait sentir pourquoi les *infusoires* sont bien moins diversifiés et moins nombreux que les *polypes*. Effectivement, quoique nous ne connaissions pas probablement tous les infusoires, et que nous connaissions bien moins encore tous les polypes ; ce qui est déjà connu de part et d'autre indique que la diversité des polypes est considérablement plus grande que celle des infusoires. Aussi les polypes sont plus éloignés de leur origine que les infusoires.

Malgré cela, les *infusoires appendiculés* sont déjà très-variés entr'eux ; néanmoins ils présentent dans leurs caractères des moyens si peu favorables pour les diviser nettement en différentes coupes, que les genres qu'on a établis parmi eux, sont, quoiqu'en petit nombre, très-imparfaitement limités.

Dans le genre tricode (*trichoda*) de Muller, il y a déjà quelques animaux qui commencent à offrir l'ébauche d'une bouche et par conséquent d'un organe digestif commencé. Or, d'après notre caractère classique, ces animaux doivent être rapportés à la classe suivante.

TRICODE. (Trichoda.)

Corps très-petit, transparent, diversiforme, sans queue particulière, garni de poils mous, soit partout, soit sur quelque partie de sa surface.

Corpus minimum, pellucidum, diversiforme, ecaudatum, undiquè vel in superficiei parte pilis mollibus ciliatum.

OBSERVATIONS.

J'appelle *tricode*, les infusoires qui manquent de queue, c'est-à-dire, qui n'ont point postérieurement ce prolongement particulier qui mérite le nom de queue, et qui sont munis, soit partout, soit sur quelque partie de leur surface, de poils mous, qui les font paraître velus ou ciliés.

Ces infusoires se composent de tous les leucophres de *Muller* et de la plus grande partie de ses *trichoda*. Je les distingue de ceux que je nomme *kérones*, parce qu'ils n'ont pas comme ces derniers des poils longs et cirreux, ou des poils roides, rares et corniformes.

Les *tricodes* et les *kérones* ainsi déterminées, sont sans contredit moins avancées en animalisation que les infusoires qui sont terminés postérieurement par une queué particulière ; elles doivent donc se trouver avant eux dans l'échelle animale.

ESPECES.

[A] *Corps garni de cils sur toute sa surface.*

(Leucophres de Mull.)

1. Tricode conspirateur. *Trichoda conflictor.*
   T. sphærica, subopaca ; interaneis mobilibus.
   Mull. inf. t. 21. f. 1, 2. Encycl. pl. 10. f. 1, 2.
   H. dans l'eau des fumiers.

2. Tricode mamelle. *Trichoda mamilla.*
   T. sphærica, opaca ; papillá exsertili.
   Mull. inf. t. 21. f. 3.—5. Encycl. pl. 10. f. 3.—5.
   H. dans l'eau des marais.

3. Tricode verdâtre. *Trichoda viridescens.*
   T. cylindracea, opaca, posticè crassior.
   Mull. inf. t. 21. f. 6.—8. Encycl. pl. 10. f. 6.—8.
   H. dans l'eau de mer.

4. **Tricode verte.** *Trichoda viridis.*

> *T. ovalis ,o paca.*
> Mull. inf. t. 21. f. 9.—11. Encycl. pl. 10. f. 9.—11.
> H. dans l'eau des rivages.

5. **Tricode postume.** *Trichoda postuma.*

> *T. globularis, opaca, nigricans ; reticulo pellucenti.*
> Mull. inf. t. 21. f. 13. Encycl. pl. 10. f. 13.
> H. dans l'eau de mer corrompue.

6. **Tricode dorée.** *Trichoda aurea.*

> *T. ovalis, fulva, utráque extremitate æquali obtusa.*
> Mull. inf. t. 21. f. 14. Encycl. pl. 10. f. 14.
> H. dans l'eau de mer.

7. **Tricode percée.** *Trichoda pertusa.*

> *T. ovalis, gelatinosa, apice truncato obtusa, altero latere suffossa.*
> Mull. inf. t. 21. f. 15, 16. Encycl. pl. 10. f. 15, 16.
> H. dans l'eau de mer.

8. **Tricode disloquée.** *Trichoda fracta.*

> *T. elongata, sinuato-angulata, subdepressa.*
> Mull. inf. t. 21. f. 17, 18. Encycl. pl. 10. f. 17, 18.
> H. dans les fossés inondés.

9. **Tricode dilatée.** *Trichoda dilatata.*

> *T. complanata, mutabilis ; marginibus sinuatis.*
> Mull. inf. t. 21. f. 19.—21. Encycl. pl. 10. f. 19.—21.
> H. dans l'eau de mer. Cet animalcule serait un *kolpode* s'il n'était cilié.

10. **Tricode étincelante.** *Trichoda scintillans.*

> *T. ovalis, teres, opaca, viridis.*
> Mull. inf. t. 22. f. 1. Encycl. pl. 10. f. 22.
> H. dans les eaux stagnantes. On doute si ce n'est pas une volvoce.

11. **Tricode vésiculifère.** *Trichoda vesiculifera.*

> *T. ovata ; interaneis vesicularibus pellucentibus.*

Mull. inf. t. 22. f. 2, 3. Encycl. pl. 10. f. 23, 24.
H. dans les infusions végétales.

12. Tricode globifère. *Trichoda globifera.*

 T. ovato-oblonga, crystallina, globulis tribus serialibus.
 Mull. inf. t. 22. f. 4. Encycl. pl. 10. f. 25.
 H. dans les fossés inondés.

13. Tricode pustuleuse. *Trichoda pustulata.*

 T. ovato-oblonga, posticè obliquè truncata.
 Mull. inf. t. 22. f. 5.—7. Encycl. pl. 10. f. 26.—28.
 H. dans les marais.

14. Tricode turbinée. *Trichoda turbinata.*

 T. inversè conica, subopaca.
 Mull. inf. t. 22. f. 8, 9. Encycl. pl. 11. f. 1, 2.
 H. dans l'eau de mer corrompue.

15. Tricode aigue. *Trichoda acuta.*

 T. ovata, teres, apice acuto, mutabilis, flavicans.
 Mull. inf. t. 22. f. 10.—12. Encycl. pl. 11. f. 3—5.
 H. dans l'eau de mer, parmi les ulves.

16. Tricode marquée. *Trichoda notata.*

 T. ovata, teres, anticè puncto atro notata.
 Mull. inf. t. 22. f. 13.—16. Encycl. pl. 11. f. 6.—9.
 H. dans l'eau de mer.

17. Tricode blanche. *Trichoda candida.*

 T. oblonga, hyalina, alterà extremitate attenuata, curvata.
 Mull. inf. t. 22. f. 17. Encycl. pl. 11. f. 10.
 H. dans les infusions marines.

18. Tricode signalée. *Trichoda signata.*

 T. oblonga, subdepressa; margine nigricante.
 Mull. inf. t. 22. f. 18, 19. Encycl. pl. 11. f. 11, 12.
 H. dans l'eau de mer, et n'est point rare.

19. Tricode trigone. *Trichoda trigona.*

 T. crassa, obtusa, angulata, flava.

Mull. inf. t. 22. f. 20, 21. Encycl. pl. 11. f. 22, 23.
H. dans l'eau des marais.

20. Tricode fluide. *Trichoda fluida.*
T. subreniformis, ventricosa, variabilis.
Mull. Zool. dan. 2. t. 73. f. 1.—6. Encycl. pl. 11. f. 24.—29.
H. dans l'eau de la moule commune.

21. Tricode versante. *Trichoda fluxa.*
T. reniformis, sinuosa, flavicans.
Mull. Zool. dan. 2. t. 73. f. 7.—10. Encycl. pl. 11. f. 30.—33.
H. avec le précédent.

22. Tricode cornue. *Trichoda cornuta.*
T. inversè conica, viridis, opaca.
Mull. inf. t. 22. f. 22.—26. Encycl. pl. 11. f. 36.—39.
H. dans l'eau des marais.

[B] *Corps velu sur quelque partie de sa surface.*

(La plupart des tricodes de Muller.)

23. Tricode grésil. *Trichoda grandinella.*
T. sphærica, pellucida, supernè crinita.
Mull. inf. t. 23. f. 1.—3. Encycl. pl. 12. f. 1.—3.
H. dans l'eau pure et dans les infusions végétales.

24. Tricode comète. *Trichoda cometa.*
T. sphærica, anticè comata; globulo posticè appendentè.
Mull. inf. t. 23. f. 4, 5. Encycl. pl. 12. f. 4, 5.
H. dans l'eau très-pure.

25. Tricode grenade. *Trichoda granata.*
T. sphærica, centro opaco, periphæria crinita.
Mull. inf. t. 23. f. 6, 7. Encycl. pl. 12. f. 6, 7.
H. dans les eaux recouvertes par la lenticule.

26. Tricode toupie. *Trichoda trochus.*
T. subpiriformis, pellucida, utrinque crinita.

Mull. inf. t. 23. f. 8, 9. Encycl. pl. 12. f. 8, 9.
H. dans les marais, avec la lenticule.

27. Tricode têtard. *Trichoda gyrinus.*
T. *ovalis, teres, crystallina, anticè crinita.*
Mull. inf. t. 23. f. 10.— 12. Encycl. pl. 12. f. 10.—12.
H. dans l'eau de mer.

28. Tricode solaire. *Trichoda solaris.*
T. *sphæroidea, periphæria crinita.*
Mull. inf. t. 23. f. 16. Encycl. pl. 12. f. 16.
H. dans les infusions marines.

29. Tricode bombe. *Trichoda bomba.*
T. *ventrosa, mutabilis; anticè pilis sparsis.*
Mull. inf. t. 23. f. 17.—20. Encycl. pl. 12. f. 17.—20.
H. dans les eaux des marais.

30. Tricode palette. *Trichoda orbis.*
T. *suborbicularis, anticè emarginata, crinita.*
Mull. inf. t. 23. f. 21. Encycl. pl. 12. f. 21.
H. dans les eaux douces.

31. Tricode urne. *Trichoda urnula.*
T. *urceolaris, anticè crinita.*
Mull. inf. t. 24. f. 1, 2. Encycl. pl. 12. f. 22, 23.
H. dans l'eau où croît la lenticule.

32. Tricode amphore. *Trichoda diota.*
T. *urceolaris, anticè angustata, ora apicis utrinque crinita.*
Mull. inf. t. 24. f. 3, 4. Encycl. pl. 12. f. 24, 25.
H. dans l'eau des fossés où croît la lenticule.

33. Tricode hérissée. *Trichoda horrida.*
T. *subconica, anticè latiuscula, truncata, posticè obtusa, setis deflexis.*
Mull. inf. t. 24. f. 5. Encycl. pl. 12. f. 26.
H. dans l'eau de la moule.

34. Tricode urinale. *Trichoda urinarium.*
T. ovato-oblonga, rostro brevissimo crinito.
Mull. inf. t. 24. f. 6. Encycl. pl. 12. f. 27.
H. dans l'infusion du foin.

35. Tricode croissante. *Trichoda semiluna.*
T. semi orbicularis, anticè subtus crinita.
Mull. inf. t. 24. f. 7, 8. Encycl. pl. 12. f. 28, 29.
H. dans l'infusion de la lenticule.

36. Tricode teigne. *Trichoda tinea.*
T. clavata, anticè crinita, posticè incrassata.
Mull. inf. t. 24. f. 11, 12. Encycl. pl. 12. f. 32, 33.
H. dans l'infusion du foin.

37. Tricode noire. *Trichoda nigra.*
T. ovalis, compressa, anticè latior crinita.
Mull. inf. t. 24. f. 13.—15. Encycl. pl. 12. f. 34.—36.
H. dans l'eau de mer.

38. Tricode pubère. *Trichoda pubes.*
T. ovato-oblonga, gibba, anticè depressa.
Mull. inf. t. 24. f. 16.—18. Encycl. pl. 12. f. 37.—39.
H. dans l'eau des marais.

39. Tricode floccon. *Trichoda floccus.*
T. membranacea, anticè subconica, posticè papillis tribus
crinitis.
Mull. inf. t. 24. f. 19.—21. Encycl. pl. 12. f. 40.—42.
H. dans l'eau des fossés.

40. Tricode échancrée. *Trichoda sinuata.*
T. oblonga, depressa, altero margine sinuato crinita,
posticè obtusa.
Mull. inf. t. 24. f. 22. Encycl. pl. 12. f. 43.

41. Tricode hâtive. *Trichoda præceps.*
T. membranacea, sublunata, medio protuberante, margine
inferiore crinita.

Mull. inf. t. 24. f. 23.—25. Encycl. pl. 12. f. 44.—46.

H. dans l'eau des marais.

42. Tricode protée. *Trichoda proteus.*

*T. ovalis, posticè obtusa; collo elongato retractili, apice
crinito.*

Mull. inf. t. 25. f. 1—5. Encycl. pl. 13. f. 1—5.

H. dans l'eau des rivières.

43. Tricode versatile. *Trichoda versatilis.*

*T. oblonga, posticè acuminata; collo retractili, infrà api-
cem crinito.*

Mull. inf. t. 25. f. 6.—10. Encycl. pl. 13. f. 6.—10.

H. dans l'eau de mer.

44. Tricode bossue. *Trichoda gibba.*

*T. oblonga, dorso gibbera, ventre excavata, anticè ciliata;
extremitatibus obtusis.*

Mull. inf. t. 25. f. 16.—20. Encycl. pl. 13. f. 11.—15.

H. dans l'eau des rivages.

45. Tricode enceinte. *Trichoda fœta.*

*T. oblonga, dorso protuberante, anticè ciliata, extremi-
tatibus obtusis.*

Mull. inf. t. 25. f. 11.—15. Encycl. pl. 13. f. 16.—20.

H. dans l'eau de mer.

46. Tricode baillante. *Trichoda patens.*

*T. teres, elongata, anticè foveata; foveâ marginibus cri-
nitis.*

Mull. inf. t. 26. f. 1, 2. Encycl. pl. 13. f. 21, 22.

H. dans l'eau de mer. Sa fossette antérieure serait-elle une bouche
commencée ?

47. Tricode fendue. *Trichoda patula.*

*T. subovata, ventricosa, anticè canaliculata; apice et
canaliculo crinito.*

Mull. inf. t. 26. f. 3.—5. Encycl. pl. 13. f. 23.—25.

H. dans les infusions marines et dans l'eau de rivière gardée.

Etc.

* KÉRONE. (*Kerona.*)

Corps très-petit, diversiforme, sans queue particulière, garni de cirres rares, ou de poils roides et corniformes sur quelque partie de sa surface.

Corpus minimum, diversiforme, ecaudatum, quâdam superficiei parte cirrhatum aut aculeis corniformibus munitum.

OBSERVATIONS.

Les *kérones* dont il s'agit ici se composent des kérones de Muller, et de ses himantopes : les uns et les autres de ces infusoires ont entr'eux les plus grands rapports, et ne diffèrent que parce que dans les *kérones* de Muller, le corps est muni de poils roides, qui semblent des espèces de piquans corniformes ; tandis que dans ses *himantopes*, les cirres sont des poils longs, rares et flexibles. Ces infusoires pourraient, sans inconvénient, être réunis aux *tricodes*, d'autant plus que parmi les tricodes même de Muller, plusieurs espèces ont des poils, soit corniformes, soit cirreux.

Cependant, comme les tricodes réduites au caractère plus précis que nous leur assignons, sont encore malgré cela très-nombreuses, on peut en distinguer sous la dénomination de *kérone*, toutes les espèces qui offrent des poils en piquans corniformes, ou des filets écartés, longs, flexibles et cirreux.

ESPÈCES.

1. Kérone rateau. *Kerona rastellum.*
   > *K. orbicularis, membranacea, hinc angulata, altera pagina serie triplici corniculata.*

   Mull. inf. t. 33. f. 1, 2. Encycl. pl. 17. f. 1, 2.
   H. dans l'eau de rivière et dans celle de mer.

2. Kérone carrée. *Kerona lyncaster.*

> *K. subquadrata, rostro obtuso, disco corniculis micantibus.*
> Mull. zool. dan. 2. t. 9. f. 3. Encycl. pl. 17. f. 3 à 6.
> Se trouve dans l'eau de mer long-temps gardée.

3. Kérone masquée. *Kerona histrio.*

> *K. ovato-oblonga, anticè corniculis nigris punctiformibus,*
> *posticè pinnulis longitudinalibus instructa.*
> Mull. inf. t. 33. f. 3, 4. Encycl. pl. 17. f. 7, 8.
> Se trouve dans les rivières parmi les conferves.

4. Kérone cypris. *Kerona cypris.*

> *K. obversè ovata, anticè crinita, corniculis mucronata,*
> *posticè crinita, altero margine sinuata.*
> Mull. inf. t. 33. f. 5, 6. Encycl. pl. 17. f. 7, 8.
> H. dans les eaux douces, parmi la lenticule.

5. Kérone sébile. *Kerona haustrum.*

> *K. orbicularis, medio corniculata, anticè membranacea*
> *crinita, posticè setosa.*
> Mull. inf. t. 33. f. 7—11. Encycl. pl. 17. f. 11—15.
> H. dans l'eau de mer.

6. Kérone soucoupe. *Kerona haustellum.*

> *K. orbicularis, medio corniculata, anticè memb ranacea*
> *ciliata, posticè mutica.*
> Mull. inf. t. 33. f. 12, 13. Encycl. pl. 17. f. 16, 17.
> H. dans les eaux douces, parmi la lenticule.

7. Kérone patelle. *Kerona patella.*

> *K. univalvis, suborbiculata, anticè emarginata corniculata,*
> *posticè setis flexilibus pendulis.*
> Mull. inf. t. 33. f. 14—18. Encycl. pl. 18. f. 1—5.
> H. dans l'eau des marais.

8. Kérone crible. *Kerona vannus.*

> *K. ovalis, subdepressa ; margine altero flexo, opposito*
> *ciliato ; corniculis anticis setisque posticis.*
> Mull. inf. t. 33. f. 19, 20. Encycl. pl. 18. f. 6, 7.
> H. dans l'eau de mer.

CERCAIRE. (Cercaria.)

Corps très-petit, transparent, diversiforme, muni d'une queue particulière, très-simple.

Corpus minimum, pellucidum, diversiforme; caudâ speciali simplicissimâ.

OBSERVATIONS.

Quoique les *cercaires* soient en général dépourvues de poils ou de cils, et qu'elles semblent venir naturellement après les bursaires, elles sont plus avancées en animalisation que les tricodes, et leur queue particulière les rapproche évidemment des furcocerques, des tricocerques, des ratules et des vaginicoles. Mais les vraies *cercaires* n'ont point de bouche, non plus que les furcocerques; ce sont donc les derniers genres des infusoires.

Les *cercaires* sont des infusoires très-petits, microscopiques, gélatineux, transparens, qui vivent la plupart dans les eaux des marais et dans les eaux courantes. Quelques espèces néanmoins se trouvent dans les infusions animales et végétales, et d'autres dans l'eau de mer. La plupart ont un mouvement circulaire très-rapide.

Ici, comme dans le genre suivant, l'on est exposé, d'après la petitesse extrême des individus, à rapporter à la classe des infusoires, des animaux qui, par leur organisation, appartiennent à d'autres points de l'échelle animale.

Une bouche, quoique d'abord inaperçue, et conséquemment l'ébauche d'un sac alimentaire, peuvent exister dans certains de ces animaux, et dès lors ils appartiennent au premier ordre des polypes; mais des yeux, comme on eu a supposé dans certaines cercaires, cela est impossible.

Avant de dire que le fait lui-même vaut mieux que le raisonnement ; il faut : 1.º constater que les points que l'on a pris pour des yeux , en sont réellement, et qu'ils ont chacun un nerf optique qui se rend à une masse médullaire, centre de rapport pour des sensations ; 2.º il faut ensuite établir positivement que des animalcules réellement pourvus d'yeux, sont néanmoins , par leur organisation , de la même classe que les autres infusoires.

ESPÈCES.

1. Cercaire têtard. *Cercaria gyrinus.*
   C. rotundata , cauda acuminata.
   Mull. inf. t. 18. f. 1. Encycl. pl. 8. f. 1.
   H. dans les infusions animales.

2. Cercaire bossue. *Cercaria gibba.*
   \C. subovata , convexa, antice subacuta ; caudâ tereti.
   Mull. inf. t. 18. f 2. Encycl. pl. 8. f. 2.
   H. dans l'infusion des jungermanes.

3. Cercaire agitée. *Cercaria inquieta.*
   C. mutabilis , convexa ; caudâ lævi.
   Mull. inf. t. 18. f. 3—7. Encycl. pl. 8. f. 3—7.
   H. dans d'eau de mer. Quoique sans organes intérieurs , elle a,
   dit-on , des yeux et une bouche. Si cela est , ce n'est point
   un infusoire.

4. Cercaire lenticule. *Cercaria lemna.*
   C. mutabilis , subdepressa ; caudâ annulatâ.
   Mull. inf. t. 18. f. 8—12. Encycl. pl. 8. f. 8—12.
   H. dans les marais. On lui croit aussi une bouche et des yeux.

5. Cercaire toupie. *Cercaria turbo.*
   C. globulosa , medio coarctata , cauda uniseta.
   Mull. inf. t. 18. f. 13—16. Encycl. pl. 8. f. 13—16.
   H. dans les ruisseaux. On lui soupçonne encore des yeux.

6. Cercaire pleuronecte. *Cercaria pleuronectes.*
   C. orbicularis , membranacea ; cauda uniseta.

Mull. inf. t. 19. f. 19—21. Encycl. pl. 10. f. 1—3.
Habite dans l'eau long-temps gardée.

7. Cercaire trépied. *Cercaria tripos.*
  C. subtriangularis , brachiis deflexis , cauda recta.
  Mull. inf. t. 19. f. 22. Encycl. pl. 10. f. 4.
  H. dans l'eau de mer.

8. Cercaire tenace. *Cercaria tenax.*
  C. membranacea , anticè crassiuscula truncata ; caudâ
    triplo breviore.
  Mull. inf. t. 20. f. 1. Encycl. pl. 10. f. 5.
  Se trouve dans l'infusion du tartre des dents.

9. Cercaire cyclide. *Cercaria cyclidium.*
  C. ovalis, posticè subemarginata ; caudâ exsertili.
  Mull. inf. t. 20. f. 2. Encycl. pl. 10. f. 6.
  H. dans les eaux les plus pures.

10. Cercaire disque. *Cercaria discus.*
  C. orbicularis ; caudâ curvatâ.
  Mull. inf. t. 20. f. 3. Encycl. pl. 10. f. 7.
  H. dans les eaux des marais.

11. Cercaire lunaire. *Cercaria lunaris.*
  C. arcuata, teres , apice crinita ; caudâ cirratâ inflexâ.
  Trichoda. Mull. inf. t. 29. f. 1—3. Encycl. pl. 15. f. 11—13.
  H. dans les eaux où croît la lenticule.

———

FURCOCERQUE.   (Furcocerca.)

Corps très-petit, transparent, rarement cilié, muni
d'une queue diphylle ou bicuspidée.

Corpus minimum, pellucidum , raro ciliatum ; caudâ
diphyllâ vel furcatâ.

OBSERVATIONS.

On est ici sur la limite de la classe des infusoires, et conséquemment plus exposé à se tromper sur la non existence de la bouche, que dans les genres précédens. Cependant il ne me paraît pas douteux qu'il y ait des infusoires à queue diphylle ou fourchue, qui n'aient point encore de véritable bouche, et que le genre *furcocerque* ne doive être établi pour eux. Des observations ultérieures décideront à l'égard des espèces qui sont dans ce cas, et feront reporter les autres parmi les tricocerques.

Ainsi les *furcocerques*, qui ne sont qu'un démembrement du genre *cercaria* de Muller, me paraissent devoir en être distinguées sous plusieurs considérations, et terminer la classe des infusoires ou astomes. Les espèces que j'y rapporte provisoirement sont les suivantes.

ESPÈCES.

1. **Furcocerque podure.** *Furcocerca podura.*
    F. cylindracea, postice acuminata ; caudâ subfissâ.
    Mull. inf. t. 19. f. 1—5. Encycl. pl. 9. f. 1—5.
    H. dans les marais où croît la lenticule. Probablement la queue ne paraît simple que lorsque ses branches sont réunies.

2. **Furcocerque verte.** *Furcocerca viridis.*
    F. cylindracea, mutabilis, posticè acuminata fissa.
    Mull. inf. t. 19. f. 6—13 Encycl. pl. 9. f. 6—13.
    H. dans les eaux stagnantes des fossés.

3. **Furcocerque bourse.** *Furcocerca crumena.*
    F. cylindraceo-ventricosa, anticè obliquè truncata; caudâ lineari-bicuspidata.

Mull. inf. t. 20. f. 4—6. Encycl. pl. 9. f. 19—21.
H. dans l'infusion de l'ulve linze.

4. Furcocerque catelle. *Furcocerca catellus.*
   F. tripartita ; cauda biseta.
   Mull. inf. t. 20. f. 10, 11. Encycl. pl. 9. f. 22, 23.
   H. dans l'eau des marais.

5. Furcocerque catelline. *Furcocerca catellina.*
   F. tripartita ; caudâ bicuspidata.
   Mull. inf. t. 20. f. 12, 13. Encycl. pl. 9. f. 24, 25.
   H. dans l'eau des fossés où croît la lenticule.

6. Furcocerque loup. *Furcocerca lupus.*
   F. cylindrica, elongata, torosa ; cauda spinis duabus.
   Mull. inf. t. 20. f. 14—17. Encycl. pl. 9. f. 26—29.
   H. dans les eaux stagnantes.

7. Furcocerque orbiculaire. *Furcocerca orbis.*
   F. orbicularis ; setâ caudali duplici longissimâ.
   Mull. inf. t. 20. f. 7. Encycl. pl. 10. f. 8.
   H. dans les eaux stagnantes.

8. Furcocerque lune. *Furcocerca luna.*
   F. orbicularis ; caudâ spinis binis lineribus brevibus.
   Mull. inf. t. 20. f. 8, 9. Encycl. pl. 10. f. 9, 10.
   H. dans les eaux stagnantes.

———————

Voilà, quant à présent, où se réduisent nos principales connaissances sur les *infusoires*, lesquelles se bornent au caractère classique que je leur assigne ; ce que l'on a pu savoir de plus essentiel à leur égard, et les genres les plus convenables qu'il a été possible d'établir parmi eux,

Muller, qui a tant contribué à faire connaître ces sin-guliers animaux, n'a considéré en général que leur extrême petitesse pour circonscrire la coupe particulière qu'ils paraissent former dans l'échelle animale ; il y réunissait en conséquence ceux qui ont antérieurement un ou deux organes rotatoires, tels que les urcéolaires et les vorticelles.

Je pense, au contraire, que partout, dans le règne animal, les rapports et les coupes classiques ne doivent être déterminés que d'après l'état de l'organisation, et non d'après la taille des individus ; et si, par le placement de ma ligne de séparation classique, je sépare les *rotifères* des infusoires, je m'y crois autorisé en ce que les rotifères ne sont pas essentiellement des infusoires, qu'aucune ne résulte de génération spontanée, que dans toutes, la bouche et le tube alimentaire sont clairement reconnus, et qu'enfin la bouche des *rotifères*, comme celle des *polypes*, est constamment munie d'organes extérieurs propres à amener dans cette bouche les corpuscules qui peuvent servir à la nutrition de ces animaux ; ce qui n'est pas ainsi dans les infusoires.

Si j'ai pu trouver des motifs raisonnables pour rapprocher les rotifères des polypes, tandis que *Muller* en a cru trouver pour les comprendre parmi les infusoires, il résulte de cette différence de classification, où néanmoins les rangs reconnus ne sont nullement changés, que les *rotifères* font évidemment le passage des infusoires aux polypes, et que les derniers infusoires tiennent de très-près aux rotifères, comme les dernieres rotifères tiennent de très-près aux autres polypes.

Tome I. 29

Les *infusoires*, même les plus imparfaits, sont donc tous véritablement des animaux, puisque de proche en proche ils sont liés les uns aux autres par des rapports évidens, et qu'ils conduisent, sans lacune, aux *polypes* qui sont bien reconnus pour appartenir au règne animal.

FIN DU TOME PREMIER.